金传达文集

四 梦幻天空

金传达 著

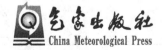
气象出版社
China Meteorological Press

内容简介

本书收录了金传达先生多年来创作的天文历法、气象地理等诸多方面的各类科普作品，主要内容包括星云万象、地球上的风、江淮晴雨、梦幻天空、自然地理、传世贤文、民间寿庆文化等，详细介绍了历法和气象基础知识、各种天气现象的成因和分类、有趣的天气现象、江淮地区天气气候、节气物候和民俗文化等相关知识，内容丰富，通俗易懂，具有很强的可读性，表现了作者对科普传播工作孜孜以求的探索精神和对祖国大好河山、优秀传统文化的热爱之情。

图书在版编目（ＣＩＰ）数据

金传达文集 / 金传达著. -- 北京 ：气象出版社，2022.5
ISBN 978-7-5029-7710-8

Ⅰ．①金… Ⅱ．①金… Ⅲ．①古历法－中国－文集②气象学－中国－文集 Ⅳ．①P194.3-53②P4-53

中国版本图书馆CIP数据核字(2022)第076380号

金传达文集（四）：梦幻天空

Jin Chuanda Wenji（si）：Menghuan Tiankong

出版发行：气象出版社
地　　址：北京市海淀区中关村南大街 46 号　　　　邮政编码：100081
电　　话：010-68407112（总编室）　010-68408042（发行部）
网　　址：http://www.qxcbs.com　　　　　E-mail：qxcbs@cma.gov.cn
责任编辑：杨　辉　　　　　　　　　　　　终　　审：吴晓鹏
责任校对：张硕杰　　　　　　　　　　　　责任技编：赵相宁
封面设计：艺点设计
印　　刷：北京建宏印刷有限公司
开　　本：710 mm×1000 mm　1/16　　　　本卷印张：22
本卷字数：360 千字
版　　次：2022 年 5 月第 1 版　　　　　　印　　次：2022 年 5 月第 1 次印刷
定　　价：298.00 元

前　言

辽阔的天空，万千气象，如梦似幻。

黎明，当你登峰极目远眺：只见红日东升，霞光万道……日出之壮美，曾激发多少文人墨客为之赋诗作文！

白天，时而玉宇澄清，长空湛蓝；时而云遮雾障，在太阳周围出现数重晕环，色彩斑斓，美丽动人；雨后彩虹，飞架蓝天，给祖国的山河增添多少秀色！

入夜，群星缀满长天，犹如无数颗宝石在天幕上闪闪发光；每逢皓月当空，银辉铺地，那迷人的月色曾启迪人们多少奇妙的联想！

在荒漠，有时会突然出现依稀可辨的绿洲；在海滨，有时可见到空中楼阁、天上街市……

啊，天空就像万花筒一般，时刻在变幻着它奇异的光彩。天空，还像一座大舞台，时刻在演奏着各种有声有色的天气“交响曲”：布云造雨、引雷闪电、风暴肆虐、雪花飘舞、滴水成冰、热浪滚滚……那一个个动人的篇章，那一幅幅如诗如画、亦真亦幻、气势磅礴、异乎寻常的天空趣象，令人惊叹，令人难忘。

莎士比亚曾写道：

“奇迹过去了，

　我们不得不寻找原因，

　对一切所发生的……”

随着时代的进步，气象观测仪器发明出来了，地面气象观测网建立起来了，通信技术也日益提高了。经过科学家们大量的观测和研究，人们终于知道：云、雨、雪、风、雷、冷暖、华晕、虹霓、蜃景……这些大气变化的主角，几乎都是由神奇的"魔术师"——太阳光所一手"导演"的。各种大气现象同自然界中的其他事物一样，都遵循着一定的自然规律而发生、发展和消亡。

今天的气象科学研究已经走到了科技发展的前沿，飞机、天气雷达、气象卫星、电子计算机等先进的探测和预报手段得到了应用。我们对我们星球的天气气候变化情况有了相当的了解。人类正行进在呼风唤雨的道路上。

本书选择与人们生产、生活联系紧密的事件和故事，介绍天空中许多鲜为人知的声、光、电现象及其科学道理，介绍许多异乎寻常的天气气候变化，特别是雷电、暴雨、台风、龙卷风、大雪、低温冷冻、酷暑、干旱、沙尘暴等灾害性天气的发生原因、发展规律和预测预防知识，还介绍了当今人类的某些活动正在影响大气状况方面的情况。本书文字力求通俗、生动、准确，适合大众特别是青少年朋友阅读，以提高人类对赖以生存的地球环境的科学认识，进而保护好我们的蓝色天空，守护好我们的地球家园。

目　录

一

大气和云

（一）认识大气 [1]

1. 天·九天·地

"圜则九重，孰营度之？""九天之际，安放安属？"2300多年前，我国伟大诗人屈原在他的长诗《天问》里，提出了这样两个疑问。意思是：天分九重，谁曾环绕度量？九天之间的边界安放在何处？它们之间是怎样连属的？那时，人们脚踏实"地"，昂首望"天"，根据视觉印象设想天分九方、九重，即中央钧天、东方暤天、东南方阳天、南方炎天、西南方朱天、西方浩天、西北方幽天、北方玄天、东北方旻天，这就是所谓的"九方天""九重天"。后来的统治阶级为了利用神权压迫和愚弄人民，就把九天描绘成了区别于地上人间的神灵世界。于是"九天玄女""玉皇大帝"之类的神仙也就应运而生了。

那时，在西方也广泛流传有九层天的说法。托勒密的"地球中心说"曾统治欧洲1400年之久，这种说法认为日、月和金、木、水、火、土五个行星是位于不同天层上的，它们各为一层天，这就有了七层天，它们以地球为中心，由里及外，依次命名为月轮天、水星天、金星天、日轮天、火星天、木星天和土星天。第八层天上镶嵌着无数其他的星星，叫作"恒星天"。至于最外层则被称为"宗动天"或"最高天"。那个最高天上面被认为是十方万灵的天帝居住的极乐仙境。

显然，古人是把地球之外的所有空间世界全部称为"天"的。随着科学技术的进步，人们逐步认识到天并没有九方或九重、九层之分，所谓九天玄女和天帝，不过是人造的幻影。

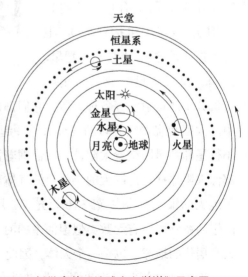

托勒密的"地球中心学说"示意图

---

① 本节以及本章下一节写于2006年。

人们关于"天"的概念来源于直观所看到的辽远的穹形的蓝天。其实，蓝天只是地球的大气层（大气圈）而已。它的穹形正好反映了大地的球形。根据人造卫星探测的结果，地球的这层大气中主要包含有氮气和氧气，另外，还有少量的二氧化碳、水汽和尘埃等微粒物质。整个大气层的厚度在3000千米以上。

天是蓝的，反映了大气分子和微粒对太阳光的散射和折射作用。太阳光由红、橙、黄、绿、蓝、靛、紫七种单色光所组成。各种颜色光的波长不同，在大气传播过程中所受到的散射和折射程度也就不一样。蓝光波长较短，比起波长较长的红光来，它受散射和折射作用的影响就要大得多。人们之所以有蓝天红日之感，原因也就在这里。从地面向上，大气层随着高度的增加，空气越来越稀薄，大气分子散射出来的光辉逐渐减弱，天空亮度越来越暗，到20千米高处，天空就变成黑色的了。

为了揭开"天"这个"闷葫芦"，科学家用各种各样的精密仪器，进行了长期的观察和研究，现在已经了解了大气层之外是一个没有边际、没有尽头的宇宙空间。那里有恒星（包括太阳）、行星（包括地球）、卫星（包括月球）、小行星、彗星、流星、星云、星际物质、星际

银河系

有机分子及辐射源等各种天体。它们都是物质的，处在不断运动和发展变化中。太阳和绕着它旋转的各种天体一起组成了太阳系，其中，行星、卫星、小行星和彗星围绕着太阳转，就像围着篝火狂欢的人群。一个个遥远的恒星都像太阳那样，是巨大的、火热的气体球，它们和我们的太阳系一起又组成了庞大的银河系。在横跨10万光年、厚度6500光年、拥有2000亿个恒星的银河系外面还有无数类似银河系的河外星系，构成了无限的宇宙。而我们人类居住的地球，也是一个天体，因此，也可以说我们是居住在天上。

天和地之间并没有界限；如果说有，那也只是相对的而不是绝对的界限。平时我们说"天上有一轮明月"，在地球上来看，月亮确实在天上。但是，如果有人登上月球，那么到了晚上，他所看到的"天空"中最明亮的就

不是月亮，而是我们人类的家园——地球了。

2. 气球探空

1783 年 6 月，在法国里昂安诺内广场上，蒙戈菲尔兄弟用麻布和纸制作了一个球袋。他们来到镇外，在地上烧火，将球袋口对准火，热气很快使球袋鼓起来了。他俩将袋口扎住，放手后，球袋一直升到 300 米上空。

9 月 19 日，蒙戈菲尔兄弟应邀到巴黎凡尔赛宫前进行飞行表演。他们在表演时用的气球直径有 14 米，球下系着一个吊篮，篮里装了一只羊、一只鸡和一只鸭子。气球充满热气后，在礼炮声中冉冉升起，升到了 450 米的高空，飞行 8 分钟后，气球安全降落到 3000 米外的森林中。

这次表演的成功，使多少年来人类到达天空的幻想，终于有了实现的可能。

两个月后，就是 11 月 21 日，蒙戈菲尔兄弟又在巴黎穆埃特堡成功地进行世界首次气球载人的实验。当时，许多好奇又热心的观众看见那被浓烟和热气鼓胀的巨型气球挣脱了系留索，载着两位航空先驱者奇埃和科特迪瓦，向着蔚蓝的天空冉冉升起。他们两人不停地向地面显得越来越小的人群挥手致意。热气球升到了 900 米的高空，飞行了 25 分钟，横越巴黎上空，在 1000 米以外的地方安全着陆。

这是人类第一次真正的飞行！

一些科学家立即把探索大气奥秘的希望寄托在气球的飞行上。1804 年，法国科学家盖·吕萨克乘气球升到 7000 米高空，获得了稀薄的大气样品。1862—1866 年，英国科学家格莱德尔共进行 28 次飞行，曾到达 8839 米的高空，当时由于寒冷和缺氧，他在记录下气压值以后，失去了知觉。

19 世纪后期，由于自动记录温度、气压、湿度的仪器问世，人类

1783 年热气球载人飞行

很少再做这种危险的飞行了。科学家设计出带有仪器的无人乘坐的气球，这样能及时获得不同高度上的气象要素。20世纪20—30年代，随着无线电技术的发展，继1928年第一个载着无线电探空仪的气球在德国诞生，这一无线电遥测方式逐步被各国普遍采用，迅速扩大了高空气象资料的来源。与此同时，世界高空气象探测站网出现了。今天，高空台站网已遍及世界各地。

　　随着科学技术的迅速发展，气球技术日新月异。专家们把进行高空气象观测的气球统称为气象气球。其中，和地面不连接的气象气球叫自由气球，探空气球就属于自由气球。用缆绳和地面连接的气球叫系留气球。用于气象观测的仪器直接由气球携带，在升空过程中进行观测，或者吊挂在缆绳上在不同高度进行观测。它可以在较长一段时间内连续测量各选定高度上的气象要素值，而不像探空气球那样只能进行一次性测量。系留气球一般用于高度在1000米以下气象要素垂直分布和大气污染探测及通信。

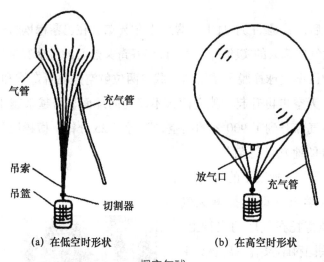

(a) 在低空时形状　　　　　(b) 在高空时形状

探空气球

　　让气球携带仪器在预定的某个等密度大气层里随着气流飘行的探测技术气球叫定高气球，它属于自由气球。

　　让大型气球上升到平流层进行气象、天文、空间物理、化学、环境科学，以及遥感卫星仪器和空间技术等多学科探测试验的气球叫平流层气球。20世纪30年代出现的最早平流层气球是乘人的，球下挂一密闭的吊篮，一般只能上升到40~50多千米的高空。第二次世界大战后发展起来的不乘人的大型塑料薄膜气球，能携带几百至几千千克的负载上升到40~50千米的高空。那里是寂寞的长空，由于受大气的阻挡而留有各种携带着天体宇宙信息的带电粒子、电磁场波、宇宙尘埃等物质，高空探测气球可对其进行直接的观测，还可测量大气中的臭氧、二氧化碳、甲烷和其他微量气体成分及变化，尽早地向人们作出预报，使人们及时掌握大气中化学平衡变化及被破坏的情况。

一种用来测定各高度层的风向、风速的气象气球叫测风气球。它一般为小型橡胶气球，球皮有红、白、黑三种颜色，阴天或低云时用黑球，晴天时用白球，天空状况介于二者之间时用红球。夜间观测时，在气球下挂一个小灯笼。如采用无线电测风时，球下则挂一个回答器和反射靶，这其实是用雷达来测风了。

也许有人会问，在有了气象雷达和气象卫星等现代化设备的今天，探空气球这一古老的工具是否已经过时了呢？

我们的回答是：不。

气象雷达和气象卫星所探测的资料还只能做"定性"分析。就是说，一时还不能把接收的信息立即转化为气象要素，如温度、气压、湿度等，只能从图像的明亮程度来辨别不同天气。而气象气球却能为天气预报提供一些定量数据，同时气球探测还具有使用方便、易于控制、造价低廉等一系列的优点，因此，在相当长的时期内，它将仍然是探测大气奥秘的"尖兵"。

近几十年来，由于自然和人为的因素，地球大气中的化学成分不断发生变化，而气球探测能使人们及时掌握这些变化，并据此研究制定保护地球大气的对策。

3. 大气成分知多少

我们的周围到处都是空气。空气好比一个大海洋，地球上的人类和众多的生物就生活在这个"海洋"里。这个空气海洋总称为大气圈或大气层。

我们的地球已经 46 亿岁了。在漫长的岁月中，地球大气的成分发生了很大变化。第一阶段叫原始大气，第二阶段叫还原大气，第三阶段叫氧化大气，也就是现代大气。前两个阶段里大气中都没有氧气。出现原始生命后，植物的光合作用产生了氧气，光合作用使二氧化碳逐渐减少，使氧气逐渐增加，于是地球上的生命开始大量繁衍，成为生机勃勃的可爱的星球。

现代大气是由干洁空气、水汽和呈悬浮状态的各种颗粒物所组成的混合体。其中，干燥洁净的空气是大气的主体成分。从地面向上至 85 千米高处，大气由"常定成分"和"可变成分"组成。常定成分主要包括氮、氧、氩以及微量的惰性气体氖、氦、氪、氙等，它们在大气中保持相对比例大致不变。而可变成分，其比例则随时间和位置而改变，其中水汽的变化幅度最大。二氧化碳和臭氧所占比例最小，但对气候影响较大，硫、碳和氮的各种化合物则主要影响人类生存的环境。

气象学中常把不含水汽和各种杂质的大气称为"干洁大气"，或简称为干空气。它的主要成分按容积百分比，氮为 78.084%，氧为 20.946%，氩为 0.934%，二氧化碳为 0.032%（图 5）。干洁大气中各种气体的沸点都很低，例如，氮气为 -195.8℃，氧气约为 -182.98℃，氩气约为 -185.65℃。由于在自然情况下不能达到这样的低温，这些气体永远不会液化，所以干洁大气总是保持气态。

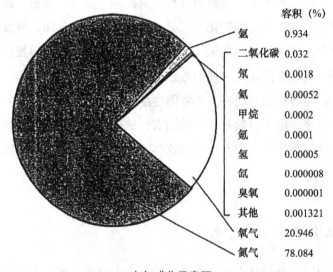

	容积（%）
氩	0.934
二氧化碳	0.032
氖	0.0018
氦	0.00052
甲烷	0.0002
氪	0.0001
氢	0.00005
氙	0.000008
臭氧	0.000001
其他	0.001321
氧气	20.946
氮气	78.084

大气成分示意图

氮对于生物体来说是不可或缺的。氮是组成蛋白质的主要元素，而蛋白质是构成一切生物体必不可少的成分，所以任何有机体都必须吸收氮才能健康生长。但是大部分生物都不能直接从大气中吸收氮，有些植物根部含根瘤菌，这种菌能够直接把大气中氮转化为含氮的化合物，根部的传导组织将这些化合物运输到植物的各个部分制造出蛋白质；动物则必须进食植物或其他动物来获取可以吸收的含氮化合物。

氧气是动植物生存、繁殖的必要条件。生物直接从空气中吸收氧气，并依赖它把贮存在食物体内的能量以可供使用的形式释放出来。燃烧必须依靠氧气，没有氧气，火就熄灭了。

二氧化碳在大气中的含量很少。动物把二氧化碳当成废料排出体外，植物却必须用二氧化碳来生产"食物"。矿泉、地壳裂缝及火山喷发时也会释放出二氧化碳。所以大气中二氧化碳的含量常因时间、地点而异，在白天、晴天、夏季时，植物同化二氧化碳的作用比较强，二氧化碳的浓度也就比夜晚、阴天、冬季低。煤炭、汽油等物质燃烧时会释放出二氧化碳，而二氧化碳量的增加会给地球气候环境带来巨大影响。

臭氧是氧气的同素异形体，其分子内含有三个氧原子。大气中的臭氧主要分布在 $15\sim35$ 千米的高空，极大值出现在 $20\sim30$ 千米附近，那里被称为臭氧层。臭氧强烈吸收太阳紫外线，使其所在高度平流层的气温显著上升，对平流层温度场和流场起着决定作用，同时臭氧层阻挡了太阳紫外线辐射，保护了地球上的生命。

水汽是水的一种气态形式，与由小水滴汇聚而成的水蒸气不同，水汽是肉眼看不见的。在现实生活中，由于水汽的存在，空气并不干燥。空气中的水汽含量有时可多达 4%。水汽含量影响植物蒸腾、土壤蒸发，并间接制约着植物对二氧化碳的吸收以及病菌的萌发和生长。水汽的凝结物更是作物所必需。在大气温度变化范围内，水汽是唯一可发生相态变化的成分，因而它是表现天气变化的最主要角色。水汽还可通过辐射的吸收和反射以及潜热输送，在大气能量传输中发挥着重要作用。

大气中除了气体成分之外，还有相当数量的气溶胶。气溶胶是气溶胶粒子的简称，即悬浮在气体介质中沉降速度很小的液体和固体粒子，包括尘埃、烟粒、海盐颗粒、微生物、植物孢子、花粉，不包括云、雾、冰晶、雨、雪等。最小的气溶胶粒子基本上由燃烧产生，如燃烧的烟粒、工业的粉尘、火山爆发的火山灰、飞机的尾气等，也有流星燃烧后的灰烬。大粒子和巨粒子的气溶胶粒子可由风吹起的尘埃、植物孢子和花粉或海面波浪气泡破裂产生。

气溶胶粒子可以吸附或溶解大气中某些微量气体，产生化学反应，污染大气。气溶胶粒子还能吸附和散射太阳辐射，改变大气辐射平衡状态，或影响大气能见度。同时，气溶胶粒子又是大气中水汽凝结的核心，是成云致雨的必要条件。在气溶胶中，大颗粒能相对较快地沉降到地面，小微粒可在高空浮游很长时间。

4. 生命的保护神——大气

地球在 46 亿年前刚诞生的时候是一个大火球，后来逐渐冷却下来，周围形成了大气。经过极其漫长的演变，才开始出现了生命。直到 300 万年前才有了人类。人类能够在地球上出现并且繁衍至今，大气立下了汗马功劳。可以说，大气是生命的"保护神"。

科学家把整个地球大气质量估算了一下，结果得出了一个惊人的数字：5300 万亿吨。这个数字相当于地球上所有水的总质量的 1/300。

人类的第一需要是大气。人需要呼吸新鲜、洁净的空气来维持生命，一个成年人每天呼吸大约 2 万次，吸入的空气量为 10～15 立方米。生命的新陈代谢一时一刻也离不开空气，人类 5 天不吃不喝尚能生存，但断绝空气 5 分钟就可能死亡。一般地说，在安静状态下，一个人每天需要吸入氧气大约 1000 克。这些氧气与吃进体内的糖、脂肪和蛋白质一起发生氧化反应，产生能量供给身体各部位。人体内各内脏器官中以脑需要的氧最多，大约占人体吸入氧气总量的 1/5。一个人一天吸入的空气量大约是饮水量的 5 倍，是所需食物量的 10 倍。而在强烈的体力劳动和剧烈运动时，呼吸量又要增加大约 10 倍以上。

一切生命都离不开大气。人和动物昼夜不停地吸入氧气，呼出二氧化碳；植物在太阳光照射下吸收二氧化碳，呼出氧气，而在夜间，植物也需要吸入氧气。氧气还溶解在江河湖海的水中，为水中生物提供了生存的条件。

大气中的氮、氧、碳、氢等元素是构成生命的物质；生命的代谢活动、呼吸作用和光合作用是在大气中进行的，所需要的氧、水、二氧化碳等是大气的成分。这些气体在地球表面上循环，也使生命活动不断地循环，因而生生不息，绵延至今。

水是生命之源。江水、湖水、雪水都是大气带来的。据资料分析，大气水分的总质量平均大约是 13 万亿吨。换句话说，假设这些水同时落下，将达到中雨至大雨的水平。事实上，地球上年平均降雨量约相当于 780 毫米，这个数字是 25 毫米的近 32 倍！这就意味着一年里太阳能要将地表水（海洋的和地面的）蒸发以更换大气中的水汽达 32 次之多，假定每次更换水分都在一天内完成，那大气每隔 11 天就要"全身换水"1 次！由于大气与地球表面在自然界中互相产生水分循环（蒸发、凝结、降水），它就像是一架无形的"运输机"，帮助水在地球上循环往复不止，不至于散发到外层空间，因而保持了地球上的生命活动所必需的水。

大气又像一件外衣罩着地球，保存着地球上的热量，为生命提供了适宜的温度条件。大气让太阳的短波辐射[①]顺利通过（即直接吸收的较少），使热量很快到达地表，使地表增温。同时大气又吸收地表反射的长波辐射，把热量保持在大气层中，使大气增温。同时大气也进行着热量辐射，一部分热量又返回地球，使地球上的热量不至于迅速散失到宇宙空间。也就是说，大气层就像热量的缓冲带一样，将地球平均温度保持在 15℃，这正是多种生命适宜的温度。倘若没有大气，那地球将是白天酷热，夜晚奇寒，天上没有灿烂的云彩，地上没有生命的歌声，到处是一片荒凉。地球的卫星——月球上就是这种情景，嫦娥奔月只不过是美丽的神话故事罢了。

地球大气又给生命营造了比较安全的环境。在离地面 500 千米或 1000 千米以上高空的磁层（电离层的一部分），挡住了相当一部分对生命有害的太阳粒子流及宇宙射线，并且保护地球大气不致被太阳风吹跑。在距地面 20～30 千米高度的臭氧层，好像在天空中张起一个无形的巨大网筛，使阳光中含有的紫外线在透过大气的时候大部分被筛掉，总量为 5% 的紫外线到达地面的不到 1%。因此，人类及其他地球生物才不会遭到过量紫外线辐射，避免灼伤危险乃至死亡。

大气还减轻了大量来自星际空间的流星对地球的冲撞袭击。这些流星以相当于步枪子弹几十倍的速度穿越大气层，因为高层大气千余度的高温而熔化，又与空气剧烈摩擦，温度进一步升高，被氧气强烈氧化而燃烧，在夜空中划出一道道亮光。一般流星多在 70～140 千米高空便焚毁了，少数较大的流星可能落在地面上，但体积和速度也已大大减小，不会造成大的伤害。月

---

① 辐射是物体用电磁波的方式放出能量，包括光和热等。辐射强弱和物体温度有关。电磁波有长短不同的波长。太阳表面温度高，发射出的电磁波波长比较短；地球表面温度低，发射出的电磁波波长比较长。

球表面有许多坑坑洼洼，就是流星轰击月面造成的伤痕，因为月球上没有大气这样的保护"盔甲"。

5. 一层一层地认识大气

从地面往上升，地球引力逐渐变小，大气也渐渐变稀薄。大约有十分之九的空气是挤在 16 千米以下的大气层内的。到 260 千米的高空，大气的密度只有地面的 100 亿分之一。

据人造卫星探测，1600 千米高处的大气密度是海平面大气密度的千万亿分之一。这个数值仍然相当于宇宙空间星际物质密度的 10 亿倍。不过，那里的大气质点已不是气体分子，而是原子和离子。

以 80～100 千米的高度为界，在这个界限以下的大气尽管稀薄稠密不同，但其成分大体一致，以氮和氧的分子为主，这就

古代流星雨图

是我们周围的空气。而在这个界限以上，到 320～1000 千米高度范围内，变得以氦为主；再往上，则主要是氢；至 6400 千米以上便稀薄得和星际空间的物质密度差不多了。

所以，由大气层顶部到宇宙空间并没有绝对的界限。

由于大气在不同高度处的情况有很大的不同，气象学家把它划分为五层，就是对流层、平流层、中间层、热层和散逸层。

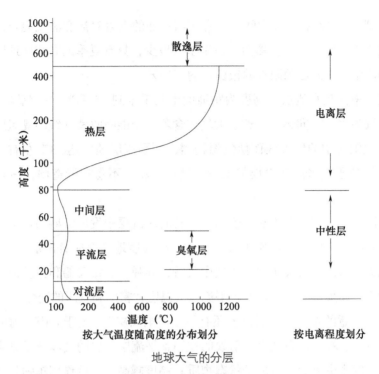

按大气温度随高度的分布划分   按电离程度划分

地球大气的分层

　　散逸层是地球大气的最上层，最高可达 3000 千米，甚至 6400 千米以上。从此高度向内延伸的散逸层里，受太阳活动的影响非常大，也是人造卫星、空间站、火箭等航行的空间。这里气温高达 2500℃，大气质点主要由氢原子组成。大气中原子之间离得很远，甚至在绕地球一周后也不会相互碰撞。这些原子的运动速度很快，受地心引力又很小，有一些可以冲破地球引力场的束缚而逃逸到星际空间去。

　　在散逸层之下是热层，它包括距地面 85～800 千米之间的空间范围，是人造卫星、极光和流星雨出没的层次。由于太阳光照射时，太阳光中的紫外线被热层中的氧原子大量吸收，因此温度升高，故称热层。这里的气温随高度增加而迅速上升。热层的底部气温每千米只上升 5℃，过了 120 千米高度以后就急剧增加，至 500 千米一带升高 1000～2000℃。从散逸层到热层，强烈的太阳辐射把大气质点中很大一部分激发到极高的能量和很快的速度，于是气温很高，空气非常稀薄，处于高度电离状态。

　　热层以下到距地面大约 55 千米的高空是中间层。太阳光经过散逸层和热层以后，其高能量的部分已经减少很多了。剩下的光能，中间层的大气质点对它的吸收微弱，所以这一层内气温很低。气温随高度上升而急剧下降，

一、大气和云

一直降到 -90℃ 左右。在中间层，有相当强烈的垂直对流和湍流混合，所以它又被称为高空对流层。然而，由于水汽极少，只有夏季的高纬度地区偶尔能见到产生于中间层顶附近的银白色的夜光云。

接下来便是平流层，高度为距地面十几千米到 55 千米这一范围，气流主要表现为水平方向运动。这层大气包含着一个能吸收紫外线的臭氧层。臭氧吸收太阳光中的紫外线而使气温剧增，到平流层顶可达 -3℃ 左右。平流层内气体分子、水汽和尘埃都很少，气流平稳，不易布云造雨，适宜飞机飞行。

然而，平流层中并不总是安静的。有时对流层中发展旺盛的积雨云顶部（卷云）也可伸展到平流层下部，在中、高纬度地区有时日出前、日落后，会出现贝母云。现代飞机在平流层中飞行，导弹、宇宙飞船和卫星进入大气层时计算表面加热，都必须考虑平流层的温度、密度和气压的变化。

值得注意的是，平流层以上还有一个"电离层"。由于太阳辐射的紫外线、X 射线、粒子流以及宇宙射线的作用，平流层上层的气体分子分裂成为原子，并发生电离而形成离子状态物质；高度越高，这些作用越强烈，于是在地球周围形成了能够导电、能够反射无线电波的电离层。

电离层位于距地面 60～2000 千米的高空，其间离地面约 300 千米高度处（气象学上称为 F2 层）对无线电通信作用最为重要，人们把它形容为"一面反射电波的镜子"，电波可借助于地面和电离层之间的多次反射而传播。

平流层的下面就是大气的最底层了。在这一层里，地面上的空气受热上升，上面的冷空气下降，发生对流，所以叫对流层。这一层顶距赤道地区 16～18 千米，越接近极地，高度越低，在两极点低至 8 千米。在我国上空，它的平均高度是 10～12 千米。对流层的气温随高度增加而下降，平均每升高 100 米约下降 0.65℃。当太阳光穿过平流层以后，紫外线大大削弱，留下来的主要成分是可见光。可见光在穿越大气层时被大气质点吸收的数量不多，不可能把大气温度提高多少。但是阳光到达地球表面以后，烤热了沙漠、森林、水域和地面的一切物体。于是，热的地面和水面反过来又像火炉一样，从下往上烤热着对流层的大气。越近地面的大气受热越多，温度就高一些。而从地面越向上，受热越少，气温也就逐渐下降。到了赤道附近的对流层顶部，气温已下降到 -75℃ 以下，两极附近的对流层顶部也下降

到 -45℃以下。

对流层集中了大气总量的 75% 和水汽总量的 95% 以上，微尘也多。这一层里有规则的垂直对流运动和不规则的湍流运动，它们使上、下层空气均匀混合，热量、水汽、悬浮颗粒也得以往上输送，从而"演奏"出各种有声有色的天气"交响曲"。布云造雨、引雷闪电、风暴肆虐、雪花飞舞的舞台，主要就在距地面 1.5～6 千米的对流层上层。

6. "生命之伞"——臭氧层

每年 9 月底，也就是南半球春天降临的时候，南极上空的臭氧浓度明显减少，一直持续到 11 月初才结束。据英国科学家监测，这个现象早在 1957 年就开始了。

据人造卫星上的观测证实，从 1979 年开始，南极上空的臭氧含量迅速下降。1985 年的臭氧含量比 1980 年低 30%，比 1957 年低 50%。后来，科学家监测到南极上空臭氧层出现了一个巨大的"空洞"。这个"洞"每年都在不断扩大。到 2000 年，"洞"的面积曾达 2800 万平方千米，超过两个欧洲的面积，深度相当于珠穆朗玛峰的高度。

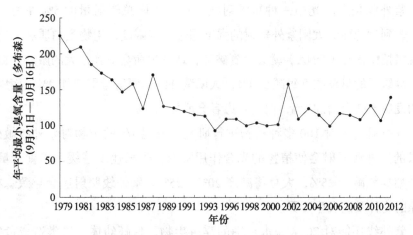

1979—2012 年南极臭氧含量变化图

这就好像屋顶上开了一个大天窗似的，科学家把这个现象称为南极"臭氧洞"。

臭氧带有特殊臭味，为浅蓝色气体，是大气中的微量元素。来自太阳的

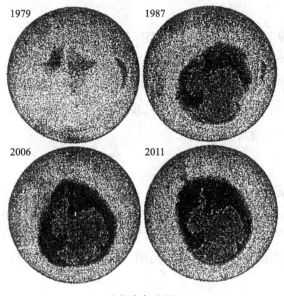

1979 1987 2006 2011

南极臭氧空洞

高能量紫外线使空气中一部分氧分子分解为氧原子，这些氧原子又分别和含有两个氧原子的氧分子结合，成为有三个氧原子的分子，这就是臭氧。这样的一系列变化大都发生在离地面15～50千米的平流层里，这里集中了大气中90%的臭氧。尤其在离地面20～30千米的范围内，形成了一层臭氧相对集中的臭氧层。

臭氧层非常稀薄。如果把分布在平流层里的臭氧通通收集起来平铺到地球表面上，大约只有3毫米厚。但这样薄薄的臭氧层却是地球的"生命之伞"，它能大量吸收太阳紫外线辐射，对保护地球生态系统有重要作用。

紫外线是太阳光中一种短波射线，只占太阳总辐射量的5%左右。但是，若到达地面的太阳紫外辐射的强度超过一定限度，生物蛋白质和遗传物质脱氧核糖核酸（DNA）就会遭到破坏，地球生命会受到很大的威胁。据试验，臭氧层的臭氧浓度每减少1%，太阳紫外线的辐射量即增加2%，而皮肤癌的发病率就会增加7%，白内障患者会增加0.6%。

曾有研究者对100多种植物进行研究，发现1/5的植物对紫外线敏感。过量的紫外线照射会使植物的光合作用降低，生长速度减缓，粮食产量下降。如臭氧减少25%，大豆将减产20%～25%。紫外线照射还会导致森林、草原的物种基因发生变异。

紫外线还能对20米深水范围的浮游生物、鱼虾幼体、贝类造成危害。某种主要浮游生物数量的减少，会危及水生生物系统的食物链和自由氧的来源，从而破坏水域的生态平衡。据测算，大气中臭氧含量损耗16%，会导致浮游生物数量减少5%，世界每年鱼产量因此减少约700万吨。

科学家还发现大气中臭氧含量的减少不仅出现在南极上空，也出现在北极上空。事实上平流层中的臭氧含量整体在减少，这引起了社会公众的广泛关注。

人们得知，大气中大约有1万种化学气体都能消耗臭氧，其中以氯氟烃的破坏力最大。

氯氟烃也叫氟利昂。它是由人工制造出来的一类含碳、氟、氢等元素的有机化合物、无色、无味、无毒，在低层大气中稳定性好，它被广泛地用作冰箱和空调的制冷剂，隔热用和家具用泡沫塑料的发泡剂，电子元件、器件和精密零件的清洗剂，药剂和美容品的喷雾剂。在使用过程中，氯氟烃不断排入大气中，通过对流扩散到达了平流层。

到达平流层的氯氟烃分子，在紫外线的照射下会释放出氯原子，氯原子能很快抢走臭氧分子中一个氧原子，使臭氧分子变成普通的氧分子。可怕的是，氯原子在与臭氧发生反应之后，又去寻找新的臭氧，使臭氧分解。这一过程不停地继续下去，可重复10万次之多，也就是说，1个氯原子可以消耗成千上万个臭氧分子，从而导致臭氧层的破坏。

有的科学家指出，化学清洁剂、卤代烃类如氯化甲烷对臭氧层的危害可能比氯氟烃更大。

在飞机排出的尾气和工业废气中，都含有大量的氮化物和氯化物，这些化学气体进入平流层中与臭氧发生反应也能消耗掉臭氧。如果有50架以上的飞机在高于17千米的高空飞行，就能对臭氧层产生明显的影响。有人认为飞机废气可导致臭氧减少10%。化肥和燃料产生的氧化氮也会破坏臭氧。

为了拯救"生命之伞"——臭氧层，人类正在采取各种措施，如减少氯氟烃的排放量等。联合国大会决定从1995年起，每年的9月16日为"国际保护臭氧层日"。2018年10月，联合国环境署和世界气象组织的报告显示，此前臭氧层破坏的趋势得到逆转，臭氧层正以每10年1%～3%的速度逐渐恢复，南极上空的臭氧层空洞有望于2060年恢复到1980年的水平。

保护臭氧层是人类义不容辞的责任。

7. 大气中的水汽

我们看到，地上的积水不久没有了，湿衣服不久也干了。这些水到哪里去了？

这些水受太阳照射和刮风的影响，化成水汽跑到大气中去了。

这种由水变成水汽而进入空气的物理过程叫作蒸发。地球上的江河湖海水面和土壤、植物的表面，蒸发作用时刻都在进行着。

水循环示意图

水文资料计算表明，每年全球大约有 550 万亿吨水蒸发到大气中。地球表面积约有 5.1 亿平方千米，平均每平方千米空中有 108 万吨水汽。地球上的云雨就源于水汽。

占地球表面积约 30% 的大陆表面，其上空有 165 万亿吨水汽（包括大陆本身蒸发的 70 万亿吨水汽）。而占地球表面积约 70% 的海洋表面，平均每年大约有 100 米厚的水层转化为水汽，其上空有 385 万亿吨水汽。其实大陆上的降水只有全球大气总降水的 1/5 多一些，大约为 110 万亿吨水。当然，大陆上这 110 万亿吨的降水，有 40 万亿吨水是通过大气运动从海洋移送到大陆上空的。这只占海洋总蒸发量的 8% 左右，仅是从海洋输送到大陆上空的水汽的一部分。

大气中水汽的分布很不均衡，含量变化也很大。水汽集中在对流层中，主要在距地面 3 千米高度范围内。近地面层水汽较多，在 1~2 千米的高空仅为地面的一半，到 5 千米高空只剩地面的 1/10 了，但在 15~20 千米以上空中仍有水汽存在。水汽含量也随着纬度增高而减少，由沿海向内陆减少，沿海地区水汽含量多达空气总体积的 3%，内陆沙漠地区则很少。如果用占空气混合物总体积的百分数表示水汽含量，则在纬度 70° 带上平均为 0.2%，在纬度 50° 带上平均为 0.9%. 赤道带上占 2.6%，全球平均 1.7%。

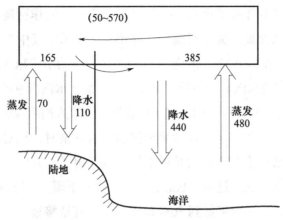

$(50\sim570)$

165　　　　　　385

蒸发 70　降水 110　降水 440　蒸发 480

陆地

海洋

地球大气水分循环（单位：万亿吨）

　　大气中的水汽含量的变化，还受季节和温度的影响。如中纬度地区在严寒的冬季，大气中水汽含量只有千分之几，在潮湿的夏季可达 30%。即使是同一季节，由于气温的变化，一个地区空气中的水汽含量也会发生变化。温度越高，容纳的水汽越多，例如：1 立方米的空气中，气温为 4℃时，所能包含的最多水汽量为 6.36 克；在气温为 20℃时，则为 17.3 克。

　　当大气中的水汽含量超过了当时温度下所能容纳的最大限度时，便是达到了所谓的"饱和"状态。"过剩"的水汽遇冷就会变成细小的水滴从空气中分离出来。这种由水汽变为水的物理过程，就叫作凝结。云、雾、雨、露都是水汽的凝结物。

　　空中的水汽既可以凝结为云、雾、雨、露，也可以凝华（又称气固）为冰晶、霜、雪。冰、霜、雹、雪又既可以升华为水汽，也可以融化为水或水滴。而水既可以凝固为冰，也可以蒸发为水汽。这种水汽相态的相互变化，叫作水的内部循环。

　　水汽在空中或凝结或凝华或冻结，总是先织成"云锦天衣"，再造成雨雪下降。其中有 3/4 的降水落到海洋上，剩下的则降落在大陆上，而降到大陆表面上的水，一部分汇入江河，流到海里，一部分成为地下径流，也流向海洋，这样，就构成了水的外部循环。

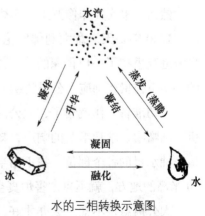

水汽

凝华　升华　蒸发（蒸腾）

凝结

冰　凝固　融化　水

水的三相转换示意图

一、大气和云

019

蒸发使大气中含有了水汽。空气里的水汽含量叫作湿度。单位体积空气中的实有水汽含量称为绝对湿度，常用1立方米空气中含水汽的克数来表示（克/立方米）。绝对湿度越大，表明大气中的水汽越多。在一定时间内，空气中实有的水汽含量与同样温度条件下饱和水汽含量的比值称为相对湿度，用百分比表示，以说明大气干湿程度。平常人们所说的湿度，多半指的是相对湿度。当实有水汽含量等于饱和水汽含量时，相对湿度为100%，表明整个空气已经饱和，也就是说空气十分潮湿了。有时，相对湿度大于100%，这表明空气处于过饱和状态，天气就容易下雨、起雾或结霜；当空气十分干燥时，相对湿度可低到30%以下，有时甚至接近于零或等于零。这样低的相对湿度，在我国河西走廊曾观测到。

大气中水分的蒸发、凝结、成云、致雨这种无休止的循环，使地球表面与大气之间的能量和水分得到了交换，从而在天气舞台上演出一幕幕动人的篇章。

8. "大自然害怕真空"

公元前3世纪，古希腊有一位伟大的哲学家名叫亚里士多德，他在几乎所有的传统学科领域都有贡献，至今仍普遍受到西方国家人们的崇拜。

"大自然害怕真空。"这句话就是亚里士多德的名言。其意思是，大自然不能容忍真空，一旦出现没有空气的真空，自然物就会拼命去占领。这个道理似乎很好地解释了人们遇到的真空现象，如用吸管喝水、用虹吸管来输送水等。因为大自然不允许真空存在，一旦虹吸管中空气被抽光，水就会代替空气涌过来填充，这样水就被抽出来了。

然而，事实并非像亚里士多德所说的那么简单。

1640年夏天，意大利佛罗伦萨市有一位名叫塔斯坎宁的大公爵，他在自家庭院里挖了一口很深的井，并装上马力很大的一台抽水机。佛罗伦萨市的许多王公贵族都应大公爵的邀请前去观看抽水机正式喷水表演。

一切准备工作就绪了，大公爵宣布抽水机开始喷水。可是，只听见抽水机"咕噜噜、咕噜噜"的响声，却不见一滴水流出来。技师们一遍又一遍地检查抽水机的各个部位，找不出半点毛病，却发现抽水机只能将水吸到大约10米高的地方，就不再"害怕真空"，不再上升了。

大公爵急得不知怎么办才好，只好派技师跑去请教大科学家伽利略。但当时伽利略已是 76 岁的老人了。他双目失明，疾病缠身，无法亲自去实地观察了解。伽利略曾经对"大自然害怕真空"的说法产生过怀疑。他听了人们关于抽水机抽不上来水的情况介绍后，猜想空气本身会不会有压力呢？可是不久，伽利略逝世了，他未能亲自用实验来说明这个问题。

在此前后，有许多工矿深井里的抽水机，也发生过这个毛病。最好的抽水机抽水高度也只能达到 10 米左右。当时的抽水机都是把一个大小刚好合适的活塞配在一个圆筒里。手往下压时，活塞被提上来，从而圆筒的下部出现一段真空。所以周围的水会打开筒底的单向阀门涌入真空。如果反复手抬压，会把筒内的水越提越高，直到从筒口流出，但出水高度都未超过 10 米左右。

伽利略逝世两年以后，他的学生托里拆利根据伽利略的猜想继续进行研究。他认为水能沿真空管上升，并不是什么害怕真空，而是大气的压力压上去的。因为活塞在贴近水面之处往上抽，使管内的空气被抽出，管内水面失去或减小了大气压力，管外水面的大气压力将水压进管内。又因为大气压相当于 10 米高水柱的压力，所以最好的抽水机也只能将水吸到 10 米高左右。如果抽水机换抽煤油，因为煤油比水轻，抽出煤油的高度就会超出 10 米；如果所抽的液体比水重，那液体柱的高度就会低于 10 米。

1644 年 6 月 11 日，托里拆利选用水银进行了实验。因为同样体积的水银的质量是水的 13.6 倍，所以在同样压力条件下，水银上升的高度就是水的 1/13.6。托里拆利用一根大约 1 米长的一端封闭的玻璃管，里面灌满水银，用手指堵住开口的一端，倒立在水银槽内。当手指放开以后，玻璃管内的水银下降了一点就停止下降了，管内水银柱高度是 76 厘米。如果往水银槽里加一些水银，管内的水银柱上升，但水银柱顶端到水银槽液面的高度仍然是 76 厘米。如果将玻璃管倾斜，进入管内的水银虽然多些，但水银柱到水银槽液面的垂直高度仍然只有 76 厘米。管内水银面的上方没有空气，被命名为托里拆利真空。这个实验就是托里拆利实验。

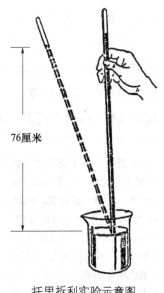

76厘米

托里拆利实验示意图

一、大气和云

托里拆利的实验重复做了多次。他用实验说明，作用在玻璃管外的水银槽液面上有一个压强，这个压强和管里 76 厘米高的水银柱的压强相等；当管中水银柱高于 76 厘米时，管中的压强大于外面的压强；水银往外流入水银槽里，管中水银柱就下降，直到管内外压强相等。

人们开始明白：76 厘米水银柱高度约为同截面 10 米水柱的 1/13.6，也就是说，76 厘米水银柱产生的压强，正好和 10 米水柱产生的压强相等；它也是和同截面上空气柱所产生的压力相互平衡的。可见作用在玻璃管外水银槽液面的压强，就是地球大气层产生的压强。这种压强叫作大气压强，简称大气压。

托里拆利把自己的实验结果写成论文发表后不久，法国数学家帕斯卡请他的一个亲戚帮助在山顶上和山脚下同时做托里拆利实验，结果表明，水银柱的高度在山脚下要比山顶高。也就是说，空气的压力不是到处都一样的，山顶上的大气压力要比山脚下小些。

气象上的气压指的是单位面积上方大气柱的质量，也就是大气柱在单位面积上所施加的压力。这种压力就是用水银柱的高低测量的。人们测出：在纬度 45° 的海平面上，温度为 0℃ 的情况下，水银柱的高度为 76 厘米，此时每 1 平方厘米面积上所支持的空气柱质量为 1013.25 百帕，或 76 厘米水银柱高。这样的大气压力称为 1 个标准大气压，或 1 个大气压。

当前气象学上采用的标准气压单位为百帕。1 百帕就是 1 毫巴，即千分之一巴，相当于在 1 平方厘米面积上受到 1000 达因 [①] 的力（也就是 1 平方厘米受到约 1 克物体的压力）。

从海平面向上升，大气柱渐渐变短，大气逐渐稀薄，气压表上的水银柱也渐短，说明气压逐渐变小。在海拔 200 米的高度上，水银柱高 597 毫米，在海拔 4000 米的高度上，水银柱高 466 毫米，在海拔 10000 米高空，水银柱就仅有 256 毫米高了。这说明气压是随着高度升高而降低的。

[①] 达因就是使 1 克质量的物体获得 1 厘米 / 秒² 加速度需要的力。日常生活中常用千克力做力的单位，1 千克力就是 1 千克质量的物体所受到的重力，它能使这物体获得大约 980 厘米 / 秒² 加速度，因此 1 千克力大约等于 980000 达因。大气压强也常用厘米水银柱做单位，厘米水银柱也叫"托"。标准大气压规定相当于 76 厘米水银柱或 76 托，等于 1013.25 毫巴或 1.01325 巴。在国际单位制中，压强的单位符号为 Pa，单位名称为帕，1 帕等于 1 牛顿 / 米²，牛顿也是力的单位，等于 10^5 达因，所以 1 帕等于 10 达因 / 厘米²。1 毫巴等于 100 帕，1 巴等于 10^5 帕。20 世纪 80 年代中期以前一直使用毫巴作为气压单位，毫巴在数值上与百帕相同，但现已属非法定的气压计量单位。

9. 气压的变化

任何物体在大气中都要受到大气对它的压力。

由于地球引力的作用，大气被"吸"向地球，因而产生了压力。所以靠近地面处大气压力最大。

然而在地球表面各处的气压并不完全相同，而且在同一地区，气压也是时刻变化的。

谁都知道水要 100℃才沸腾。可是必须说明，只有在 1 个大气压的情况下水的沸点才是 100℃。气压降低了，水的沸点也会跟着降低的。

在我国青藏高原上，人们要做顿大米饭吃，一不小心，饭就会夹生，只有把锅盖得严严实实的，利用锅里的蒸汽压强来提高水的沸点，才能把饭煮熟。如果在世界屋脊——珠穆朗玛峰顶上做饭，水在 73.5℃就沸腾了。

人到高山就会觉得不舒服。这是因为那里氧气缺少和大气压力降低的缘故。如果大气压力突然降低，溶解在人体血管里的空气就会释出，成为一个个小气泡。这些小气泡塞住了血管，使血液不能畅通流动，人便会感到头晕恶心，甚至还会感到肌肉和关节痛、胸痛胃痛、咳嗽不止、流鼻血。如果没有采取防护措施，这对人是有危险的。可是经过锻炼以后，逐渐适应这种环境，那就完全可以在比较高的地方生活。

例如，在我国西藏的南部，有一些牧民居住在海拔 6461.76 米高地的帐篷里。这是世界上地势最高的居住建筑。这些高地上的大气压力，差不多只相当于半个标准大气压。

我们已经知道，90% 的空气是集中在离地面 16 千米高空以下的空间里的，所以在海拔越高的地方，它上面的空气就变得越稀疏，大气压力当然也变得越低了。珠穆朗玛峰高 8848.86 米，峰顶的大气压大约只有海面上大气压的三分之一。所以，气压是随高度的增加而递减的。

大气压强随高度递减表

高度（千米）	0	10	20	30	50	80	100	200	300
大气压力（百帕）	1000	260	55	12	1.3	0.03	0.004	0.0000009	0.0000000009

矿井底下的大气压力要比地面上大。一般说来，每下降 10 米或 11 米，大气压强就增加 1 毫米高水银柱。不过这增加的大气压，人是完全感觉不出来的。没有经过训练的人，一般可以承受 3 个大气压，也就是说，人到达地

面以下 9 千米的地方是不成问题的，再深就得戴上防护装备了。

气压还随着水汽的密度加大而降低。水汽比空气轻。当空气中水汽含量较多的时候，较轻的水汽顶替了较重的一部分干空气，气压就相应地低一些。相反的，水汽少时，气压就高些。

气压又是随着气温的增高而降低的。在气温较高的地方，空气膨胀上升，并向四周流散，这样大气层的空气减少了，密度变小，气压降低；在气温较低的地区，空气收缩下沉，密度加大，四周的空气必然流来补充这个空缺，这样大气层的空气就增多，气压也随着升高。一般说来，气温不同是同一地区气压变化的主要原因。

地球各纬度上的引力不同，这对气压也有影响。前面所说的标准大气压指的就是气温在 0℃、纬度 45° 的海平面上的大气压力。而地球表面上的气温分布既受纬度差异的影响，同时又受海陆差异和地形起伏等因素的影响，这样就使得地球上的气压并不是均匀地沿纬圈分布，而是产生许多大大小小的高、低气压区，也称大气活动中心。这些大气活动中心由大气环流联系在一起，它们相互影响，相互制约，而大气环流也随之变得十分复杂。

一个固定地方的气压是经常变化的，时而升高，时而降低。在一天里，由于气温的变化，通常是早晨气压升高，下午气压降低；晚上，上半夜气压升高，下半夜气压降低。在一年里，四季气温不同，气压也随着变化。大陆上，气压的最小值见于夏季，最大值见于冬季。海洋上的情况正好相反，即夏季气压高，冬季气压低。这是因为，夏季海洋上的气温低于陆地，空气密度大，所以气压高。冬季则相反。

天气的变化，对气压的影响也很大。当冷空气或暖空气侵入时，气压有显著的升高或下降现象，一般阴雨天的气压变化比晴天大。所以，气压的变化常常是天气变化的先兆。早在 17 世纪，就有人以气压的高低变化来预测未来的天气了。

（二）云锦天衣

1. 天上的云

　　天上有时万里无云，有时白云朵朵，有时乌云满天。为什么天上有时有云，有时没有云呢？

　　天上有云，说明空气中有充沛的水汽。当空气中的水汽达到过饱和时才有可能凝结为云。另外，水汽凝结还需要有凝结核。形成云的关键是空气中的水汽过饱和。

　　在大气中造成水汽过饱和的主要过程是空气有上升运动。据计算，在没有达到饱和前，空气每上升100米，温度降低约0.65℃。由于空气的饱和水汽量随温度降低而减小，因此，当空气上升到一定高度后，原来水汽不饱和的空气就变成饱和的了。含有充沛水汽的空气上升到一定高度时，随着环境温度的降低，水汽达到过饱和而凝结成微小水滴或直接凝华成微小冰晶，这样便形成各种各样的云了。若空气

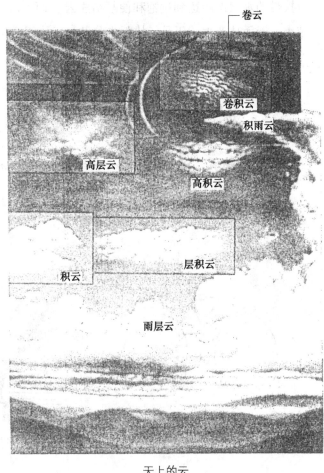

天上的云

一、大气和云

下沉，由冷变暖，则空气中的饱和水汽量变大，原来饱和的空气也变为不饱和，就不能形成云。原有的云，当空气由冷变暖时，也会随着温度的升高、水分的蒸发逐渐变薄或消失掉。所以天上有时有云，有时没有云。

云悬浮在空中，有时像一幅大幕布，铺满天空；有时像高山奇峰，高高地兀立在天边；有时像鱼鳞，一片挨一片整齐地排列在一起；有时又像一团团棉花，轻轻地飘荡在空中。云其实是水汽在空中玩的"把戏"。

从形成云的原因上看，云大体可归纳为积状云、层状云、波状云三大类。

积状云又叫对流云，包括淡积云、碎积云、浓积云和积雨云。它们像棉花团和山峰，是大气中因对流运动而形成的。对流运动，即空气受热膨胀，或受地形、锋面抬升，发生大规模的上升运动，并在周围地区下沉。上升气流挟带的水汽遇冷达到过饱和便凝结成云；而下沉区域则因增温，相对湿度减小，云无从产生。于是云块孤立分散，云块跟云块之间总有蓝天相隔。

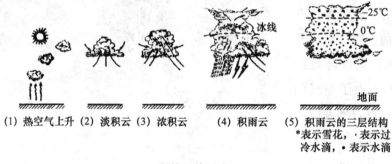

(1) 热空气上升 (2) 淡积云 (3) 浓积云　(4) 积雨云　(5) 积雨云的三层结构
*表示雪花，·表示过冷水滴，·表示水滴

积状云的形成

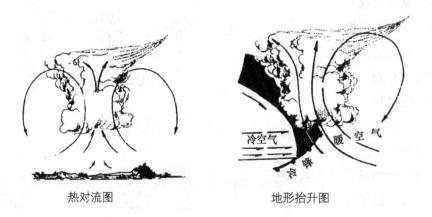

热对流图　　　　　地形抬升图

沙丘 湖沼 林地 田野 山地

锋面的抬升　　　　　　　　　　积状云的分布

　　层状云包括卷层云、高层云和雨层云。它们像幕布一样铺满天空，覆盖
几百千米甚至上千米的地区。这种云是因空气斜升运动而形成的。最常见的
斜升运动发生在锋面上，即暖湿空气沿着冷空气的斜坡爬升，因冷却而凝结
成大范围的层状云系。如暖锋的层状云系由薄变厚，顺序出现卷层云、高层
云、雨层云。此外，当暖湿空气沿地形斜坡爬升时，也往往生成层状云。

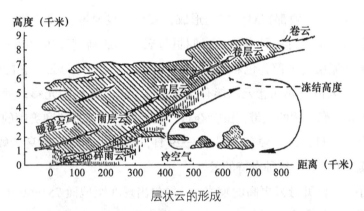

层状云的形成

　　波状云包括卷积云、高积云和层积云。它们像一片片鱼鳞，是大气中因
波状运动而形成的。按照流体力学原理，在密度和速度不同的两个流体交界
面上，必然会产生波状运动。在大气逆温层或等温层的上下，空气密度和
运动速度往往有较大的差异，所以常有波状运动产生。如果相对湿度较大，
在波峰处空气因上升遇冷凝
结成云块；波谷处则因下沉增
温，空气相对湿度减小而无云
产生。于是便形成一排排排列
整齐、中间隔着蓝天、犹如海
面上的波浪一般的云条。有时

地形抬升形成层状云

由于逆温层上下风向交错，使云条断裂，云就变成棋盘状或瓦块状。波动气层低的为层积云，高的为高积云，最高的则为卷积云。

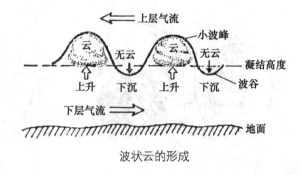

波状云的形成

天上各种各样的云的生成、外形特征、云量的多少及其演变，反映了当时大气的运动、稳定程度和水汽状况，预示着未来天气的变化。

2."与众不同"的云

天上的云，一般都在对流层内形成，其高度很少超过 10 千米，低的则只有几十米。可是有一种奇特的云叫贝母云，形成高度高达 20～30 千米，正好位于平流层的下部，色彩类似于珍珠，所以又叫珠母云。它的厚度约 2～3 千米，云体透光如卷云，伴有淡紫色或淡蓝或绿色的光彩，近乎同心排列，犹如贝壳闪耀的色带，鲜艳夺目。位于高纬度的挪威和美国的阿拉斯加最易见到贝母云。1959 年 6 月 27—29 日，在我国小兴安岭乌依岭一带，有人连续三天见到过这种奇特的云。

还有一种比贝母云更高的夜光云．偶尔出现在距地面 75～90 千米的中间层顶部，云体看上去呈银白色，又称银光云。它薄如卷云或卷层云，具有明显的波状、带状或网状结构。由于形成夜光云的冰晶粒子最多只有 100 纳米左右，与之可以对比的 $PM_{2.5}$ 直径 2500 纳米（2.5 微米），头发直径 50000～80000 纳米，云滴 500～100000 纳米，雨滴大于 100000 纳米，因此，细小的冰晶只能在合适的太阳光照射下才可见，这就要求地面低层进入黑夜，整个夜空背景为黑色，而阳光照亮的高层的云层，从而形成可见的夜光云。透过夜光云可以看到后面的星星。亮的夜光云照射在地面可出现影子。黄昏或黎明前，夜光云在高纬（50°～65°）地带上空出现。北半球出现于 3 月初到 10 月末，夏至后 14～28 天为夜光云活动的峰值期；南半球夜光云出现在 12 月至翌年 2 月，峰值期在 1 月初。夜光云的移动速度平均约 40 米 / 秒，在北半球一般飘移向西南方，在南半球一般移向西北方。

2018年4月27日，华北夜空出现了闪光的"飞行物"。很快，从太原到北京、天津、郑州、青岛等地都有目击者，不少人惊呼"UFO来了"。其实这只是"夜光航迹云"而已。这次形成于高空的"UFO"不是常见的"航迹云"，常见的航迹云形成的关键在于：高空温度足够低，水汽充足，飞机飞行器尾气或者周围大气中水蒸汽充足，足够的水汽凝结核。同时，常见的航迹云都是在飞机飞行范围内，最多不超过平流层，离地面高度在20千米以下。而这次形成的航迹云高度非常高，形成于大气"中间层"，离地面高度在80至100千米，是典型的"夜光云"。当夜幕降临，低层已经进入黑夜，而高空还可以有太阳光照亮，因此当飞行器经过形成航迹云的时候，正好被太阳照亮，所以这是夜光云版本的航迹云，或者称为夜光航迹云。

夜光云

在阳光充足的大晴天，会出现一种隐形云，又称透明云。云层长度一般约40千米，厚度约1000千米。这种云是苏联科学院西伯利亚分院大气光学研究所的学者们在乘飞机对西伯利亚和远东地区上空的大气进行观测时发现的。当时飞机上的云层观测雷达屏上出现了清晰的云层显示。学者们后来在其他地点上空又多次遇到这种隐形云。苏联大气光学研究所把这种云定名为"中范围悬浮颗粒云"。该研究所所长祖耶夫指出，隐形云由极微小的分子构成，几乎不反射阳光，因此人眼看不见。这些微小分子主要来自火山爆发的微粒尘埃，它们在高气压的影响下，一般在离地面1200～3500米的空中形成隐形云。

火山爆发时出现的云也很奇特。火山爆发时释放出巨大的能量，在火山口附近会激起强烈的对流活动，于是形成火山云。其中不少是对流强烈的雷雨云。在黑夜里出现的火山轮廓不是很清楚，但闪电却似银蛇飞舞，十分壮观。

在山区，也有因特殊的地理环境作用而生成的云，有的形状也很奇特，如旗云、瀑布云等。人们常能看到珠穆朗玛峰顶附近飘扬着一种旗云，它好似薄薄的绢纱，迎风轻轻荡动，亦如缕缕白烟，缓缓飘展。

这是因为在珠穆朗玛峰北坡和西南坡海拔7500米以上的地方，存在着较大面积的碎石带，阳光照射后，石面受热很快，热传给周围的大气，就形成上升气流，它挟带着7500米以下冰雪升华形成的水汽向上运动，水汽遇冷凝聚就形成了云。这种云的主体是对流性积云，上部覆盖着一缕缕纤维状的卷云，云顶起伏不平，犹如大海中汹涌的海浪。受高空气流影响，这种云团向下风方远处移动，越往远处，云带形状越窄，好像一个三角形旗帜。珠穆朗玛峰的高度又恰好与云的凝结高度相近，所以形成的旗云正好就"挂在峰顶"了。

珠穆朗玛峰旗云早上少，午后渐增，雪后也很少能看到它。有经验的登山运动员，根据旗云的变化特征，就能判断出高空风的大小和未来短期天气变化趋势。如果高空暖湿气流加强，旗云发展旺盛，未来两三天将有暴风雪袭击；如果高空暖湿气流不强，旗云不发展，随风吹拂，则预示未来两三天是好天气。所以人称这里的旗云为"世界最高风向标"。

人们在庐山可以看到那挺拔的山梁突然被铺天盖地而来的"瀑布"淹没了。"瀑布"迅速越过山峰，向着悬崖峭壁奔泻而下，汹涌澎湃，壮观异常。这幅异常壮观的画面，人们称其为瀑布云。当你站在牯岭的街心公园向东北方向远眺，可见喇嘛塔一带奔腾的瀑布云，耳听那哗哗的瀑布声，声景结合，云景瀑布就显得更加逼真。这种景象多出现于春、夏两季的夜晚，一直持续到翌日凌晨。

这种瀑布云的形成与地形有关。庐山的南面是缓坡，北面是陡坡。当湿度较大的浓积云凝聚在山南，底层比较低，又值南风劲吹的时候，浓积云便被吹过山梁，向着陡峭的北坡倾泻而下，形成瀑布一般的形状。有时连成数百米宽的大"瀑布"，有时又分成每股只有数十米宽的数股小"瀑布"。但不论是大是小，那种向下奔腾的气势都十分扣人心弦。

在滇西洱海旁的苍山顶上，夏秋季节会出现一片灰黑色的云朵，人们称它为"望夫云"（又叫"玉带云"）。它一出现便狂风大作，连洱海海底一块像骡子似的巨石也会被吹得露出来。奇怪的是，当石骡一露面，风势便逐渐减弱，以至消失。在当地人民中流传着一个故事，说古南诏国时，有一个宫女与一个猎人相爱，但遭到国王和法师的迫害，结果猎人被沉入洱海，变成石骡子，宫女悲愤而逝，化作了兴风作浪的望夫云。

其实望夫云与石骡是季风和当地特殊地形相互作用的产物。与望夫云同时出现的大风就是有名的"下关风"。下关，位于洱海出口西洱河河谷的东口。东西向的河谷西宽东窄，喇叭口向西大开，而东口却骤然缩小，使冬春季节盛行的西风气流沿河谷东进后，风速加大，直扑下关，并驱动水汽直上苍山，在山顶凝结成"望夫云"。

3. 飞机"拉烟"

飞机在高空飞行时，机后有时会出现一条或数条"白烟"，好像洁白的绸带飞舞在万里长空中。特技飞行表演时，飞机后面拖出的绸带，在碧蓝的天空轻舒漫展，逶迤拂动，造型奇特，更令人心醉神迷。那绸带，实际上是飞机尾后排出的废气和周围冷空气混合后，因水汽凝结而形成的特殊的云带，气象学上称其为飞机尾迹，俗称"飞机拉烟"。

不是所有的飞机都能制造出这种尾迹的。只有当高速喷气式飞机在 -40℃ 以下的空气层中飞行，空气湿度接近或达到饱和，同时大气比较稳定时才容易产生尾迹。飞机尾迹通常很快消失，但在条件有利时，可以存在 1 小时以上，并扩展成比较广的云层。

飞机尾迹的成因可以分为废气凝结尾迹、废气加热蒸发尾迹和空气动力尾迹。

常见的飞机尾迹多是废气凝结尾迹。飞机燃油为碳氢化合物，当其燃烧时会产生大量的水汽并释放热量。燃烧 1 千克飞机燃油，可产生 12 千克废气，其中有 1.23 千克的水汽，释放约 43095 千焦耳的热量。飞机在飞行中，发动机向后喷出含有大量水汽和部分余热的废气，和周围的空气迅速混合，废气温度很快下降，湿度急剧增大，一般只要水汽达到饱和，就可以形成雾状水滴并冻结成冰晶，这就是废气凝结尾迹。如果空气层中原来湿度较高，凝结尾迹存在的时间可达 30 分钟以上；湿度较低，湍流混合强，则尾迹很快消失。

飞机在很薄的云层中飞行时，水汽的增加对增强凝结所起的作用不大，而温度的升高反而使原来的云层消散，结果在飞行轨迹上便出现一长条无云的蓝色缝隙，这叫废气蒸发尾迹。这种尾迹多出现在中低空。

至于空气动力尾迹，那是在飞机飞行时，气流绕过机翼尖端产生的螺旋状涡流所形成的。飞行时，机翼下方的压力大于上方，下方空气要绕过翼尖向上流动，于是绕翼尖流动的气流在飞机迅速前驶时就被拉在后面，形成一长条螺旋状的涡流，即翼尖涡流。翼尖涡流因惯性离心力的作用，逐渐向外流动，使涡流中心部分气压下降，空气膨胀冷却使湿空气在涡流中心产生凝结。这就是空气动力尾迹。

能够产生飞机尾迹的空气层称为飞机尾迹层，其厚度约 1～2 千米。尾迹层通常是一层，偶尔也会出现数层。

由于飞机尾迹在几十千米以外都能看见，能把飞机的机型、架数、位置及行踪清楚地暴露出来，因而作为军航，尤其是战时军事行动，飞行员要根据天气预报避免进入能形成尾迹的云层。有时也利用飞机尾迹来迷惑对方，把主力隐蔽在尾迹层以上，诱使敌机就范，出奇制胜。

4. 看云识天气

看云可以识别天气。云的生消演变都是在一定的水汽条件和大气运动的条件下进行的，而水汽和大气运动对雨、雪、冰雹等天气现象起着极为重要的作用。我国劳动人民在长期生产实践中根据云的变化，积累了看云识天气的丰富经验，并将这些经验编成谚语，相传至今。

从云出现的时间及其方位看，一天之中，"早看东南，晚看西北"的谚语，表明白天暖空气活跃，容易从东南向西北推进；晚上冷空气相对加强，容易从西北向东南移动。所以，早晨看东南、傍晚看西北方向的天空状况，如云的演变、颜色、亮度和霞光等，通常可以预测冷、暖空气造成的云雨区是否影响本地。早上出现很多像山一样的浓积云，白天对流进一步加剧，易发展成积雨云而降水。所以说，"早上云如山，必定下满湾"。一年四季天气不同，看云识天气也有区别。夏天常出现积雨云，而冬天的云则比较平稳，所以谚语说，"二八月看巧云""五六月，看恶云（一般积雨云）""七八月，看桥云（砧状积雨云）"。

有关云的方位的谚语，如"天低有雨天高旱"，是说云层必须又低又厚才容易下大雨。我国大部分地区位于中纬度地带，高空盛行西风，天气系统是自西往东影响的，所以说"乌云在东，有雨不凶""乌云集西，大雨凄凄"。夏天南方暖湿气流很强，也就经常有云从东、东南、南方把雨带到本地。

从云的动态看，"云往东，车马通；云往南，水涨潭；云往西，披蓑衣；云往北，好晒麦"。说明云向东、向北移动，兆晴；云向南、向西移动，兆雨。云的移动方向一般表示它所在高度的风向。这一谚语说明在低压区内不同部位云的分布情况。

"云交云，雨淋淋。"这则谚语中的"云交云"，是指上下云层移动方向不一致，说明这几层云所处高度的风向不一致，它通常发生在锋面或低压附近，所以兆雨。有时云与地面风向相反，则有"逆风行云天要变"的说法。

"乌云接落日，不落今日落明日。"太阳进山时，西方地平线下升起一朵像城墙那样的乌云接住太阳，说明乌云东移，西边阴雨天气系统正在移来，将要下雨。一般接中云，当夜有雨；接高云，第二天有雨。如果西边乌云呈条块状，或断开，或本地原来就多云，这些都不是未来有雨的征兆。

"西北开天锁，明朝火太阳。"在阴雨天，西北方向云裂开，露出一块蓝天，称"开天锁"。它说明本地已处在阴雨系统后部，随着阴雨系统东移，本地将雨止云消，天气转好。

"太阳现一现，三天不见面。"春夏时节，雨天的中午，云层裂开，太阳露一露，但很快云层又聚合变厚，这表明本地正处在准静止锋影响下。准静止锋附近，气流升降强烈、多变。上升气流增强时，云层变厚，降雨增大；上升气流减弱时，云层变薄，降雨减小或暂止。中午前后，太阳照射强烈，云层上部受热蒸发，或云层下面上升气流减弱，天顶处的云层就会裂开。随着太阳照射减弱，或云层下部上升气流加强，裂开的云层又重新聚拢变厚，因此，"太阳现一现"常预示继续阴雨。"太阳笑，淋破庙""亮一亮，下一丈"等谚语的道理类同。

从云的形状看，如果天上出现钩卷云（即钩钩云），这种云的后面常有锋面（特别是暖锋）、低压或低压槽移来，预兆阴雨将临。所以谚语有"天上钩钩云，地上雨淋淋"的说法。一般隔十几个小时，也有时隔一两个小时就会下雨。不过，钩钩云零散出现，云层不降低、不增厚，说明本地高空对流微弱，没有阴雨系统入侵，未来不会降水。

"鱼鳞天，不雨也风颠。"鱼鳞天指天上出现卷积云。这种云是似鳞片或球状细小云块组成的云片或云层，它的出现表明高空气层很不稳定，若云层继续降低、增厚，说明本地已处于低压槽前，会下雨或刮风。

"天上鲤鱼斑，明日晒谷不用翻。"鲤鱼斑指透光高积云，往往是变性（由冷变暖）高压气团控制下的征兆，若云层不继续增厚，短期内仍天晴。

"炮台云，雨淋淋。"炮台云指堡状高积云或堡状层积云，多数出现在低压槽前，表明空气不稳定，一般8～10小时后有雷雨。

"棉花云，雨快临。"棉花云指絮状高积云。这种云出现表明中空的气层很不稳定，如果这时空气中水汽充足，并产生上升运动，就会形成积雨云，将有雷雨。

"江猪过河，大雨滂沱。"江猪是长江沿岸对江豚的俗称，这里指雨层云下的碎雨云。这种云的出现，表明两层云中水汽很充足，并有大雨滴，所以大雨将来临。有时，碎雨云被大风吹到天晴无云处，夜间便看到有像江猪的云飘过"银河"，也是有雨的先兆，道理同上。

从云的颜色看，由于云体内小水滴、小冰晶的构造不同，而各种云的厚薄、高低每每差别很大，太阳或月亮的光射到不同构造、不同厚薄、不同高低的云层里，便会映出不相同的颜色来。高空的云内全是小冰晶，受到阳光照射，云体就反射出银白色。中空的多由冰晶、水滴和过冷水滴混合组成，受阳光照射时常映出稍深的颜色。有的洁白，有的浅蓝，有的略带灰白色。低空的云，多由大小不一的水滴构成，不能完全透过光线，便映出较深的颜色，如灰白、浅灰、灰黑等颜色。云越厚，云色越阴暗。要是云内有大雨点和冰雹块，更会辉映出异乎寻常的色彩。谚语"黄云翻，冰雹天""天黄有雨，天黑有雨""天上灰布悬，雨丝定连绵""黑云片片起，狂风就要生""满天黑云，雨大吓人"等，就是用云的颜色来测天气的。

当阳光照到云上散射出彩霞，这表明空中水汽充沛或西边有阴雨系统移来，而白天空气一般不大稳定，所以天气将会转阴雨；傍晚如出现彩霞，表明云层将向东方移动或趋于消散，加上晚上一般对流减弱，所以预示着天晴。所以说："早霞不出门，晚霞行千里。"但要注意大气中的其他光学现象与霞的区别。例如，"黑吃红，雨等不到明；红吃黑，雨等不到晚"和"云吃火，没处躲；火吃云，不要紧"，这些谚语说的"红"与"火"，实际是指"火烧云"，即霞，也就是"火烧天，烧过了没得雨，烧不过要下雨"中提到的"烧不过"（"黑吃红"或"云吃火"）的情景。又如，晴转阴雨以前，空中水汽、尘埃显著增多，阳光中除红色光外，几乎全部被散射掉，所以太阳光盘呈现"胭脂红"，预兆将有风雨，所以谚语有"日落胭脂红，无雨便是风"的说法，这就不是根据霞而是根据太阳颜色来预测天气了。

有关看云识天气的谚语十分丰富，各地气象部门在使用之前都要用历年资料进行验证，有兴趣的读者不妨留心做一些观察对照。

5. 细说卫星云图

每天的电视天气预报节目中总要播出一幅卫星云图。那五花八门的云图云状表示何种天气？那样及时的信息是怎么获得的呢？

寻求答案得上溯到70多年前。1960年太空出现第一颗气象卫星以后，人们就好像长了一双能明察秋毫的火眼金睛，把地球上的风云冷暖、阴晴雨雾等天气现象看得一清二楚，为及时、准确地做好天气预报开辟了新纪元。

气象卫星是沿着地球上空特定轨道运行，采用遥感技术对地球进行气象观测的人造卫星。1988年以来，在亚洲和太平洋地区上空，有我国自己先后研制和发射的好几颗气象卫星。沿着近极地太阳同步轨道运动的叫作极轨气象卫星，它距地面高度为800～1000米，作南北方向经过南极、北极附近

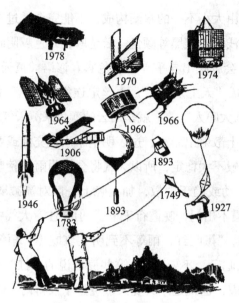

创历史纪录的大气探测装置

图中探测装置分别是：载有温度表的风筝（1749 年）、装有温度表和气压表的载人气球（1783 年）、载有各种气象记录仪器的箱形风筝（1893 年）、满载仪器升至 16 千米的不载人气球（1893 年）、一种能够有把握回收仪器的探空飞机（1906 年）、一种由气球携带探测平流层的无线电探空仪（1927 年）、进入电离层的气象火箭（1946 年）、第一枚上天的泰罗斯气象卫星（1960 年）、雨云实验气象卫星（1964 年）、应用技术卫星（1966 年）、艾托斯卫星（1970 年）、地球同步气象卫星样机（1974 年）、泰罗斯 –N 极轨气象卫星（1978 年）

绕行，轨道近似圆形，轨道平面和太阳光线保持固定的交角，每隔 12 小时左右以卫星云图的形式向地面发送一次全球性的气象资料。

沿着赤道上空圆形轨道运动的气象卫星叫地球同步气象卫星，卫星运行角速度与地球自转角速度相等。相对于地球来讲，卫星始终"静止"在赤道某一经度的上空，所以叫作地球静止气象卫星。它在地球赤道以上 3.6 万千米处，俯瞰南北纬 70° 之间、东西横跨 140 个经度，约占地球表面 1/3 的圆形地域，大约每 30 分钟以卫星云图形式向地面发送一次气象资料。

这两类气象卫星各有所长，相互补充。极轨气象卫星能观测全球，特别是地球的两极地区。由于其轨道高度低，因而可实现的观测项目比静止气象卫星丰富得多，探测精度和空间分辨率也高。但它对同一地区不能连续观测，所以观测不到变化快而生存时间短的小尺度灾害性天气，静止轨道气象卫星则刚好相反。所以，这两类气象卫星组成系统，正好取长补短。

"风云三号"气象卫星　　　　　　　"风云二号"气象卫星云图

气象卫星站得高，看得远。它飞越地球上空测得的各种气象资料及时地贮存于星体内，然后把高频电波信号通过转发器送到地球上，再由地面卫星接收站利用接收仪器转化为图像信号，最后经计算机再次处理成电视信号。整个过程全部在无人操纵的自动化操作中完成。人们从电视里看到的气象卫星云图就这样诞生了。

目前，我国接收的卫星云图，按卫星装载遥感仪器选用探测波段的不同，主要接收可见光云图、红外云图等。可见光云图是测量地球上的物体对太阳光的反射辐射强度得到的，只有白天才有。物体对阳光的反射辐射强度越大，图像越亮；反射辐射强度越小，图像越暗。红外云图是测量较长的红外波段得到的，昼夜都能得到。辐射量越小的低温区域，图像越明亮；辐射量越大的高温区域，图像越黑暗。电视节目中通常使用的云图就是红外云图通过计算机处理、编辑而成的假彩色动态云图照片。人们不仅能纵览云区，还可从中推知其发展变化，预知未来天气。

若地球表面为一片晴空区，卫星观测到的是从地面发向太空的红外辐射信息，呈现为黑灰色。黑色越深，表示地面辐射越强，天气越晴好。当某地上空有云雨覆盖，卫星观测的则是从云顶发向太空的红外辐射，呈现为白色或灰白色。颜色越白，表示辐射越弱，气温越低，云系越厚越密实，降雨强度也就越大，甚

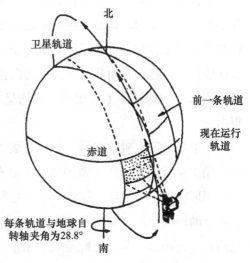

气象卫星在空间轨道上拍摄云层照片的情况

至有冰雹发生。晴空区与云雨区之间的过渡区则为深灰、灰、浅灰色云系，表明有不同厚度的云而无明显降水。

在卫星云图照片上，判别云区的结构、边界形状、光滑程度范围大小及色调等方面的特征，可以识别各种云。从结构上看，云区中的纤维状结构多数是卷云，而成团密集的球状亮云体多为层积云。从边界形状看，台风、冷涡云区的边界呈圆形，锋面或急流云区的边界呈带状，积雨云区的边界一侧清楚，一侧不清楚。从光滑程度看，云区纹理粗糙，多皱纹和斑点的，表示云面起伏，云厚不一，多为积状云；纹理光滑的表示云顶较平坦，云厚差异少，多为层状云。

从云区的范围大小看，云图上呈小块分布的多为晴天积云或海上层积云；山脉背风一侧的短细云线，多是地形作用下的波状云。高云常带有纤维状。密卷云呈稠密的圆形或椭圆形。卷层云表现为范围很广的光滑云区。高层云常呈一大片，有时看到一些暗的斑点，表明各处厚度不一。高层云、高积云与卷层云的外形大致相似，不易区别开。海面上的积云和积雨云常组成云线、云带或细胞状结构，云区边界清楚，但不整齐。陆地上的晴天积云一般不易识别。积雨云色调最白，有时呈孤立亮点，有时呈大片云区。层积云多为起伏较多的圆形云区，在云区中可见到一个个紧挨着的细胞状小块云体。层云表现为纹理均匀的一片云区，边界清楚，且常与山脉、河流的走向一致。一般无法区别层云和雾。

从云区的色调看，同一种云在可见光云图和红外云图上的亮度（明暗）并不是完全一样的。高云，在可见光云图上色调一般为浅灰色到灰白色，而在红外云图上为白色。中云常呈大片分布，在红外云图上高层云为浅灰色，云区边界不清楚；在可见光云图上为白色，与厚的卷层云亮度接近，较难区分。积云在两种云图上外貌相似，均呈灰色。积雨云在两种云图上色调均很白。

在卫星云图上确定各种云状，还要参照地面上各气象台站的测云报告。但是用卫星云图来分析大范围的云系分布及变化情况是十分直观和方便的。大范围形状各异的云系，气象学家称之为云图系统，其实是各种天气系统在云图上的表现形式。夏季台风就是一片螺旋状云带，其中有个小而清晰的黑色圆点，这叫台风眼。当螺旋状云系呈"6"字形分布时，台风将北上；呈"9"字形分布时，在上空气流操纵下，台风将西行。正因为有了卫星云图，台风在生成之初人们就能发现，并根据云系中心浓密云区的范围大小、螺旋云带的完整程度以及螺旋云带的曲率中心是否位于中心浓密云区的里面来估计台风发展的不同阶段，判断台风靠近沿海时的强弱、大小及移速、移向等，因此台风预报水平显著提高。

西北太平洋副热带高压是夏季天气的主角。它在云图系统上表现为大片

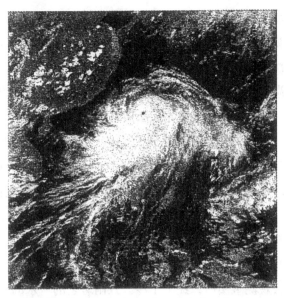

卫星云图上的台风：2012 年台风 "海葵" 的卫星云图

黑色无云区，经常是很不规则的扁圆形，横躺于我国台湾地区以东洋面至中东部大陆。黑色越深，范围越广，表明其强度越大，气温越高，稳定控制的时间也越长。长江中下游地区夏季易受此副热带高压控制，因此常出现高温热浪，溽暑炙人。

冬季，冷空气南下的时候产生的冷锋云系，一般呈带状分布。从卫星云图上看，冷锋云系后面还有大片细胞状云系。冷锋云系一般很亮，云顶很高，云带前面还有一排由强对流云带单体组成的云带。冷空气的强弱、位置及移动方向、速度等，都可通过跟踪冷锋云系的演变来判断。

卫星云图中的绿色表示陆地表面，蓝色代表海洋，颜色的深浅表示地表温度的高低。

6. 追云捕雨

从前，人们传说 "呼风唤雨" 的神话，随着现代气象科学技术的进步，今天已部分成为现实了。

1958 年 7 月，吉林市及其周围地区出现了 60 年未遇的大旱。人们千方百计地开展抗旱斗争，并于 8—9 月在我国进行了首次人工增雨试验，利

用飞机进行穿云催化作业，在云中多次播撒干冰（固体二氧化碳，温度为-79℃）造雨，约有80%达到了人工增雨的效果，两个月内共飞行22架次，播撒干冰10吨，基本解决了吉林市及郊区三县的旱情。这一年，甘肃、湖北、安徽、河北等省也相继开展了不同规模的人工增雨工作。

人工增雨到底是怎么回事呢？

我们知道，雨是云的化身，"天上无云不下雨"。云是由水汽随上升的空气降温而凝结的小水滴。有的云层温度低于0℃，以至-20℃左右，由过冷水滴和冰晶组成，这是冷云；有的云层温度高于0℃，全由小水滴组成，这是暖云。当云中的水滴和冰晶体积非常小时，往往被上升气流托在空中，或在下降过程中被蒸发掉，就下不起雨来。

1933年，瑞典科学家贝吉隆在前人研究工作的基础上，分析了大量冷云观测事实后，提出了冷云致雨著名的"水的三态（液态、气态、固态）转化"理论，简称"冰水转化"理论。以后，德国的芬德生又使理论进一步完善。原来，在冷云中，由于冰晶比过冷水滴的饱和水汽压[①]要低，从而促使过冷水滴很容易经蒸发、凝华（即水汽变为冰）而迁移到冰晶上。只要云中有足够数量的冰晶，冰晶经过冰水转化就能迅速增大，再加上云滴下落时相互碰撞、合并增大形成雨滴[②]，就形成降水。这一冷云致雨过程，就成了人工影响冷云的理论基础。

暖云降水，主要是靠较大云滴在下落过程中，经过碰撞合并大量较小云滴后，逐渐增大加重，上升气流托不住时便落到地面为雨的。这一暖云降水理论首先由美国科学家豪顿于1938年提出。其后，美国人兰格缪又发现了下降的大雨滴在下降形变和云中上升气流的冲击下破碎成许多大雨滴，形成雨滴大量增殖的"连锁"反应。这一发现使暖云降水理论日臻完善。

1946年7月，美国谢费尔等人根据冷云降水理论，在冷云室里以人工制造冰晶促成冷云降水的试验中，向冷云室中投入了一块干冰，突然，云室中瞬间充满了成千上万颗闪烁发亮的小冰晶。原来，干冰的高度冷却效应，使最"顽固"的过冷水滴也只能"屈膝投降"，冻结成冰晶了。经过几个月

———————

① 大气中水汽的压力，单位为百帕。水汽压的最大限度，即饱和水汽压。温度不同，达到饱和状态的饱和水汽压也不同。

② 雨滴的体积约是云滴体积的100万倍，也就是说，100万个云滴才能构成一个雨滴。

的筹备，他们又开始进行自然条件下的催云化雨试验。当年的 11 月 13 日，一次历史性的飞机播撒试验开始了。当天在纽约斯克内克塔迪东部的格雷洛克山区，3.7 千米高空上布满了层积云，云内温度约 -20℃，飞机在 5000 米高空的飞行路径上，向云中播撒了 1.5 千克左右的干冰。大约 5 分钟后，播撒区由过冷水滴组成的云滴很快转化为成群的冰晶。这些冰晶不断增大并从云底下落，在云中留下一个明显的空洞。云层下面，不同形状的雪花从空中飘飘洒洒地降落了下来。用干冰作催化剂的人工降水试验成功了！从此，人工影响天气的工作日益蓬勃地发展起来了。

还是这一年，谢费尔的同事冯奈古特做了另一项十分有价值的实验。他查阅对比 X 光晶体手册，查到碘化银的晶体结构同自然冰晶十分相似，便把它磨成粉末，投入云室的过冷云雾中，代替冰晶胚胎，以产生大量人造冰晶。但实验因结果很不理想而中断。

几星期后，冯奈古特又转入用各种金属做电极，开始试用在各种电极上产生火花放电，从而形成不同的金属气溶胶粒。在一次用银做电极的放电试验中，意外地发现云室内突然出现了大量冰晶，犹如撒进干冰时的情景。

这种效果真是奇怪！

后来经过查找知道，几星期前进行碘化银的成冰试验时，试剂的纯度极低，试验后又在云室中残留了微量的碘和其他杂质。结果银离子在火花放电高温下，竟偶然地与残存的碘离子化合，成为纯度高而颗粒极小的碘化银冰核，成功地实现了最初的设想。11 月 14 日，冯奈古特将碘化银加热蒸发，然后又凝华成高纯度的碘化银结晶体的烟粒，引入冷云室中，立即出现期待已久、令人鼓舞的良好成冰效果。

后来在自然条件下试验，碘化银也具有神奇的催化作用。1 克碘化银可产生几万亿个冰晶。并且，碘化银只要加热分解就会在空气中形成极多极细（直径只有头发的 1‰～1%）的碘化银粒子。以碘化银粒子为冰核，催化设备简单，用量很少，费用低廉，因而得到迅速推广使用。多年来，碘化银已成为人工影响天气最常用的冷云催化剂。

在冷云催化降水获得成功的基础上，科学家对暖云也进行了大量播云致雨试验，向云中喷洒大水滴，或撒播诸如盐粉等吸湿性微粒，以期促使云中大水滴的形成，这些试验也都获得了成功。

人工增雨就是向云中引入催化剂，造就冰晶或大水滴，促使降雨的形成。根据云的不同性质而采用不同的催化剂如碘化银、干冰、盐粉、介乙醛，以及尿素、硝酸铵等，都可以用飞机撒播云中，或用高炮及小火箭射入云内。它对一般的暖云和冷云都可以进行催化，对层积云或大块的积雨云等对流性强的云系效果更好。

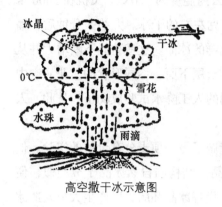

高空撒干冰示意图

20世纪60年代以来，人工增雨进入了一个更为深入的阶段。人们不仅对人工催化后云的微观物理过程有了更深入的了解，而且对掌握有利的作业条件、新的人工催化原理，以及人工增雨效果检验等方面，也都取得了进展。人工增雨效果通常可以达到10%～20%。这对减轻和缓解农业干旱、保证水库的水力发电、改善生态环境和扑灭林火等方面，都有积极作用。

二

光影变幻

（一）海市蜃楼 ①

传说与海市蜃楼

在大海之滨，人们偶尔会看到城廓楼台、车马行人，隐现在那茫茫海面上的万里长空中。

这种景象，早在 900 多年前，北宋科学家沈括在他的《梦溪笔谈》一书中就有记载："登州（今山东蓬莱市境内）海中，时有云气，如宫室、台观、城堞、人物、车马、冠盖，历历可睹，谓之海市。"

有的传说把海市说得玄而又玄。对此，沈括经过分析研究，在《梦溪笔谈》中写道："欧阳文忠曾出使河朔（泛指黄河以北地区），过高唐县（今山东高唐县），驿舍中夜有鬼神自空中过，车马人畜之声，一一可辨。其说甚详，此不具记。问本处父老：'二十年前尝昼过县，亦历历见人物'，土人亦谓之海市，与登州所见大略相类也。"

宋代文学家苏东坡在《咏海市》诗中也曾写道：

> 东方云海空复空，群仙出没空明中。
> 荡摇浮世生万象，岂有贝阙藏珠宫。
> 心知所见皆幻影，敢以耳目烦神工。

可见，人们很早就知道海市不是神仙宫阙的显现，而只不过是空中幻景罢了。

幻景可望而不可即。远在公元前 4 世纪中叶到公元前 2 世纪末，"自威（齐威王）、宣（齐宣王）、燕昭使人入海求蓬莱、方丈、瀛洲。"西汉史学家司马迁在他的《史记·封禅书》中说："此三神山者，其傅在渤海中，去人不远……盖尝有至者，诸仙人及不死之药皆在焉。其物禽兽尽白，而黄金白银为宫阙。未至，望之如云；及到，三神山反居水下。临之，风辄引去，

---

① 本节以及本章（二）至（十）节陆续写于 20 世纪 70 年代至 21 世纪初。

终莫能至。"

幻景也是绝大多数人难得一见的。明朝登州军事将领袁可立等了整整3年，终于见到了长达4个多小时的海市。他曾记述："仲夏念一日，偶登暑中楼，推窗北眺，于平日苍茫浩渺间，俨然见一雄城在焉。因遍观诸岛，咸非故形，卑者抗之，锐者夷之，时分时合，乍显乍隐，真有画工之所不能穷其巧者！"

清代诗人施闰章见到的海市是另一番景象："大竹盈盈横且陈，小竹湛湛浮明珠。方圆断续忽易位，明灭低昂顷刻殊。……沙门小岛更奇绝，浮屠倒影凌空虚。"

不过，古代人不明白海市的科学道理，见到空中或海上出现亭台楼阁，便以为那是神仙的住所，它存在于"虚无缥缈间"。

眺望海市

在民间，又有神话传说认为，海里有一种叫作蜃（意思是大蛤蜊）的蛟龙，能吐气为楼台。晋人伏琛《三齐略记》载："海上蜃气，时结为楼台，名海市。"因"蜃"字从"辰"从"虫"，辰在十二生肖中为龙，属鳞虫之长，神通广大，所以蛟龙吐出的仙气造就人间仙境。

《史记·天官书》中也指出"海旁蜃气象楼台"，并记载汉武帝巡至登州丹崖山，筑城台眺望海中"蓬莱仙境"，丹崖山得名"蓬莱"。从此，这地名便与神仙联系起来。相传"八仙过海"就从这里出发，七仙女也自称是家住蓬莱村。

明朝医药学家李时珍在《本草纲目·鳞部》中记载："蛟之属有蜃，状似蛇而大，有角，能呼气成楼台城廓之状，将见即见，名蜃楼，亦曰海市。"这就是人们常说的"海市蜃楼"。

直到近代，人们才知道海市蜃楼是一种大气折射光象，不仅海上有，沙漠中或其他地方也时有发生。

这种光象，在全国自然科学名词审定委员会1988年公布的大气科学名词中，已定名为"蜃景"，并将"海市蜃楼"作为通俗名称。

（二）海市蜃楼的奥秘

1.魔鬼的海

一个骆驼商队在沙漠中艰难地行进着。

这是盛夏的一天，骄阳似火，空气好像凝固了一般，一丝丝风也没有。在沙漠里跋涉的人们，步履蹒跚，面容疲惫，唇舌焦干，那驮在骆驼背上的水囊早已瘪下去了……

久渴难耐的人们，这时是多么渴望能喝上一口清凉的水啊！

突然，前方隐约可见的地平线上，现出了白花花的一大片亮片，呈现出一个大湖。湖水碧蓝，波光粼粼，湖畔绿树环绕，倒影如画……于是，人们满怀希望，欣然加快步伐，赶呀赶，一直向湖畔赶去。

沙漠蜃景

说来也怪，明明湖泊就在眼前，可总是走不到湖边。

"这是怎么回事？"人们迷惑不解。不久，湖水忽然与红色的沙尘混在了一起，变得越来越模糊，好像整个湖泊不断地升高，最后突然消失了。

人们在无限的失落中忽然明白，那不过是灼热的沙漠上出现的幻景。

这种幻景湖泊，我国古代人叫它"光怪陆离"；阿拉伯人称它为"魔鬼的海"，而且认为它是女妖摩甘纳变化来的。

女妖摩甘纳是16世纪时意大利的一个神话传说。在阿拉伯故事中收集了这个传说，认为摩甘纳女妖善使魔法，能变出种种幻景，愚弄疲惫不堪的行路人。

摩甘纳在灼热的沙漠里时常点化出一片葱茏的绿洲、清水盈盈的湖泊、富丽堂皇的城市，还有寺庙高塔的花园。行路人迫不及待地赶去，但她立即使幻景消失，向身陷绝境的人们露出狰狞的笑容。

　　这种幻景在非洲的欧里·欧禾·拉菲沙漠里经常出现：展现在人们眼前的是一片绿洲，相距不过两三千米远；而实际上却至少在 700 千米以外。有的人受幻景的引诱而迷失了方向，渴死在沙漠中。据记载，1904 年，有一个商队在离比尔·乌拉绿洲 360 千米的地方，忽然眼前出现了水草。他们想尽快地赶到绿洲去喝水，于是加快了步伐。可是这片绿洲就是接近不了。结果，到了这片绿洲时，竟有 60 名商人和 90 峰骆驼在路途中渴死！

　　这种幻景在草原地区也时常出现。"前面有一段地带寂然无声地和大地分开了，其间有一条窄窄的小河缓缓流过，波光粼粼。"俄国作家绥拉菲莫维奇在《草原上的城市》一书中描写过在顿巴斯出现的幻景："在这片与大地分开了的地段上，出现了一些带青色的柳树的倒影、风车、房顶的淡蓝形象。一切是那样生动，而又是那样的晃动和难以捉摸。柳树的枝条迎风摇曳，风车和房顶在轻轻摇晃，似乎是向人们的住处移去。

　　"不多久，青色的柳树、风车、房顶渐渐模糊起来，缓缓地从地面向上升起，梦幻般地停留在空中，然后悄然无息地在骄阳的闪光中消散了……"

　　有人在描写西伯利亚草原地区出现的海市蜃楼时写道："太阳烤热了这片古老的、夜晚十分寒冷的土地，就出现了不同的幻景。

　　"驿道边的电线杆从我们眼前移开了，像在沙漠上行进的一行驼队，一步一低头……我们行驶着的这条车道好像在不停地动荡，一下子变成了两条。两条路一模一样，道旁绿草青青，像两条在干涸了的黄色河床上蜿蜒移动的长蛇。

　　"接着，又出现了一个和真正的湖泊一模一样的幻景湖泊，湖面亮光闪闪，一只大鸟从湖面腾起，扇动着两只巨大的翅膀，朝我们飞来。

　　"忽然湖泊、大鸟、骆驼又都悄然不见了。"

　　1988 年夏天，在我国新疆召开的干旱区地理会议期间，会议代表在考察艾丁湖周围干涸的湖盆时，也被湖泊幻景迷惑过。当天晴空万里，没有风尘，异常干热。突然，代表们右前方不远的荒滩上，奇迹般地出现了一片湖水。湖畔绿树成荫，水中倒影绰约，微波涟漪。可是，他们走了好一段路也没有走到湖边。

2. 从"筷子折弯"说起

一根斜插到水杯里的筷子，从侧面看上去，好像筷子在水面那里折弯了。

这是什么原因呢？

这是光"欺骗"了我们，是最常见的光的折射现象。

什么是光的折射？

光能在其中传播的透明物质，例如空气、水、玻璃等，都叫作传播光的介质或光的媒质。真空也算是

筷子在水面折弯了

光的一种介质。一大片介质的任何一点的浓度、密度一致，就称之为均匀介质。光在均匀介质中是沿直线传播的。平常的空气是均匀介质，水也是均匀介质，所以我们看到光在空气中或水中都是"走"直路的。

光在不同密度的介质中传播速度是不同的，传播速度快的称为光疏媒质，传播速度慢的称为光密媒质。

光从一种介质射入另一种介质时，传播方向发生改变的现象，叫光的折射。

当光从空气射到水面时，在水面上会发生这样的现象：一部分光线在水面上反射，另一部分光线进入水中，这部分光线与入射光并不在一条直线上，而是发生了偏折，这就是光的折射，一般说来，光从一种介质进入另一种介质时，在两种介质的界面上，总有传播方向发生改变的现象，就叫光的折射。

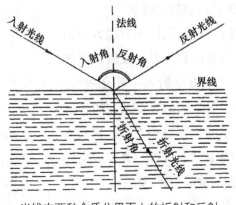

光线在两种介质分界面上的折射和反射

为了说明光的折射，我们想象通过光的入射到界面那一点画一条垂直于界面的法线。入射线和法线之间的夹角是入射角。进入水中传播的那条光线叫折射线，折射线和法线的夹角叫折射角。实验中会发现：光从空气射入水中时，折射角总是小于入射角，也就是说，折射线总是向靠近法线的方向偏折。当增大入射角时，折射角也增大，但折射角总是小于入射角。

当光从水里射向空气，光的传播方向又如何呢？

这时如光路可逆图所示：光线在水和空气的界面上也发生折射现象。

实验表明，如果光线在空气中沿 AB 方向进入水中后，沿 BC 方向传播，那么，在水中沿 CB 方向射出的光也可以在空气中沿 BA 方向传播。这叫作光逆。光从空气进入水中时，折射角

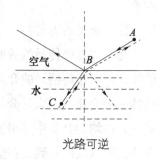

光路可逆

小于入射角；光从水进入空气时，折射角大于入射角。或者说，光线由水中进入空气，折射线总是向远离法线的方向偏折。

光线从光疏媒质进入光密媒质时，折射角小于入射角；光从光密媒质进入光疏媒质时，折射角大于入射角。这就是光的折射定律。

光的折射定律的数学表示如右下图所示。以界面上光的入射点为圆心画一个圆圈。从入射线和圆的交点画一条法线的垂线，叫入射垂线，从折射线和圆的交点也画一条法线的垂线，叫折射垂线。由于入射角和折射角不等，这两条垂线的长度也是不同的。当入射线的方向改变时，折射线的方向也会改变，这两条垂线的长度也随之改变。

由实验得出的结论是：无论入射线方向如何改变，每一次入射垂线和折射垂线的长度比值总是不变的。光线从真空射入一种介质时，入射垂线的长度和折射垂线的长度之比叫作这种介质的折射率。水的折射率是 1.33，玻璃的折射率是 1.5。折射率越大，光线由真空或空气进入这种介质时，方向的偏折也越厉害。

说来说去，现在可以说明插入水中的筷子为什么看起来折弯的原因了。原来，水中的那

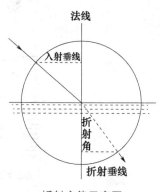

折射定律示意图

段筷子的光是从水中射到空气中的，根据上面讲的折射定律，光线穿出水面后要向远离法线的方向偏折，如右图中所画的那样。人眼并不能觉察光线传播的曲折路径，而只能根据进入眼中的光线射来的方向看到物体。于是看

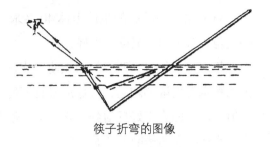

筷子折弯的图像

到水中筷子的位置就比它的实际位置高了。这样人眼就好像看到筷子在进入水面时折弯了。可见，这是光在不同媒质中传播产生的折射使插入水中的筷子看起来折弯的。

空气包裹在地球周围，从地面向上，其厚度在 3000 千米以上。光在空气中传播时，由于空气密度分布不均匀，也会发生折射现象。当光线从空气密度大的区域射入空气密度小的区域，光线的折射情况与光线从水中射入空气的折射现象相似。

3.日落碑现与瀑布显字

日落碑现的奇景，出现在贵州省织金县。

晴天，从午后到日落前，人们站在织金县城附近的西南或西北，面向东北、东南的山间远远望去，前方马鞍山腰的向阳峰峦中便会出现一座白色透明的石碑。石碑高约 10 米，宽约 5 米，挺拔逼真、轮廓分明，仿佛有光。

这座石碑最亮的时候，人们隐约可见碑文数行，好似在石碑面上飘忽，继而幻灭无影。当天气乍晴乍阴时，巨碑则随之或隐或现，或明或灭，神秘莫测。

其实，山上并没有什么石碑。游人曾兴致勃勃地去攀崖附木，在山中寻觅石碑之踪影，但总是一无所获。真可谓："众口皆碑不是碑，红日西斜现东门，亭亭玉立成真景，曾使游人疑鬼神。"这神秘的"日落碑现"奇观成了千古之谜。

科学家经过长期研究分析，发现日落碑现原来是大自然玩的魔术。

在织金县城东北方，约 2000 米远处有一座马鞍山，山的侧方支脉有一条小山梁，山梁上有一灰白色的石笋拔地而起。石笋高 10 多米，宽 30 余

米。石笋相距马鞍山的主体山体 40 多米，其间有一断层深涧，支脉尾部是一座与马鞍山相当高度的山峰。

每逢晴天午后，西斜的阳光使山峰投影在马鞍山的胸部，这样，马鞍山上的草木越发浓郁幽暗，恰好形成石笋的天然背景。这时西斜的阳光正照在石笋上面，回光正好反射到马鞍山上，便在阴暗的背景上映现出一块形态逼真、巍然屹立的透明的"石碑"了。

大自然中还有瀑布显字的奇景呢!

这种奇景出现在云南省鹤庆县朵美区境内一个名叫神龙门的地方。

神龙门是一个大石洞。洞口藤蔓掩映，野花怒放。一清一浊两股河水从洞中涌出，在洞口垂直跌落成十分壮观的瀑布。浊水有如缤纷的彩帘，五颜六色;清水却玉洁冰清，"一尘不染"。一洞两瀑分为两色已是一大奇事，更奇的是直下的清水瀑布前，游人可以看到银色水帘上显出字迹，当地人称它为"缟裙显字"。

缟裙显字是同太阳一起出现的。往往是日出之前，向导就带领游人登上了山峰，并安排在神龙门对面的一块巨石上，这里正好对着瀑布，又迎着将要出现的太阳。人们翘首注目，等着等着，东方天边的云彩渐渐地红亮起来了。一眨眼间，一轮红日随着绚丽的朝霞冒出山顶，并在山顶上活泼地跳了几跳，金色的阳光直接射在瀑布上，仿佛有一支看不见的巨笔在徐徐地移动着，渐渐地，那银色的瀑布上便赫然显现出四个隶书大字——"一品当朝"。

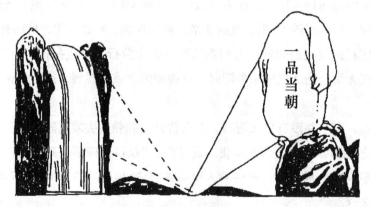

瀑布显字示意图

奇怪，为什么瀑布会显出字迹呢?

经过仔细勘查，原来在神龙门对面的山峰上，竖着一块十丈见方的白

月映佛肚

石。白石晶莹如玉。古代书法家在白石上面镌刻了"一品当朝"四个隶书大字。

每当旭日东升之时，白石映在神龙门下的池水中，由于太阳光线的折射作用，白石上的字便反映在瀑布之上，于是形成瀑布上显字的奇观。

自然界的光学现象，如果再加上人工的精心安排装饰，就更能增添几分情趣了。云南省安宁县城西北的风城山山谷间有一曹溪寺，寺因山谷朝向而坐西向东，寺中大雄宝殿的殿前檐间设计了一个椭圆形小窗（直径约41厘米）。每逢甲子年中秋之夜，一轮皓月东升，月光透过小窗直射殿中佛像的额头，随后月光沿着佛像鼻梁渐渐下移至肚脐，成为"月映佛肚"的奇景。据说，谁能目睹这一奇景，菩萨就会保佑他鸿运亨通。每逢此时，许多善男信女虔诚地烧香拜佛，祈求佛爷保佑，更有无数好奇者前往观看，以饱眼福。其实，这是利用天文学中天体的运动规律，准确地设计小窗和安置佛位而成的现象。

4. 蝴蝶出没与光

一个题目叫"蝴蝶出没"的魔术，既有趣又容易做，如下图所示。

先用纸剪一只小蝴蝶，然后把空玻璃杯压在纸蝴蝶上。这时，从杯子的侧面去看，透过杯子看到蝴蝶了。再向杯子里倒清水，水快灌满了，奇怪，那蝴蝶不见了。可是从杯口去看，蝴蝶仍在。把杯子拿走，纸蝴蝶仍在桌上。

蝴蝶出没的秘密在哪里？

这是光的全反射的缘故。

什么是光的全反射呢？

晚上，你在房间里打开一个台灯放在远处，把装有清水的透明的

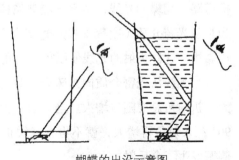

蝴蝶的出没示意图

玻璃杯举起来，如下图所示。从下向上看，会发现水的内表面像镜子一样，映出了远处的台灯。若灯光较亮，会看到那水面竟然闪着银光！

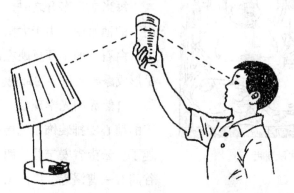

杯中水的内表面映出远处的台灯

此外，你拿一支铅笔，把笔尖插入玻璃杯的水中，如仍然从下向上看，会发现出了两个笔尖：一个向下，是真正的铅笔尖；一个向上，那是铅笔尖的虚像。你看，这水的内表面也是一块地道的镜子！

光从一种介质射向另一种介质的时候，会分成两部分：一部分被返回原介质，另一部分透过界面进入另一介质，发生折射。但是，在一定条件下，透明的界面却会变成一面反光镜，把入射光全部反射出去，这就是光的全反射。

光的反射现象

从下向上看，水中出现两个笔尖，向下的是真正的铅笔尖，向上是铅笔尖的像

现在，蝴蝶出没的秘密，就可用光的全反射现象来说明了。图上画出了光线所走过的曲折道路。蝴蝶的光线，由空气经玻璃杯底进入水里的时候，发生了折射。因为是从光疏介质（空气）进入光密介质（水），所以折射光线全部向法线那边靠拢。这样折射的光线便以很大的角度射向了杯子的侧壁。

当光线从光密介质向光疏介质时，折射角总要大于入射角。而入射角增大，折射角总要随着增大。当入射角大到一定程度的时候，折射角就可达到90°；入射角再增大，就不再有光线折射到光疏介质中去了，这样就在杯子侧壁发生了全反射。

有一种养热带鱼的大玻璃鱼缸，鱼缸里装有灯泡。灯亮时，光源在水面之下，光线从水里直射到空气里，随着入射角的增大，折射光线逐渐远离法线。当入射角增大到某一数值 A 时，折射光恰好掠过界面，跟界面平行；这时折射角为 90°，这可能是最大的折射角了。

光的全反射

如果再增大入射角，折射角到哪里去了呢？这时就没有折射线了，光线就在水面那里全部反射回水内了。这种光线全部反射回原介质的现象就叫作全反射现象。折射角等于 90° 的入射角 A 叫作临界角。

光从水里射向空气时的临界角是 48.5°，光从玻璃射向空气时的临界角是 32°～42°。在蝴蝶出没的魔术里，射向杯子壁的光线大于 42°，所以发生了全反射。

5. 光，在大气中会拐弯行进

雨过天晴，太阳光从乌黑的云层后面钻出来，光芒四射。这时，你看到光是沿直线前进的。早上进入教室，当空中还留有灰尘时，太阳光从窗口斜射进来，你也会看到光是"走"直路的。

这些现象说明，光在同一均匀介质中，是沿直线传播的。

实际上，同一种介质，例如相同成分组成的大气，因其密度不均匀，光在其中传播的路径不是直线，而是拐弯行进的。

笼罩在地球周围的大气层在各处的密度是不相同的。即使在同一个地方，大气层的上部和下部的密度也很不相同。一般情况是，大气密度随高度的增加而递减，这种分布直接影响了大气折射率的变化。大气密度越大，它的折射率也越大，因此大气折射率也随高度升高而迅速递减。如果把大气想象分成许多层，每层空气的密度假设是均匀的（即折射率相同），但其密度（即折射率）比上层的大，比下层的小，这样，光线进入这些折射率不同的气层时，就会在各层间的界面上产生折射，也改变了它的传播方向了。

假设我们把大气层分成四个气层，每一层的大气密度均匀，不同气层的密度是不同的。这时，远方星辰 S 发生的光，进入大气层射到地面时，光通过折射率逐渐增大的许多气层，这也是从光疏介质射入光密介质的情况。此时折射角比入射角小，但两个角度很接近。其结果是光线拐弯前进，逐渐偏向垂直线方向。

你看当光线射到第一层的界面上时，就发生了折射，在第一层光线向 CD 方向前进；当光线射到第二层的界面 D 时，又发生折射，光线在第二层里向 DE 方向前进；同理，在第三层里光线向 EF 方向前进；在第四层里光线向 FA 方向前进。这样，光线经过层层折射，就成了一条 CDEFA 的弯曲折线，并逐渐偏向垂直线的方向。

实际上，大气密度随高度递减是连续变化的，光线是通过大气步步折射、逐渐弯曲的，不像筷子插入水中那样有着明显的转折点，而是以曲线形式连续地改变光线。通过的大气层越厚，折射出来的光线越弯曲。

当星光从地平线方向斜射过来，星光所穿过的大气层特别厚，所以星体显著地受到大气折射的影响。在 A 点观测星辰位置时，星光并不是沿直线 AS 到达观测者眼中，而是沿着被折射以后的弯曲了的光线 AS′ 到达观测者眼中的，这时观测者看到的星光似从 S′ 方向来的。可见，由于大气折射使观测者所看到的星辰的位置，与它的实际位置有一定的偏离。S′ 就是观测者看到的实际星辰 S 的像。

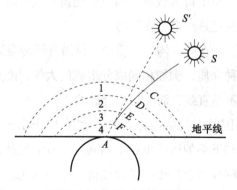

光线通过大气层时的折射现象

星光视方向 AS′ 与实际方向 AS 的夹角称为天文折射，人们又称它为蒙气差。

天文折射大小与星体位置有关。当星体在天顶时，蒙气差为 0°；越靠近地平线，蒙气差越大，星体在地平线上时，蒙气差最大，可达 35′24″。

天文折射又与空气的密度有关，而空气密度又受受气温和气压的影响。

一般情况下，地面空气密度最大，每单位面积所受到的空气柱重量所施的压力也最大；越往高处，空气柱越短，空气密度越小，气压也越低。

当地面空气密度为 1.23 克 / 升时，气压值为 1013 百帕。到了 6 千米高度，空气密度降到约地面的一半，气压降至 472 百帕。10 千米高处，气压密度降到地面值的 1/3，气压值降至 264 百帕。30 千米高处密度值为地面值的 1.5%，气压值为 11.52 百帕。100 千米高空，空气密度值为 5×10^{-7} 克 / 升，气压值只有 0.003 百帕了。

气温的高低对空气密度的影响则和气压相反。气温越高，空气体积就越膨胀（假定气压不变），单位体积内空气密度就减小；气温越低，空气密度越大。

当光线在近地面气层中传播时，由于通常情况下总是下层空气密度大，上层密度小，所以总是会发生折射现象。不过，由于空气密度的变化是逐渐变化的，光在其中行进时就逐渐改变原来的方向，成为匀缓的抛物线形状了。这种光线弯曲的现象叫作地面折射或大气折射。

大气折射和上面所说的天文折射基本上是同一性质的。只是天文折射所指的是从地面上观察来自大气层外的发光天体在通过大气层后的折射现象。而大气折射则指的是被观察点位于大气层之内的光线折射现象。

当观测者和目标物都在大气层里，来自目标物的光线到达观测者眼睛前，因空气密度不同而产生的大气折射，会造成观测距离增大和海市蜃楼等现象。

6. 幻景，大气光学的杰作

平时，在平静如镜的池水中，我们看见了长在池边的一棵柳树的倒影。这是怎么回事呢？

我们看见倒影的情况是这样的：来自柳树的光线，一部分直接反映到我们的眼中，使我们看见长在池边的那棵真实的柳树；另一部分光线则先射到明镜般的池水面上，再反射到我们眼中。这时，我们就在池中看到一幅长在池边的那棵柳树的虚幻的图像，并看到池岸和柳树都是倒立在水中的。

这倒立的图像就是幻景。

这种幻景与海市蜃楼奇景相似。只不过海市蜃楼不是显现在池水中、玻璃上，而是显现在空气中罢了。

海市蜃楼是大气光学的杰作。

当远方景物的光线，经过密度不同的空气层发生显著折射时，就逐渐偏斜形成抛物线形状的曲线。就是这样曲折的光线，把我们视线达不到的地方的景物显现在空中或地面，映入我们的眼帘，使我们看到远方景物的幻景。

地球表面的大气层，在各处的密度是不相同的；即使同一个地方，大气层的上部和下部的密度也很不相同。一般情况是大气层下部密度大、上部密度小，越往上越小。当光线从下部射向上部时，光线经过密度不同的空气层就会产生多次折射而改变原来的方向，并且当入射光线的入射角超过临界角时还会发生全反射。全反射是光的折射的一种特殊情况。这种特殊情况，使我们可能看到远方实际物体的变化和位移。

一般是越接近地面越暖，越向高处越冷，大约每上升 100 米，气温降低 $0.65℃$。可是，有时阳光强烈，地面晒得灼热，使贴近地面的气温急剧升高，而上层气温则比较低。这时气温直减率可能达到很大的数值。有时地面又很冷，贴近地面的气温反而会比上层低。这种现象叫作气温的逆增，简称逆温。

发生逆温的时候，或气温直减率小的时候，下层空气密度会特别大，上层密度显得很小，上下差别突出，这时就会产生强烈的光的折射现象。

当大气下层温度剧烈升高时，气温直减率大于每上升 100 米减低 $3.42℃$，这时气温对空气密度垂直分布的影响就会超过气压对它的影响。这样，就产生上层空气密度反而比下层大的异常分布，在这种异常情况下，光线也会产生异常的折射。

大气中存在着许多温度不同的空气层，它们的密度各不相同，这样光线穿过它们就会发生多次折射而改变原来的方向，并在密度小的空气表面出现全反射现象。于是，光线走的路径逐渐偏斜成一条曲线，从而把远方的景物映入我们的眼帘。这时我们看到远方的景物好像完全不是在它们实际所在的位置上，并且景物可能是真实形状，也可能改变了它的本来面目，可能是实际景物的放大，也可能是它的缩小。这就形成了我们所看到的海市蜃楼那种幻景。

　　如果幻景出现在景物的上方，这种现象称为上现海市蜃楼（上现蜃景）；如果它出现在景物的下方，则称为下现海市蜃楼（下现蜃景）。有时还可以看到侧现海市蜃楼（侧现蜃景），实际景物的幻景出现在景物的侧方。有时，空气出现时隐时现、瞬息变形的幻景，这种现象称为复杂海市蜃楼（复杂蜃景或幻变蜃景）。

（三）长空幻影

1.椭圆形太阳

日出的景色是壮美的。

清晨，你登上山顶，或是伫立海滨向东方远眺，可以看到那远方的天空像是被谁抹了几笔白色油彩。慢慢地，鱼肚色天际由白转红，接着又逐渐变成金黄色。这金黄色，预示太阳快要出来了。看，从天地交接处绽露出一个红色光点，映红全天，一瞬间，光点变成弧形光盘，光盘的弧越来越大，跳跃着上升，在上升中变形。从弧形到半圆，从半圆到椭圆，刹那间，一轮椭圆形的火球冲破地平线升起。

可是，这时的太阳为什么是椭圆形呢？

原来这是大气天文折射造成的。

如前所述，地球周围的大气层，它的密度不均匀，越靠近地面密度越大，越远离地面密度越小。来自太阳、月亮及其他星体的光线穿过各层密度不同的大气时，路径会发生偏折，这种现象称为天文折射，又称蒙气差。由于蒙气差而被歪曲了的天体形象，显得十分有趣。

日出时，太阳光线从地平线方向斜射过来，阳光所穿过的大气层特别厚，所以太阳显著地受到大气折射影响。如下图所示，我们在 A 点看太阳，就是沿着被折射以后弯曲了的光线看去，所以太阳的位置是在 AS' 方向，这比太阳实际的位置 S 升高了。

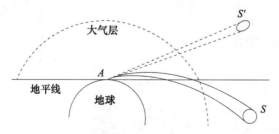

日出日落时，人们看到的太阳比实际的要扁些

图中太阳的实际位置 S 和我们所看到的太阳位置 S' 之间有一个角度，这

个角度叫"折射角"，也就是蒙气差（天文折射）。光线越倾斜，通过大气层的距离越大，天文折射也越大，即折射角越大。

太阳在天顶时，光线从垂直方向射入大气层，通过大气层的距离最短，天文折射等于零。这时，我们所看到的太阳像一个浑圆的光盘，高高地挂在天顶，那就是太阳的实际位置。但是，在太阳位于天顶以外的时候，光线总是从倾斜方向射入大气层的。光线越倾斜，通过大气层的距离越长，天文折射角度也越大。

在日出时，光线从水平方向射入大气层，天文折射角度大，可达35′24″。这个角度和太阳圆面的视角32′（日地平均距离处的太阳视直径是31′59″）很相近。因此，日出日落时太阳的下缘好像恰和地平线接触，其实此刻太阳的下缘是在地平线下35′24″的位置。由于太阳移动像它直径那么大的一段距离大约要2分钟，所以在赤道一带白天的日出日落大约都要延长2分钟，越向高纬度去，延长的时间越长。在大海上航行的人们，考虑到天文折射的影响，必须对航海仪器加以校正，才能够得到太阳和其他天体的真实位置。

天文折射的影响对于太阳圆面的上缘和下缘是不相同的。从太阳上部边缘发射出来的光线，通过的大气层薄；从太阳下部边缘发射出来的光线，通过的大气层厚。

通过的大气层薄，折射层次少，被弯曲程度小；通过的大气层厚，折射的层次多，被弯曲的程度大。被弯曲程度越大，位置的升高就越多。因此，在日出时，同是一个太阳，上边缘被抬升得少，下边缘被抬升得多。

远离地球1.5亿千米的太阳，看上去其视直径为32′分。太阳恰好离开地平线时，太阳光盘上边缘的天顶距为89°30′，因大气折射而产生的蒙气差为29°18″；而太阳光盘下边缘的天顶距为90°，即正好在地平线上，这时蒙气差为35′24″。由于太阳光盘下边缘经大气折射抬升的角度比太阳光盘上边缘所抬升的角度约高出6′，于是使太阳光盘垂直方向的视直径减小至26′左右。这时，太阳光盘水平方向的视直径并没有变化，仍为32′。于是我们所看到的太阳光盘就好像被上、下压扁了1/5左右，成为椭圆形的了。

在地平线附近，某些地面上的物体如高山和工厂烟囱等，看起来，它们的位置也比实际位置要高一些。因为由远处物体射来的光线，通过大气层的距离比较长，也要发生大气折射现象。实际的水平能见距离比理论值大

6%~7%，所以在进行远距离的大地测量时，必须考虑到光线在大气层里的折射现象。

有趣的是，有时初升的太阳还会出现上下跳跃或变形的现象。原来这是太阳光发生反常折射的缘故。事实上，大气密度通常并不一定如上面所说的那样是有规则地按气层分布，而是随着各气层温度的不同而发生变化的。气层温度较高时，大气密度较小；气层温度较低时，密度较大。大气层里温度分布复杂，空气密度变化不定。光线通过这种密度变化不规则的大气层时所发生的折射现象，叫"反常折射"。

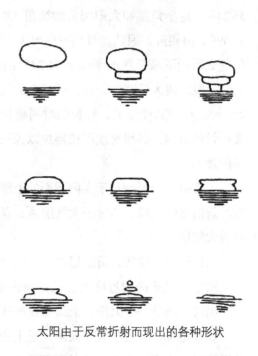

由于这种反常折射，靠近地平线的太阳往往会出现各种奇特形状，有时呈不对称的椭圆，有些部位粗，有些部位细，粗细相间，好像很多椭圆体叠置起来一样；有时被折射到空中的太阳的像可以接连出现，最下面一个是正像，上面一个是倒像，再上面一个又是正像，一个接一个叠置上去。但是，旭日的像既是一个椭圆体，就无所谓正像倒像，因此，我们看起来，这时的太阳就好像是很多的椭圆体叠置在一起，恰似一座宝塔在地平线上高高耸起。再加上空中大气和大地上

太阳由于反常折射而现出的各种形状

水平面与草木的不断动荡，重重倒影，上下辉映，微微跳动，闪闪发光，构成了一幅美妙绮丽的活动画面。

在日落的时候，也可以看到椭圆形夕阳，甚至能看到宝塔状的奇景，只是没有日出时那样清晰生动罢了。

2. 蓬莱阁观海市

1981年7月10日，在山东半岛著名的旅游胜地蓬莱阁，游人络绎不

绝。这时，蓬莱阁西北的庙岛群岛南侧，平静的渤海海面上泛着金光，远处笼罩着淡淡的薄雾。

"啊！你们看，那是什么呀！"有人突然喊叫起来。大家应声向海上望去。

此时是下午2时40分，海面上隐隐约约地出现两个美丽的小岛，犹如人间仙境。

"是仙岛！……像天上宫阙！"游人惊奇不已，浮想联翩，"天庭敞开了……越来越清楚了。"

10分钟后，岛上的道路、树木、房屋、山峰都清晰可辨，亭台楼阁、宝塔和宫殿显而易见，行人车辆时隐时现，各种景物交相映照，极为壮观。

导游小姐笑呵呵地向大家解释说："其实那是一种大气光学现象，气象学上叫海市蜃楼或蜃景。它是光线经过大气的折射和全反射以后产生的幻影。"

说着说着，那神话一般的景象，一下子全都不见了。

这次蓬莱阁看到的海市，历时约40分钟，让游人大饱眼福。

蓬莱阁，位于蓬莱市区以北，耸立在渤海之滨的丹崖山巅。相传这里曾是八仙聚会的地方。有一天，这八位不愿受玉皇管辖的散仙，在蓬莱阁上饮酒，他们趁着酒兴，相约渡海到对面的庙岛上去，并规定谁也不许乘舟。袒胸露腹的汉钟离逍遥地坐在大芭蕉扇上；文质彬彬的吕洞宾身背宝剑，手执拂尘；神采俊逸的韩湘子吹着玉笛，领着仙鹤；须眉如雪的张果老，怀抱简板，倒骑毛驴；貌丑心慈的铁拐李，背着硕大的葫芦；纱帽官服的曹国舅，手托玉板；婀娜多姿的何仙姑，脚踩荷花；聪慧睿智的蓝采和，捧着一只大花蓝。他们凭借各自的宝物漂然过海，一会儿就到了庙岛。人们常说的"八仙过海，各显其能"便由此而来。

丹崖山顶未建蓬莱阁之前，有草榲三间，称海神庙。北宋嘉祐年间，郡守朱约在原地建阁，始称蓬莱阁。后经明代扩建，清代重建，形成一大群宫殿式的楼阁。主阁建在山尖上，周围的许多宫殿亭亭如众星拱月，壮美极了。丹崖山中青松翠柏，红墙绿瓦，琼楼玉阁，交相辉映。有时云雾缭绕，状如仙境一般，并有海市出现，刹那间仙光会聚，变幻迷离，隐约可辨的玉阙琼宫、浮屠宝鼎，灵气袭人。所以蓬莱阁素以观海市闻名于世，我国古代关于海市的记载，大都是在此处发生的。

著名作家杨朔是蓬莱人，他在散文《海市》中对海市蜃楼作过生动的描述："春季，雾蒙天，我正在蓬莱阁后拾一种被潮水冲得溜光滚圆的玑珠，听见有人喊：'出海市了。'只见海天相连处，原先的岛屿一时不知都藏到哪儿去了，海上劈面立起一片从来没有见过的山峦，黑苍苍的，像水墨画一样。满山都是古松古柏；松柏稀疏的地方，隐隐露出一带渔村。山峦时时变化着，一会儿山头上幻出座宝塔，一会儿山洼里又现出一座城市，市上游动着许多黑点，影影绰绰的，极像是来来往往的人马车辆。又过一会儿，山峦城市慢慢消下去，越来越淡，转眼间，天青海碧，什么都不见了，原先的岛屿又在海上重现出来。"杨朔所描写的，是他小时

海市蜃楼

候在家乡渤海岸上看到的情景。

蓬莱地区地理位置十分优越。它地处黄海和渤海之间，海面低温空气和海峡两岸的相对高温空气，为蓬莱海市的出现提供了重要的条件。同时，山东半岛、辽东半岛和朝鲜半岛三足鼎立，长山列岛横卧其间，又为蓬莱海市的出现准备了客观景物。所以，每年春天和夏天，这里常有海市蜃楼奇景出现。

1984年7月29日下午4时30分左右，在离蓬莱约50千米的大钦岛正西方的海面上，先是出现一座黑色高山，从南到北，足有1000米长。山下有许多房子，其中一座特别高大，墙壁雪白。后来，那座山下出现一块平地，上有楼房和烟囱。它的南面又出现两座半圆形的小山，两山之间的洼地里有连片的高大雄伟的建筑物，俨然一派现代化的城市风貌。只见高楼鳞次栉比，街道纵横，朦胧中似有车辆往来。

5时07分，那大片高楼大厦开始变淡而隐去，又在左边下面出现了一幢5层楼房，楼后边的烟囱里正在冒着缕缕青烟。过10分钟后，各种幻景才渐渐模糊以至消失。但在5时20分后，竟再次显现，实为奇观。

1987年3月2日、5月11日和21日，在蓬莱、长岛一带海面又先后出

现了海市蜃楼。5月21日那天上午8时45分，南长山岛西南方向上空，突然出现层层叠叠的山峦，其间怪石嶙峋，坡陡崖峭，树木葱茏，楼阁鳞次栉比。随后，又出现了一条繁华的街市，但见街市上居民分列街道两旁，汽车穿行，人影幢幢，一派热闹景象。8时50分，景色开始模糊，不久逐渐消失了。

海市蜃楼的出现，往往使人感到惊奇，并且使人浮想联翩，但最后总令人失望。蓬莱阁中石碑上曾刻有这样的诗句："欲从海市觅仙迹，令人可望不可攀。"

3. 空中楼阁

1993年5月6日下午2时23分，蓬莱阁以北的海面上忽然飘来一条银白色光带，并有异物升起。这时只见庙岛群岛像是被人一下子推到了蓬莱阁脚下，岛上的房屋、车马行人仿佛就在眼前。群岛背后涌起两座高山，山峰忽高忽低，忽窄忽宽，后又逐渐向上蠕动。云崖天岭，幽谷曲径，时隐时现，若即若离，变幻莫测。

正在这时，庙岛上方突然又出现一个新岛，几分钟后，当庙岛向长山岛渐渐靠近之时，二岛之间出现了一个圆形湖泊，湖泊周围苍松翠竹。十多分钟后，庙岛渐渐移开长山岛，这时两岛之间又出现一个巨大的葫芦状港湾，在西北方，只见一座座楼房清晰可数，楼房四周烟囱林立，并簇拥着各式各样的低矮房舍，门窗瓦砾也隐约可见。直到下午4时25分，西风骤起，海市蜃楼即逝去。

经专家论证，蓬莱阁北方的海面上，一般在春夏之交，特别是清明节前后，白天海水温度低于近水面的空气温度，因此近海面的空气温度也比较低，空气密度较大，而离海面较高的空气层，没有与温度较低的水面接触，受到强烈阳光的照射，气温较高，空气密度较小。如果这时有从北方来的冷的海流补充进来，那就使海水温度大大低于上面的空气，形成上暖下冷的显著逆温现象。这时空气密度由地面向上迅速地由大变小，近地面空气层结十分稳定，于是在蓬莱阁常常可以看到庙岛群岛以外的幻影。另外，由于光线在这种空气层中的折射和反射，因此在蓬莱还能见到青岛、大连等城市的幻景。

二、光影变幻

这时，来自远方物体的光线是从下层密度大的空气射入上层密度小的空气，会产生折射现象，当入射角超过临界角时，还会在上下两层空气的交界面上发生全反射，界面就像一面镜子一样，把远方物体发出去的光线又全部反射回下层空气中。光线经过向上凸的弯曲路径到达观察者的眼帘，在观察者看来，远方物体好像是在他的前方，且呈正像，这就是上现海市蜃楼。如下图所示，远方景物 A、B 两点来的光线，沿着上凸的路线到达 O 点的观察者的眼帘，在观察者看来，AB 处景物好像是在 OB′、OA′ 方向上的空中楼阁。

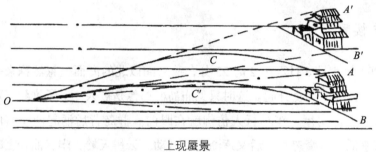

上现蜃景

由图可知，远方一幢房层的 A 点和 B 点在位于 O 点的观察者眼中所构成的张角为 ∠AOB。由 A 向 C 传播出来的光线是由密度大的气层，倾斜射入密度小的气层。光线折射逐渐远离法线方向，形成 AC 曲线。因为光线倾斜超过临界角，于是发生全反射，又复向下斜射。从 C 点到 O 点，是由密度小的气层进入密度大的气层，便形成了 CO 曲线而投入观察者眼中。同样，B 点传播出来的光线也由于大气折射而到达 C′ 点，又从 C′ 点到达观察者的眼中。因此，观察者所看到的房屋的映像是在 OC 线与 OC′ 线末梢切线 OA′ 与 OB′ 直线方向的 A′B′ 处。A′B′ 对观察者的张角为 ∠A′OB。显然物像在实际物体位置的上方。

前面所讲的"蓬莱仙境"，沈括记载的海市，以及在蓬莱阁看到的海市等，谜底也正在这里。它大致就是渤海海峡中的一些岛屿，以及辽东半岛上的一些建筑物，被光线折射抬升到空中而形成的。

有人描述过这样一个故事："有一位科学家，正在朝鲜南岸附近的一艘船上，在日出时看到日本海上有一个山岭重重的岛屿。过了一会，这岛屿就逐渐消失了。科学家知道他看到的是一个平时隐没在地平线下的山峰。但这可能是什么山呢？他查了一下地图，发现这可能是日本岛上的汤伏米山，这山距离船差不多有 900 千米远！幻影竟把这山峰抬升到了 60 千米的高处！"

从上图，我们还可以看出：上现海市蜃楼的情况，也可以因光线路径 AO 和 BO 的曲率不同，而会呈现出景物的伸长和缩短现象。当大气温度逆增的坡度上下均匀一致时，那么光线 AO 和 BO 的路径曲率相同，∠AOB 等于 ∠A'OB'，物体被抬高但不变形。

当大气温度显著逆增的趋势是下部缓而上部更急时，远方物体底点 B 到观察者 O 点间空气层逆温的坡度较缓，密度的上下差异因而较小，所以光线 BO 的路径曲率也较小。但在 A 点与 O 点间空气层逆温的坡度较陡，密度的上下差别大，光线曲率因之较 BO 为大。在此情况下，∠AOB 小于 ∠A'OB'，这就引起物体被抬高且变形伸长。

而当气温逆增的坡度是下急上缓，也就是空气密度的向上递减，在地面层甚为迅速，以后则渐趋迟缓，这样，由物体底点 B 来的光线路径 BO，比由其顶点 A 而来的光线路径 AO 曲率为大。在此情况下，∠AOB 大于 ∠A'OB'，这就引起物体被抬高且缩短了。

此外，当光线 BO 的曲率大很多时，或因入射角的关系，景物上缘的全反射高度低，则可以出现上现倒蜃，这时蜃景仍在原物上方，但蜃形倒立。

1869 年的一天夜里，在皎洁的月光下，法国巴黎人惊奇地注视着天空中出现的一幅壮丽的图画：整个巴黎城市的街道和建筑物都倒映在天上。

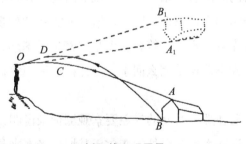

倒置的上现蜃景

20 世纪 80 年代的一天，德国北海库克斯港平静无风，在大街上玩耍的一个男孩急忙跑回家中，大声地对母亲说："妈，天上掉下了一个岛！"妈妈听了噗嗤一笑，然而待她向窗外一看，脸上笑容顿时消失，因为就在她的眼前，离海岸不远处的海姑兰岛高高地倒立在空中。那岛上的红岩悬崖、海边的沙丘，以及其他的细节全部清晰可见。这种幻景直到傍晚才消失。

二、光影变幻

4. 幻景处处有

夏季，阳光强烈，江河水面上低层空气下冷上暖，逆温现象显著，地面空气层结十分稳定，光线穿过下密上疏的空气层发生折射和全反射，把远方景物映现空中，人们就看到海市蜃楼那样的幻景了。

1934 年 8 月 2 日，上海附近的南通江面上就出现过这种幻景。那一天，长江口一带阳光强烈，天气闷热。午后，南通附近的江堤上，人们聚集在那里避暑。忽然看到江面上映现出楼台、城廓、树木和房屋，全部景象长达10 余千米。约半小时后，奇景向东移动，渐渐消逝。

还有一次，一艘从上海开航的轮船，驶离吴淞口 10 小时后，海员们在黄海上看到：细长的防波堤、耸立的高墙水塔、葱绿浓郁的炮台，还有抛锚的船舶、正冒着袅袅的青烟……这些竟都是吴淞口的景色。

幻景也可以在湖面上出现。1977 年 4 月 26 日傍晚，美国密执安州大黑文地方的许多居民，向西眺望密执安湖上空，竟然在天上瞧见了城市密尔沃基的灯光。

密尔沃基城远在 120 千米以外，而且从几何学观点来讲，这座城市当时完全处在地平线之下，是大黑文居民们的视力所达不到的。可是那闪烁不定的红色灯光，居然使得见到的人们确信密尔沃基是密执安湖上的城市！

当时一位天真的观测者记录了灯光闪现的时间，并打电话给住在密尔沃基的熟人，请求查明到底是怎么一回事。结果证实：这位观测者的记录同密尔沃基港的红色灯光的闪现频次符合。那是在密尔沃基港海港的入口处向东方发射的。许多人弄不清这是怎么回事，因此把这种现象称为密执安湖上的幽湖。

密执安州气象局在那段时间的气象要素观测记录说明，密执安州上空有一强烈的逆温层。远在大黑文以外的密尔沃基城灯光本来是看不见的，由于逆温条件下的空气下密上稀的差异显著，密尔沃基城灯光经过一系列曲折反射，一直到达人们的眼睛，所以人们看到密尔沃基城灯光映像呈现在密执安湖的上空了。

1991 年 8 月 3 日，安徽省巢湖上空也出现过"湖市"蜃楼，前后持续约 40 分钟。

那天下午 6 时左右，巢湖市区刮 6～7 级西南风，一时乌云翻滚。而巢湖湖面的西南部却红色一片。6时20分左右，有人猛然看见巢湖湖面上出现了姥山岛。姥山岛正像一艘大船，缓缓地向岸边靠近，影像越来越清晰，旁边竟然还停泊着两条大船。

到6时51分，人们发现姥山岛又缓慢地向湖中移去。6时57分，姥山岛缩成一块小黑团，停留在湖天交界处，7时悄然消逝。这时湖西南边风平浪静，晚霞满天，一切又恢复如常。

1959年5月的一天下午，天气晴朗，炎热无风，湖南沅江渔民发现在南洞庭湖（万子湖）湖面上楼阁隐约。渔民以为看到了洞庭湖龙宫了。一瞬间，被一阵风吹散，消逝了。

其实，像江河湖泊上生成的那种蜃景，山区、平原、城市也能生成。清人王士禛《池北偶谈》就曾记载，山东文登的昆俞山有一个时期，清晨常出现海洋的幻景，山化为海，海中有岛，海面波涛汹涌，舟船往来不息。而位于平原地带的恩县（今山东平原等县）的白马营、茌平的马令庄，雨后也经常出现这种幻景，"一如蓬莱海市"，当地人称为"地市"。

1998年6月4日，新华社的一则电讯稿中说："昨晚7时30分至8时45分长达一个多小时的时间内，成都市区正北方上空出现了罕见的海市蜃楼景象。瑰丽明亮的光带中，云雾缭绕，树影、山峦、湖泊隐约可见，令在场目睹的人惊叹不已。"

在晴朗的白天，有时公路上会出现一片"水潭"，"水"面明亮，过路的人马和车辆的影子倒映

洞庭湖上的海市蜃楼

其中，清晰可见。而一旦向前逼近，"水潭"会向后退去，正如沙漠中旅游者遇到的湖泊幻景那样可望而不可即。1986年8月8日上午，"乘汽车从西宁出发，11时许，经海拔3520米的日月山，沿新铺设的沥青公路，向西直驶青海湖，"气象学家王鹏飞对青海湖旁的路面蜃景作过生动的描述，"忽见前方路面出现多处水潭……有的水潭随车的前进而向前移，渐渐弥散，弥

漫处与汽车的距离不等，当某些水潭弥失时，往往又有一些新的水潭在远处出现。

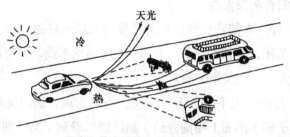

公路上的水潭像和汽车像的形成

"我们的车开得很快，当追近一辆白色面包车，约距300多米时，赫然发现此面包车后端在公路面上的倒影，犹如在水面上的倒影：车轮子在上，白色车子的背影在下，倒影轮子与实际面包车后轮时而相连，时而位于面包车后轮之后若干距离处。白色车子的倒影在黑色沥青公路的背景下明显鲜明。

"此后，我车始终保持与面包车约300米之遥，而上述倒影时隐时现，时近时远，煞是有趣。

"下午4时许，我们离青海湖循原路东返，在此公路上又有'水潭'在前方隐现的现象。当一辆绿色大车迎面驶来时，在黑色公路面上也出现了绿色车身的倒影。"

这是怎么回事呢？

原来，这是由于光线自前上方通过下热上冷的近地面空气，逐层发生折射后，又转向上逐层折射而进入人的眼帘所致。特别是夏日午后，柏油马路和沙面公路上，都可以出现这种幻景。

据说，在非洲，离马达加斯加首都塔那那利佛通向奇马达沃岛港口的海滨公路上，有一处危险的转弯地带，当地人称之为"惑人的海市蜃楼"。每当黄昏时分，人们驱车路过这里时，就会不知不觉地被海上的一片奇景所吸引。这时眼前会出现美丽的艺术造型和图案，可以看到神话般的空中宫殿和楼阁，还有那隐约可见的人群。尽管路标上明明写着："请注意，前面是海市蜃楼！"但是，仍有些旅游者像中了魔似的，驱车冲向海市，结果丧生大海中。

5. 认识海滋

1988年6月1日，蓬莱阁对面的庙岛群岛一带海域，又一次出现了奇异幻景。

当天下午4时02分，蓬莱阁以北水光连天，空明澄碧。转眼间，那辽阔的海面上出现4条乳白色云带，云带上方高悬起无数奇峰巧岚。不久，雾中又出现一座大山，刺破云层，飘忽于云气之上。15分钟后，楼阁耸立，迷蒙中像有游人攒动，一座壮丽宫殿飘浮于远方山腰。突然，一缕玉带横贯于山峰前胸，将山岭截成两段，它左连城廓，右依峰谷，甚是好看。又过15分钟后，山随气变，色随山变，忽而山色郁郁葱葱，忽而山顶银装素裹。稍晚些时候，被云山雾气笼罩的大小岛屿，变幻莫测，时隐时现，直到6时55分才渐渐消失。

这一年的春夏之交，由于气象海况异常，蓬莱阁以北的海面上曾多次出现海市蜃楼。吴述席在《天象奇观——海市蜃楼》一文中说："特别是当年6月17日出现的一次幻景，被山东电视台摄录下来，认为是国内首次拍摄到的人间奇景。

"那天下午，天气晴朗，微风拂面。山东电视台记者孙玉平站在蓬莱阁向北眺望，忽然发现海天交接处，飘出一条白色光带，光带飘处隐隐约约有异物升起。当他把摄像机镜头推向最大倍数时，寻像器里出现了全反射的视倒影。他顿时激动了。这不正是上现海市蜃楼吗？

"这时，蓬莱阁对面沿黑山岛往东百余里的海面上，蜃景散而成气，聚而成形，千姿百态，瞬息万变。如楼台，如亭阁，如奇木，如怪峰，时而倒悬空中，若断若续，若隐若现，朦朦胧胧，似乎还有人在晃动。一会儿长桥飞架，一会儿楼房高耸，东部倒挂的奇峰刚刚隐云，西边林立的烟囱又赫然入目……

"这次奇景从下午2时20分出现，一直持续到傍晚6时多才消失。蓬莱阁上下，水域左右，万人注目海空，欢呼雀跃。壮观的景象都被孙玉平的电视摄像机摄入了镜头中。"

后来，科学家对1988年出现的种种海上幻景经过详细分析研究，认为都只是海市蜃楼的一种，叫作海滋。

什么是海滋呢？

1984年长岛县刘文权首先在文中引有介绍渤海岛民口头术语"海滋"一词，刊于《山东各地概况》中。其中，"海滋"之名多次散见于报刊、电台、电视台报道中。于是，"口头术语"转为"书面术语"了。

上百年来，渤海湾诸岛的渔民和岛民在当地看到海岛常呈底部下凹，两端翘起，或蘑菇状、仙人球状，只有"根"部着水。他们就称这种现象为"海滋"。意思是：这种幻景是由目力所见的岛屿或海洋上的物体滋生变形生成的。

王鹏飞认为，海滋现象是由于温度向上强烈减低所造成的蜃景。他在《海滋名称的由来及形成原理》一文中附有"海滋"一图。当时，海面上的气温大大低于海水温度，这样就使从海岛发出的光线在海面上大气中受到折射，而发生向下（即向暖的一侧）弯曲，然后再向上进入人的眼帘，从而在物像之下出现了一个倒的下蜃（即下现海市蜃楼）了。天空也在下蜃中出现。

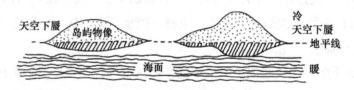

岛屿物像，下现倒蜃及天空下蜃

天空下蜃的存在，使地平线似乎下移了，"移到"倒蜃之下，而倒蜃却与岛屿物像的底边相接。倒蜃与岛屿物像，形状基本相似，只是上下颠倒而已，看上去似乎二者合为一体。当倒蜃很扁时，看上去好像岛屿底部下凸，两端翘在空中（实际在天空下蜃上方），形成了海滋现象。

其实，图中的岛屿物像，在下暖上冷的大气层结条件下，其厚薄、形状、高低都是有少许变化的。它也是蜃景（属于正蜃），与原岛屿形状基本相近，所以称它为岛屿物像。

总的看来，岛屿的正倒蜃合并的形状，已很像植"根"于海面的"蘑菇"状了。当岛屿的正蜃厚度变大时，倒蜃厚度也变大，那么形状就会像"仙人球"形。

海滋与海市蜃楼是有区别的。海滋是在海岛上面重现本岛之景象；而在海面或沙漠上空出现远方景物便是海市蜃楼。海滋只是海市蜃楼的一种，海市蜃楼应包括海滋。目前，"海滋"一词仅通行于山东的某一海域及海滨。

但在沙漠及平原上都可以出现类似海滋的幻景。

海滋与海市蜃楼的形成原理也有所不同。当异地景物被光线折射到空气稀薄的上空后，恰好造成适当的角度，又经过不同密度空气层的传递折射回低空，便在平静的海面或地面上呈现出海市蜃楼幻景。所以海市蜃楼是一幅来自异地的虚像。而海滋的景象，就在其实体的下面，在海面上（或地面上）。当水温与气温存在显著差异，海面上气层产生强逆温时，低空海面生成密度较大的"水晶体空气层"，再由光线折射便形成了海滋。它犹如我们站在哈哈镜面前所看到的畸变：那景色给人以漂浮感和变形感。

6月17日这天下午，雨后天晴，风向东北，风力2～3级，气压1055百帕，气温24.4℃，海水表层温度17℃，能见度很好。气温高于水温7℃以上。这为海滋映成具备了背景条件。这时，庙岛群岛一带海域又适逢平流雾经过，这种轻淡的雾带，时断时续，移速缓慢。海滋出现时，在以蓬莱阁为中心的观察点北眺，可以看到西起大黑山岛、东至大竹山岛的近百里的海面上，有十几个岛屿横向排列。这些映像在雾的流影下，不断变形。大竹山岛上下分离，海空各半，小竹山岛的顶端，长出几棵参天"大树"，西部诸岛，时而峭壁倾斜，时而奇峰叠起。特别是岛上那座8层的商厦，以及商厦周围林立的烟囱、塔吊等物十分清晰，长岛人一望便知是自己居住的县城之景。因而这分明是本地之物的变形与移位，是标准的海滋幻景。

据世界海洋史料统计，每年春夏之交，是世界各大洋及沿海地区海市蜃楼奇景的频发期。我国的蓬莱和日本的横滨都属于海市蜃楼多发地区，其中有不少海市蜃楼其实就是海滋。

（四）上现海市蜃楼

1. "孤城悬天半"与金狮围城

1672年（清康熙十一年）的一天，著名文学家蒲松龄游历山东青岛的崂山，当他走到翻辕岭时，突然看到海面上出现了变幻迷离的海市奇景。

当天晚上，蒲松龄在《崂山观海市作歌》里写道：

> 山外水光连天碧，烟涛万顷玻璃色。
>
> 直将长袖扪三台，马策欲过天门开。
>
> 方爱澄波净秋练，乍睹孤城悬天半。
>
> 埤堄横亘最分明，缥瓦鱼鳞参差见。
>
> 万家树色隐精石，丛枝黑店巢老乌。
>
> 高门洞壁斜阳照，晴光历历非模糊。
>
> 缃属一道往来者，出或乘车入或马。
>
> 扇阖忽留一线天，千人骚动樵楼下。
>
> 转眼城廓化山丘，猎马石骑皆兜年。
>
> 小坠腾骧逐两鹿，如闻鸣镝声飂飅。
>
> 飙然风动尘埃起，境界全空幻亦止。

蒲松龄对海市详细而精彩的描述令人叹服。

类似的情况在青岛前海竹岔岛上空也出现过。1933年5月22日11时，竹岔岛上空突然呈现幢幢楼台亭阁，又有城墙、街道，熙来攘往的行人，还有树林、船只……轰动青岛全市，吸引许多人去观看。幻影绰约，时刻变化，持续4小时，下午3时后才消逝。

1981年4月28日下午，浙江舟山群岛附近海面风平浪静，14时40分，在风景胜地百步沙一带游览的人们，突然看到普陀山东面的梵音洞上空，云海茫茫，从中涌现出朵朵五色彩云。云间缓缓出现一座琉璃黄墙、巍峨雄壮的千年古刹。古刹周围，树木葱郁，奇峰叠翠，若隐若现的山景上烟雾缭绕。一条山间林荫小道，蜿蜒曲折地伸向古刹。古刹一边耕耘过的田地依稀可辨。整个景物持续约 10 分钟，仿佛把目睹者带入了梦幻世界。

"孤城""古刹"悬天是怎么回事呢？

这是空气和光线联合起来变的"魔术"：上现海市蜃楼。

我国山东、浙江沿海一带，每当春夏之交，大陆上日益炎热，而海水都显得寒凉。如果有冷的海流源源经过，海上极易出现下冷上暖的逆温现象。这时空气密度低层大高层小的现象特别显著。如果远方物体发出的光线穿过密度不同的空气层，就会发生折射，射到人的眼睛里，人们就看到经过歪曲的"孤城""古刹"悬天的幻景了。

大自然玩的类似的"魔术"为数不少。

1956 年 3 月 19 日夕阳西下，一场动人心弦的海市蜃楼奇景，突然出现在广东省惠来县神泉的浮埔洋面上。

当时，一艘福建船满载着柑橘，开往香港而经过浮埔洋面。当这艘船驶近蜃景时，船员们在甲板上欢呼："看，好快哟，香港到了！"于是，船速减慢了，停航了。

这时船长看着前方的海面，只见高楼耸立，大厦华丽，车辆穿梭，灯火辉煌……船长迷惘了。正在迟疑中，锣声突起，接着是悦耳的乐声阵阵，《苏三起解》的唱词在耳边回响，这分明是潮州戏开场了。突然，船竟然钻进了一条名叫"斧头澳"的石峡中，触礁了。

不过，这艘船没有立即往水底沉去。船员的呼救声传到了浮埔村，村民们纷纷涌向海边，把落在水中的船员托上海滩。村民对船员们说："你们刚才看到的是海市蜃楼，误入了蜃区，以致船触礁了。

第二年的 3 月 19 日 13 时，神泉港的海面上又出现了一次当地时间最长、规模最大、景象最美、观众最多的蜃景。先是在神泉港西侧的"红沙滩"海面上，从东向西显现出一条石板桥，桥上有整齐的栏杆，桥东头不远处矗立一座 7 层古塔。这些景色由小变大，从远处逐渐移近，大约半小时后，桥上出现一个年轻小伙子在桥的栏杆攀上跳下，动作敏捷轻快，像一名双杠运动员在表演。

14 时许，那名"运动员"猛向桥西冲去，桥和塔也随之消失。10 分钟后，距离港口约一两千米外的图田村南边海面上空出现一条大路，向陆平县甲子镇的奎湖滩方向伸去。与此同时，在神泉镇水仙宫东侧海面上出现一座大拱桥，桥头有一个圆形碉堡，像是桥头哨所。稍后，一位军人从碉堡里走出来，到桥头转了一圈，东张西望一阵后返回碉堡。几分钟后，又有两位军人从碉堡中出来，走上桥头，也是东张西望，然后回到碉堡门口"立正"，并行了一个举手礼。这时，桥上有一个妇女挑着一担水桶，到河边洗衣。她用木棒有节奏地一上一下地拍打浸湿的衣服。15时30分，这个图景逐渐缩小远去。16时，又在金狮栏出现一座古城，有拱形城门，城墙上有垛，城下有一个水池，波光浮动，池边有两头水牛，牛背上坐着两个头发很长的小孩。

到了16时30分，水仙宫前东侧海面上那幅大拱桥和碉堡的景象逐渐模糊消失，但随之出现的是一条街道，两旁楼房鳞次栉比，街上行人川流不息。

17时05分，在熠寮海面又突然出现一座大工厂，里面有锅炉、发动机，高大的烟囱上冒着浓烟。这时，半圆形的海湾3处同时出现海市蜃楼，像3个超巨型宽银幕同时放映出不同内容的电影，使数万观众目不暇接，其壮观场面难以言喻。

将近18时，景中的大街上有几个军人骑在马上向前而去，后面有一列士兵步伐整齐，来回操练。

当时，广东潮剧院始梨潮剧团正在神泉镇演出古装的《剪月容》。海市蜃楼出现后，演员们来不及卸装，有的爬上戏台顶，有的跑到海滩上去观看，直到傍晚18时30分屋景全部消失。

第三年，1958年3月中旬，奎湖滩一幅数百米宽的天幕上出现的海市奇景，也是一座古城，有城堞、城墙，神奇极了。城门自动打开，从城内出来一位穿着古代服装的妇女，只见她一步一步地走到城壕边，沿着石阶踏步下去，蹲在石板上用木杵捣衣。接着，她又把衣衫放在桶里，缓缓走进城去。突然，古城消失了，眼前是一个美丽的花园，园内有楼阁亭榭。花园东边的一座桥下有栏杆，桥上绿光晃动，一个头戴瓜皮帽的人，一只手牵着猴子，一只手拿着小铜锣，从桥上走过去。一会儿蜃景又变了：一个女子手挽满弓，箭在弦上，蹲在地上向前射去。人们正看得出神，忽然像似古代的林冲又上场了。只见他身披斗篷，肩荷一支红樱枪，枪尾上挑着一个葫芦，在风雪中向前走去。

海市蜃楼在广东惠来沿海的神泉一带叫作"金狮围城"。传说古代有一头金狮跳到海里，此后每年春夏之间便常有"金狮围城"的奇景出现。

其实，"金狮围城"奇景也是一种上现海市蜃楼。

广东省惠来沿海一带，海面上风平浪静时，上层空气被太阳晒热，温度较高，密度小，而近海面的空气受海水影响，温度较低，密度大。从异地景物发出光线在自下而上行进的过程力中，随着空气密度由下而上地不断减少，通过连续不断地折射和全反射，使得本来看不见的远方景物，最后送到人们的视野中。人们沿着射来光线的切线方向看去，远处景物被抬高，呈现在空中为直立的正像，这就出现了金狮围城的幻景。

2. 奇怪的帆船

"19世纪的俄罗斯航海家斯科列斯比的儿子陪伴父亲到北极考察"，苏联作家缅仁泽夫在《神奇的大自然》一书中写道："他们各乘一艘帆船。一次，父子俩在大风暴后失散了，但儿子很快又看见了另一艘帆船。'我十分清楚地从望远镜里看见了一艘帆船的轮廓和船帆'；他写道：'我毫不怀疑，这就是我父亲的那艘船。后来，对照了航海图之后，我们才相信我乘的这艘船和我看到的那艘船还相距55海里。'[①]

"在一般情况下，位于视野以外的两艘船是不可能用望远镜看见的。但是，当他父亲所乘的那艘船在上层大气镜子中反射出来的时候，就能够看见了。"

这就使人想起古代海洋神话"荷兰飞船"的故事了。实际上，人们碰到的所谓的"荷兰飞船"只不过是一个幻景而已。帆船结队而行的时候，这艘船每次都销声匿迹；而当大海上只有孤零零的一艘船时，它却突然出现。这种现象绝非偶然。20世纪的"荷兰飞船"事件就是一个例子。

20世纪30年代，有一艘大轮船从欧洲驶往美国。一天，船上的几百名乘客在浩瀚的大西洋上，清清楚楚地看到一艘16世纪荷兰式的大帆船，飞快地驶了过来。啊，真是一艘神奇的"荷兰飞船"啊！

这艘大帆船迎面向轮船驶来，越来越近！吓得船长高声叫喊，慌忙命令水手改变航行方向，避免跟可怕的帆船相撞。

———————

① 1海里 =1.852千米。下同。

二、光影变幻

　　奇怪的帆船，终于从轮船舷旁驶了过去。惊呆了的乘客和水手们还看到帆船船面上的人们呢！他们都穿着 16 世纪的服装，手执长矛和盾牌，其中一些人还高举着手，似乎在喊着什么……

　　轮船安全到达港口后，这惊险的故事就很快传开了。不少美国和英国报纸都登载了"荷兰飞船"事件。有人还写文章说，由此可以证明"鬼魂"的存在。

　　可是，几天以后，真相就大白了！原来，一家电影公司正在海边拍摄电影，里面就有 16 世纪荷兰飞船的镜头。在拍摄时，他们精心制作的道具——古帆船遇到了暴风，被吹到了辽阔的海洋上。当大帆船在大海上漂行时，光线在大气层中的"弯曲"将它抬升到海面上空，恰恰让那艘大轮船上的乘客和水手们，看到了像海市蜃楼那样的幻景。

　　岛屿、风物、人群和帆船虽然位于远方地平线下，但由于这些景物的光线由密度大的气层折射进入密度稀疏的气层，到上层发生全反射，又折回到下层密度大的空气层中来。上层密度小的空气层好像一面"魔镜"，使远处的物体形象经过弯曲的路径，最后投进人们的眼中。而人的视觉总是感到物像是来自直线方向的，因此，帆船的映像比实际抬高了。

　　这种位于实际景物上方的上现海市蜃楼，是在比附近空气温暖的一层表面上方形成的。

　　当暖空气骤然移到冷表面（海洋或湖泊）上方，在一定的垂直范围内，那里的空气温度是随高度向上增加的。这就是温度逆增（逆温层）。

　　这种现象不一定从地面开始，倒是可能在离开地面的某个空气层次形成。也就是说，离开地面一段距离的某一层空气，温度比它上方或者下方的空气温度都高一些。在这种有逆温层的大气中，不同高度上的光线"弯曲"情况如右图所示。

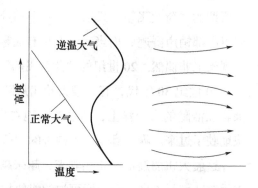

有逆温层的大气中不同高度上的光线折射

3. 神兵从天降

1815年6月18日，拿破仑在比利时维尔维埃（今布鲁塞尔）城南部滑铁卢村以南，发动了一次历史上著名的战役。

这次战役的当天，维尔维埃城的居民们看见天空中出现了许多全副武装的炮兵。奇异的画面竟然会自己移动。远在105千米以南的滑铁卢大战就好像发生在维尔维埃城下一样。维尔维埃城的居民甚至还发现有一门炮掉了一个车轮！

这是怎么回事呢？

这是由于空气折射所造成的。由滑铁卢战场发生的光线，通过上热下冷的逆温层连续不断地折射和全反射，像发射电视画面一样，把战场的实况传播到相距很远的维尔维埃上空，送到维尔维埃城居民的视野中。

1871年，我国清政府为收复新疆，派兵驱逐浩罕阿古柏侵略军。一天清晨，清军将领谭拔萃率领官兵来到达坂城外，因为天气严寒，便令士兵在城外点燃几堆大火取暖。这时浩罕守军突然发现，无数形体高大、身着黑衣的清兵从天而降。这可把守军吓破了胆，他们乱叫乱喊："天朝神兵来啦！"慌忙开枪放炮，结果把城门炸开了一个口子。城外的谭拔萃抓住有利时机，一举攻进城中，收复了达坂城。

为什么会出现神兵天降的怪事呢？

这也是大气折射造成的。

当时正值严冬，早晨天气更加寒冷，贴近地面层的空气密度很大，熊熊大火便形成一股密度小的暖气流进入上空，这时恰好有一群黑乌鸦飞过上空，光线通过密度不同的空气时发生了折射，使那些乌鸦的形状严重畸变，结果在守军的眼前成了从天而降的神兵了。

1878年的一天，天气晴朗，万里无云，特别炎热。一支美国军队从阿费拉姆·林柯尔要塞开出，去参加战斗。不久，留在要塞里的士兵竟然看见他们在天上行走。瞧，这是多么可怕的预兆！他们一致认为这队士兵已经战死，成为"天兵"了。

其实这也是一种大气折射光象，是上现海市蜃楼。

不过事有凑巧，几天以后传来消息说，他们真的在与印第安人的激战中全部阵亡。迷信的人利用这件巧合的事大做文章。

又有一件流传很广的事，发生在第一次世界大战期间。当时英国报纸发来一则消息说：在法国的维特里勒弗朗索瓦那个地方，英法联军在与德国骑兵队的一次小规模战斗中失利，从战场上撤退下来，可是德国骑兵不放过他们，在他们后面紧紧地追击。

英法联军被追赶着进了一个山谷。这时，天气雾蒙蒙的，士兵们个个精疲力竭，队形稀稀拉拉。有时他们实在走不动了，腿一软倒在地上便再也不肯起来。看到这种情景，指挥官气得连打带骂，好不容易让士兵刚走出山谷，又一个个躺下来喘粗气了。

就在这时，德军骑兵已进了山谷，看到山谷外躺成一片的英法联军士兵，毫无防备，高兴极了。一声呐喊，冲了过去。

一阵战马的嘶鸣声和急促的马蹄声传来，英法联军指挥官和士兵们顿时吓得面无人色，连武器也顾不得拿了，站起来就猛跑。

可是德国骑兵很快就赶了上来。只听见"嚓、嚓、嚓……"一把把雪亮的战刀出了鞘，德国骑兵呐喊着逼近英法联军。突然间，天空中闪过一道红光，山谷内外弥漫了彩色云雾。个个官兵脸上被映得五颜六色。大家愣住了，不知发生了什么事，纷纷抬头仰望那奇特的天空。

一瞬间，只见那七彩云雾上出现了一个金盔金甲的武士。那武士骑着一匹红色大马，手执一把大砍刀，又高大又威武，横眉怒目，盯着德军骑兵，好像大砍刀立刻就要砍过来。

德国骑兵被吓傻了，呆呆地站着，不知是进还是退。一匹战马受惊了，转身往后奔去。一个德军骑兵惊叫起来："天神，天神发怒了，快逃哟！"这一喊，惊恐万分的德军骑兵岂敢继续追击，快速掉过马头就跑。

那些莫名其妙的英法联军也抱头乱窜。

这又是怎么回事呢？

原来是海市蜃楼救了英法联军。

当时，在德国骑兵的前面正有一个上下疏密不匀的空气层，光线通过密度不同的空气层发生折射和全反射，把远处的景物显示在天上，给德军骑兵开了一个玩笑，"表演"了一次"魔术"。

4. "山市"蜃楼

元代文人赵显宏在《昼夜乐·春》中提到过"山市"蜃楼。他写道："于赏园林酒半酣，停骖，看山市晴岚。"

清代周工亮在他的《书影》卷五中，曾这样记述："然人知有海市，而不知有山市。（山）东省莱潍去邑西二十里许，有孤山，上有夷齐庙。志称春夏之交，西南风微起，则孤山移影城西。从城上望去，凡山峦林木，神祠人物，无不聚现。逾数时，渐远，渐无所睹矣。"

蒲松龄的《聊斋志异》里有《山市篇》："奂山山市，邑八景之一也。数年恒不一见。孙公子禹年，与同人饮楼上，忽见山头有孤塔耸起，高插青冥，相顾惊疑，越近中元此神院。无几，见宫殿数十所，碧瓦飞甍，始悟为山市。……又闻有早行者，见山上人烟市肆，与世无别，故又名鬼市。"

"山市"的记载与"海市"的记载是十分相似的，都是由于光线经过不同密度的大气层而产生折射作用，把远处的景物反映在天空而形成的，所以是一种上现蜃景。所不同的是：海市发生在海上，而山市则发生在高山之上。

清末，《兴山县志》中有神农架山市的记述："神农山……一名神农架，高寒，为一邑最幽深险阻，多猛兽，产白药。光绪十年（1884年）三月，邑廪生陈宏庆经彩旗（今神农架林区木鱼镇彩旗村），远望神农积雪，询之，土人云：山上常八月雨雪，至明年六月始消。又常六月下霜，久雨初霁，峰峦隐现，有如城廓村落，相传为山市。每岁元宵、中秋夜、除夕，时闻爆竹鼓角声，又常见大人迹。"

清朝有个叫李宗昉的大臣，在《游庐山天池记》的文章里，记述了自己在江西庐山看见的山市蜃楼奇观："日脚射之，则有见亭一角者，楼半窗者，塔三五级者，江之帆一两叶者，湖之舟数十舵者，崖之红叶千百树者，使人目瞪神耸而不得暇。"当李宗昉看完山市时，来了一位山僧，他问："和尚见云中境耶？"和尚说："是寻常耳，曷足怪？"

1978年5月15日，庐山出现了一次罕见的山市奇景。那天清晨，法国驻华大使馆的外宾一行，来到庐山含鄱口看日出。当时天已转凉，前一天下过一场雨，山区烟霭重重，寒气袭人。5点多钟，东方呈现鱼肚白，群山苏醒了，五老峰耸立在云天之下，像披上了一层轻纱。四个山峰的上面好像挂起了特大的长方形灰蒙蒙的宽银幕幕布；俯视鄱阳湖、犁头尖一带，晨曦中江边船只、房屋清晰可见。大约 5 点 40 分，突然发现五老峰的上空，又出现了一个五老峰。这两个五老峰突兀云天，宛如孪生的双胞胎，一模一样，只是下面的五老峰色彩青黛，上面的五老峰呈现银灰色。下方的五老峰，那 4 个削壁千仞的峰峦，岿然不动，好像神情严峻的哥哥；上方的五老峰，4 个雄伟峭拔的峰峦，随着风起云涌，左摇右摆，一会儿在云天之上翩翩起舞，一会儿又将自己的身影像变魔术般地越缩越短，像个颇顽皮的弟弟。它慢慢地向下面的五老峰靠拢，历时半个多小时以后，二者融为一体，蜃景消逝了。

那天清晨，含鄱岭下空气潮湿，偏东风推动湿空气沿山坡上爬遇冷凝结，形成了一块厚约 250 米的层积云。含鄱岭到五老峰南侧的层积云顶高度恰好在观赏者脚下。由于层积云顶上存在着逆温层，逆温层下空气密度大，光线传播的路径便向上弯曲，于是真五老峰在折射作用下，便在其上方显现出一个虚影——假五老峰了。

安徽、山东的一些报刊，对山市蜃楼也有报道。1992 年 7 月 3 日上午 9 时，安徽省滁县琅琊山会峰阁的东南至西南方向，出现了层次分明的崇山峻岭和浩淼无边的茫茫云海，在蔚蓝色天空的映衬下十分壮观。这一山市蜃景，持续约一个多小时。正在拍摄琅琊山醉翁亭等电视风光艺术片的新闻记者当即拍下了蜃景的全部过程。

1999 年春节以后，以海市蜃楼著称的蓬莱城南面 10 千米的羽山，频频出现山市幻景。据史记载，羽山是大禹之父鲧因治水不利而被舜处死葬埋之地。1999 年 2 月 21 日下午 1 时 40 分，羽山上空突起暴风，之后阴云密布，雷声隆隆不绝，同时在羽山西侧的空中耸起了 3 座巨大山峰，密林灌丛杂生其间，掩映着依稀可见的帐篷旗杆，似乎听得到金鼓声、呐喊声、厮杀声隐隐传来，接着大雨突降，一会儿，风停雨止云散，天朗气清。这幕场景于 3 月 6 日、10 日又各出现一次。蓬莱市政府曾组织有关专家前往羽山观察研究。据专家认为，这是一次很特殊的山市蜃楼景色。

（五）下现海市蜃楼

1."沙市"蜃楼

戈壁滩上看不见青草树木，多是通天的旋风。旋风卷来卷去，茫茫无边的沙漠，被风雕出各色各样的花纹，像无边无际的金色地毯。

戈壁滩上天气热得很，中午往往在40℃左右，穿着单衣坐在吉普车里，热得出汗，喉头发干，老是想喝水。

当我第一次乘汽车进入戈壁滩，正在口渴想喝水时，突然，透过汽车的玻璃窗发现了一片波光粼粼的湖水，放射着银白色的光辉，水边葱郁的树木、村舍、远山的倒影，都显现在水中。我咽了一下唾沫，叫司机开快车。可是，当汽车驶近时，那一片湖水和村庄却消逝得无影无踪了。

正当我无限惊异的时候，一阵旋风从地面卷起万丈尘土，直冲高空，好像从云端里垂挂下来的黄龙……

后来，我才知道，刚刚才看见的湖水、村舍都是"海市蜃楼"，是太阳和沙漠为我们表演的魔术。

以上奇景，是我国地质勘探队员于1957年7月22日在新疆戈壁滩上看到的"沙市"蜃楼。

"沙市"蜃楼是一种下现蜃楼。

在沙漠和草原地区，白天阳光灼热，沙石吸热快，贴近地面的空气热得快，密度小，上层空气热得慢，密度大。由于空气不善于传热，所以无风或微风的时候，空气得不到搅动，上下层空气间热量交换很小，就出现上层空气凉而密，下层空气热而稀，以至局部地区在短时间内，就出现空气密度垂直差异大的反常现象。

在这种情况下，来自远方景物的光线从上层密度大的空气射入下层密度小的空气会发生折射，并且在穿越密度不同的这两层空气的交界面上发生全反射，使得远方景物发出的光线又全部被反射回上层空气中来。光线沿着下凹的弯曲路径投射到观察者眼中，于是呈现出景物的倒立影像。这种倒影很容易给人造成"镜中花影泊中月"的幻觉。

如下图所示：由远方树木的 A 点和 B 点投射的光，沿着下凹的弯曲路径到达观察者眼帘，在观察者 O 看来，树木好像是在 OA 和 OB 的方向上，且是一个倒像。由于倒像的位置在实际景物下面，所以叫下现海市蜃楼。

当没有大气折射时，AB 对观察者 O 的张角为 ∠AOB。但由于大气折射，观察者 O 所看到的 A 点和 B 点的物像是以 AO 与 BO 两条曲线末梢的切线方向 OA' 与 OB' 上的 A' 点和 B' 点而来，也就是物像好像在 A'B' 处，A'B' 对观察者的张角为 ∠A'OB'，显然物像在实际物体位置下方。

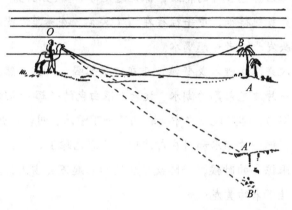

沙漠蜃景

下现海市蜃楼的情况，也可因光线路径 AO 和 BO 的曲率不同而呈现伸长和缩短现象。如果 AO 的曲率小于 BO 的曲率，则 ∠AOB 小于 ∠A'OB，物像被降低且伸长了。如果 AO 的曲率大于 BO 的曲率，则 ∠AOB 大于 ∠A'OB'，所以物像被降低且缩短了。

人们看到的下现海市蜃楼，除了物体的倒像以外，还有天空背景的影像，蓝色天空在地面上的蜃景看起来很像湖水，物体的倒像好似映在湖中的倒影。由于出现下现海市蜃楼时，空气密度上大下小的气层较薄，空气层结极不稳定，以及近地气层的湍流作用，所以蜃景产生摇晃现象，就好像湖水在波动。而蜃景只有在无风和微风时才会发生，一旦大风刮起，幻景就立即消逝了。

早在公元前 2000 年，古希腊史学家古沃道·西吉里斯在一本书里就写道，沙市蜃楼现象常常可以在非洲看到。他写道："在某些季节里，尤其是完全没有风的时候，空中会出现各种各样的野兽，有的站着，有的在奔跑，有的野兽好像在避开观看的人，而又有一些野兽好像在向观看的人迎面扑来。当这些野兽逼近人的时候，它们的身体都好像蒙上了一层薄纱，旅行者看到这种景色总是感到非常惊恐，而当地人则不当回事，因为他们知道这是常见的幻景。"

有人曾经统计过，"沙市"蜃楼，在撒哈拉沙漠每年要出现16万次以上。有的飘浮空中，有的凝立地面，有的固定不动，有的持续时间较长，有的瞬息即逝。

有一次，英国探险家李温士敦在非洲卡拉哈里沙漠旅行时，前面突然出现了一个湖。湖水荡漾。他和他携带的牲畜正渴极了，于是朝湖泊方向奔去，却扑了个空。真正的湖泊都远在百余千米外哩！

2. 沙漠幻景趣事

"小孩尼基大坐在马车上，横过乌克兰草原，他觉得很热，沉沉欲睡。突然间，犹如置身梦中，在平地上出现了一些房屋和断樯船只……"

这是文学家阿·托尔斯泰在《尼基大的童年》一文中对苏联南部草原上的幻景所作的描述。

"驿道旁的向后退去的摇摇摆摆的电线杆，仿佛是一个骆驼商队似的……"诺贝尔文学奖获得者显克微支在《穿越大草原》一文中描述，"在我们行走的道路上有两条丛生绿草的弯弯曲曲的车辙，就好像两条长蛇蜿蜒在已经干涸的黄色的海里。有一个湖在闪着亮光，像真的一样。一只鸟儿从水面上飞起来，鼓动着一双巨大的翅膀，迎着我们飞来。忽然，好像吹来一阵风，湖不见了，鸟儿不见了，骆驼也不见了，一切都幻灭了"。

这些草原上的蜃景，在文人笔下更显得生动逼真了。

溽暑熏蒸，大草原上地面温度太高，低层空气密度比其上层还要稀疏。这时光线折射作用所产生的光学幻象，倒映在茫茫草原之下，这就形成了下现海市蜃楼。

1300多年前，唐玄奘前往印度取经途中，进入渺无人烟的莫贺延碛，就是现今甘肃安西与新疆哈密之间横亘400千米的大戈壁地带。这里是一片黝黑色的砾石，寸草不生，鸟兽绝迹，荒凉得令人喘不过气来。白天，烈日当空，炎热难耐。玄奘骑在马上向前赶路。他靠寻找人畜骨骸、马粪来辨认道路。"顷间忽见有军众数百队满沙碛间，乍行乍息，皆裘毼驼马之像及旌旗槊纛之形，易貌移质，倏忽千变，遥瞻极著，渐近而微，初睹谓为贼众，渐近见灭，乃知妖鬼。"原来是幻景欺骗了他。

1963 年夏天，我国的一位地质工作者在腾格里沙漠西部从事野外地质调查时，曾多次见到沙漠蜃景。一天下午，无风而干燥，离他工作地点不远的前方，半空出现了一座城市，由朦胧状逐渐变得清晰起来。看上去，只见到鳞次栉比的楼房、纵横交错的街道……而没有人或动物，似乎是一座空城。整座城市呈圆形，中间部分最清晰，四周比较模糊，再向外，逐渐淡化于天空中。大约持续 20 分钟就开始摇曳，直至全城消失。

奇怪的是，这位地质工作者在该地区工作的十几天中，他多次见到的蜃景几乎完全一样，出现的空间位置也没有什么变化。

据他回忆，在那段日子里，看到大漠上出现最多的是"水景"。有时是大片林木葱郁的绿洲，有时是绿树环绕的湖泊，有时是垂柳摇曳的河岸，有时只见一片白色的水汽……尽管他们感到干渴，也没有向"水"的地方跑去，因为，凭他们的经验，知道那只是"沙市"蜃楼，只能远远地欣赏一番而已。

在 19 世纪，一支法国军队在阿尔及利亚遇到过这样一件怪事：这支军队正在沙漠地区行军，在他们前面大约 6 千米的地方，突然出现一支浩浩荡荡的敌军。看上去，那支敌军好像是阿拉伯骑兵，顿时引起法军官兵的紧张不安，以为那些骑兵正准备迎击上来呢。法军指挥官只好立刻下令停止行军，并派一个士兵骑马前去侦察。

这个士兵不安地骑马而去，大概走了几千米路以后，发现那里有一群火烈鸟，正在沙地上鱼贯而行。当这个士兵走进鸟群惊走火烈鸟时，恐惧心情才得以消除，原来，这些一个跟着一个行走的火烈鸟进入蜃景地带后，每只火烈鸟都变得像阿拉伯骑兵出现在地平线上。

当这个士兵驱马从蜃景地带回来时，又使他的伙伴们吃了一惊！大家看到他骑着的那匹马的四条腿竟然变得那么长而粗大，他就像一位硕大的武士骑在一匹怪兽的背上。这只怪兽高达好几米，看上去好像在大湖上行走！

其实，这件事说奇怪也不奇怪。原来，阿尔及利亚沙漠的早晨，低空和地表的温差很大，近地面的空气层密度很大。这时，有一股密度小的暖气流进入这里的上空，光线被密度不同的空气层折射，使物体的映像严重变形，火烈鸟就变成了"骑兵"了。

20 世纪 80 年代，人们曾在叙利亚沙漠地区看到过更奇特的沙漠蜃景和彩虹同时出现的奇观。那是 4 月的一天，雨季刚过，酷暑已经降临，天气变化多端。天空悬着火辣辣的太阳，一小朵乌云飘过，带来阵阵雷鸣，洒下一阵急雨。突然，一弯彩虹高悬天际，那五色斑斓的虹彩下面隐现出一座市镇，蓝色的湖水，绿色的树木，白色的房屋……与彩虹辉映，十分壮丽。当人们目不转睛地盯着那奇景，仿佛隔着一层轻纱。渐渐地，景色消逝了。

位于北美西南地区沙漠里的亚利桑那州科齐斯县，有个数十里长的湖。冬季湖水荡漾，到了夏季，湖床就干涸了。夏天，阳光被晒干的湖底反射回来，反射的光线通过湖底上空的热空气发生折射的闪烁，造成清水满湖的幻景。有一次，一个飞行员驾驶着一架水上飞机来到这里，他看到下面波光粼粼，于是决定把水上飞机降在湖上，结果飞机在湖床上撞毁，驾驶员也因此而丧命。

惨痛的教训使人们变得聪明起来，想出了一套辨别沙漠景象真伪的办法。古时候的沙漠旅行者，遇到幻景就点起篝火，烟雾可以冲散它，显现其真面目。现代旅行者随身常带有一张沙漠地图，还带一张"蜃楼幻景地图"，上面详细记载着幻景出现的地点和时间，提醒人们不要上当。

二、光影变幻

（六）侧现海市蜃楼

当水平方向上出现气温不均匀的现象时，会导致空气密度在水平方向的不均匀分布，这样就可以在水平方向显现出蜃景。

北非阿尔及利亚有一个峡谷，叫幻影山谷。这里常常出现侧现海市蜃楼。有位作家这样记述了他的一次亲身经历："有一次，我停留在峡谷的入口处，坐在石板上休息一会，突然在下面离我约50米远的地方，看见一个人也坐在石块上。当我起身的时候，他也站了起来，我向他走去，他也向我走来。当他走近的时候，我感到一种说不出的惊诧，原来这人就是我自己。这使我有些胆怯。我伸出手来，和我同样的那个人也做着同样的动作。但是，当我决定再走近一些的时候，这幻影却消失了。"

这种侧现海市蜃楼景象，一般在朝南的、有时照到太阳、有时照不到太阳的垂直面上出现。它可能发生于矗立在海滨或湖边的悬崖上，或者出现在高大的墙壁上。

在高楼林立的大城市里，建筑物的墙壁被夏天烈日灼热时，就可以出现侧现幻景。1936年，苏联作家雅·别莱利曼在他的《趣味物理学》一书中说："在夏天酷热的日子，你不妨时常去留意大建筑物的给炙得很热的墙壁，看看有没有这种海市蜃楼发生。无疑地，如果经常留心去观察，发现这种海市蜃楼的机会一定会很多的。"

有一位作家曾经描写过他亲眼所见的情景。这位作家走近一座炮台堡垒的时候，发现堡垒的灰色混凝土墙壁突然亮了起来，宛如镜子一样反映出四周围的天空、地面和景物。

这位作家发现侧现海市蜃景的堡垒墙壁如右图所示。他先是站在 A 点，看见那灰色粗糙的墙壁 F，突然变得光滑如镜似的，竟能照得出人像。后来，他向前走了几步，站到 A' 点，看到堡垒的另一堵墙壁 F'，也是同样的情景。

那一天天气炎热，太阳把混凝土墙壁烤得滚烫。这时距墙壁最近的一层空气自然也被烤得很

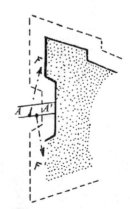

发现侧现蜃景的堡垒墙壁

热而密度稀疏，这一层空气便成了一面"空气镜子"，在这面空气镜子中映出了四周景物。这个现象还能用照相机拍摄出来。

下图的左侧照片，表示灰色粗糙的堡垒墙壁，没有反射现象发生，不可能将附近的两个人形反映出来。右侧的照片上仍表示刚才那堵墙壁，但它经过阳光烤热后，贴近它的炙热空气层已经起镜面作用，因此站在靠近墙壁的那一个人在墙壁上就映出了他的像。

墙壁上的侧现蜃景

以上现象说明，墙壁、悬崖等垂直面被太阳晒得灼热时，这时又无风，贴近垂直面的气层的温度升高显著，而离垂直面较远的空气温度则相对显得低，于是就产生了与垂直面平行的不同密度的垂直空气层。光线斜射这密度不同的空气层中发生折射，条件适合时就会引起全反射，这样贴近垂直面的空气层就产生侧现蜃景了。这种蜃景是比较罕见的。

奇怪的是，在瑞士日内瓦湖却常常能看到侧现蜃景。它大多出现在上午。日内瓦湖南部，在群山包围之中，上午太阳辐射直接照射着湖北部，这样北部气温升高了，

日内瓦湖上的侧现蜃楼

南部却仍然很冷，与北部至南部垂直面平行的气层冷暖之差异，使湖面上产生了相应的空气密度不同的垂直气层，南部空气密度大，北部空气密度小，使得在湖面上的物体出现了侧现蜃景。本来是一只游艇在湖中荡漾，可是看起来好像三五成群的游艇在游弋。

日内瓦湖的自然景色已经很美，再加上那奇异蜃景点缀其间，更令人流连忘返了。

二、光影变幻

（七）复杂海市蜃楼

1. 摩甘纳·诱惑岛

1634 年，一个大雾弥漫的早晨，意大利亚平宁半岛东南角的海港城市雷焦卡拉布里亚的教堂里，牧师安格鲁西正在凭窗远眺。突然，他看到临近的墨西拿海峡上空，出现了动荡变化的奇异幻象。

那幻景"冲着西西里岛的大海高高涌起，看上去就像空中跳动着黝黝的群山"，安格鲁西描述说，在这样的背景下，"上万根银白色的巨大石柱拔地而起，接着石柱突然缩短，只有原高度的一半"。接着，"石柱变成了罗马式拱桥，还有尖塔式宫室、城堡浮现在河畔、拱桥上方，不久，这景观就渐渐消失了"。

这种幻景时隐时现，瞬息变形，人们常称它为复杂的海市蜃楼，气象学上称之为复杂蜃景或幻变蜃景。它是由侧现蜃景、上下现蜃景和正倒现蜃景综合在一起而形成的变幻多端的海市蜃楼现象。常在较暖海面上方有逆温时出现。

1733 年，雷焦卡拉布里亚市修道士迈那西先后三次看到过墨西拿海峡幻景。他写道："日出时分，在风平浪静的天气里，背着日出方向，面向大海，你会有幸看到海面上空各种各样混在一起的景物，像无数的壁柱、一座又一座拱桥、各式各样的城堡、尖塔和有着明亮的窗户、精巧阳台的宫殿。"在城堡的旁边，有"非常漂亮的草原，一群群绵羊在吃草，步兵和骑士排着整齐的队伍，迅速从海面上走过"。

其实，远在 1096—1272 年的宗教战争时期，地中海一带的航海家就常常看到这种瞬息变形的蜃景。宗教战争时期的参加者们猜想，这种海上幻景一定是女妖摩甘纳巧施的法术。

女妖摩甘纳出自凯尔特族的传说和亚瑟王的传奇故事。凯尔特族是公元前 1000 年左右居住在中欧、西欧的部落集团，其后裔现散布在爱尔兰、威尔士、苏格兰等地；亚瑟为传说中的 6 世纪英国国王。据说摩甘纳是一个女妖精，用法国布列塔尼人的话来说，她相当于海中女妖。摩甘纳是亚瑟王的姐姐，她通过蜃景来显示其神力。意大利诗人把她表现为深居浪涛下龙宫水晶殿的女妖。

"过了好几个世纪"，美国气象学家汉弗莱斯说："人们注意到了偶尔出现在意大利墨西拿海峡的那些蜃景，把对岸的悬崖和房屋显现成奇特的船楼，忽而耸入云天，忽而又沉映海中……说怪也不奇怪，女妖摩甘纳这么个诗一般的雅名，竟然变得一般化，'名我固当'地应用于所有这类多重蜃景，不论它们何时出现。"

据 1187 年爱尔兰史书载，航海人在海上，有时会遇到"诱惑岛"而误入歧途。因此，当他们在海上见到不明岛屿时就燃起火把，向这个"诱惑岛"上投去。他们认为火能驱邪，只要岛上燃起火来，凡人就能安全上岛。这源于一历史传说：一个风平浪静的早晨，航海者在爱尔兰以西海域看到鲸一样的东西露出海面，随即变成了一片陆地。几位勇敢的小伙子登上小船，向那片陆地驶去，但当他们驶了一段时间后，那片陆地突然消失了，第二天，这种现象又出现了，航海者驾起几艘小船，来到"诱惑岛"附近，把烧红箭头的铁箭射到"诱惑岛"上后，才得以成功登上那片陆地。

17 世纪末的爱尔兰史书又记载，东北部沿海居民在大西洋洋面上看见了"满是巨石的荒岛""遥远的城市、楼阁、尖塔、城堡和纵横交错的道路，烟囱林立，忽而城市变成了行进的军队，还有燃烧的熊熊火焰，冒着滚滚浓烟。士兵来来往往，如穿梭一般""热闹集市""横跨天空的海上巨桥""女人忙着在阳台上晒衣服"。

1871 年初夏的一个周末，在英格兰东南海岸的福斯港，人们偶然看到法夫近岸的海面上，有带着阳台的城堡从海水里冒出来。小五月岛"突然竖了起来，像一面垂直的巨墙，足有 800～900 英尺高，岛的东面有一排岩石，呈现出多种多样的奇异姿态"。有的好像"由 20～30 英尺高的立柱围成的圆圈"，有的像"一片小树林，迅速展开，形成一个大农场，一座拱桥横跨小树林和小岛上空，接着，十几座小拱桥迅速出现；同时，高墙上出现了像鸦嘴一样的裂缝，一排排尖塔、壁柱、拱桥又蹿了出来"，"这幅画面持续了 4 个多小时"（陈夏法《神秘的海洋》）。

这些复杂蜃景，其实都只是岸上的断崖、房屋、高塔、人和动物被动荡着的大气"魔镜"所歪曲了的形象。

这是海市蜃楼中最复杂、变化最离奇的一种景象。

这类复杂蜃景在冰雪覆盖的极地区域也时有出现。1878—1880 年，极地旅行家诺登瑟德在"维嘉号"探险船上行经北极时，看到了一次有趣的海市蜃楼。他在日记中写道："有一次，地平线上出现了一条黑色的带子，我认为这是一个岛屿的轮廓。

"但是，这条黑色带子很快地向上升，好像是一片陆地。不久，陆地两边出现了两片白色的雪原。

"后来，这一切又都变成一个身似高山、头似海象的海怪。海怪的头活起来了，开始摆动，慢慢地又缩小和变成普通海象的头一样，在小船附近的冰面上晃动。白色的牙齿是长长的雪原，山脉好似深褐色的圆头。

"当这个幻景消失的时候，有一个水手大声地喊叫了起来：'啊！陆地、陆地，就在面前，多么高的陆地呀！'大家一看，果然是陆地，上面丘陵起伏，还有许多高峻的山顶。

"可是，过了一会儿，这一景色就变成了覆盖着黑色泥层的冰山的边缘。"

2. 天空中的万花筒

1818 年，英国探险家约翰·罗斯试图探索一条通往中国的西北航道。

据说这条航道是一条沿北美北岸连接大西洋与太平洋的水道。

罗斯率领的探险船队从美国东海岸出发，不久进入加拿大巴芬岛以北的陌生水域。当船队沿着西北航道驶往兰开斯特海峡时，发现海峡的出口被一座座山峰堵死。其实那里根本没有山，只要船队继续前进，就能打开通往太平洋的西北航道。罗斯当时被极区海域出现的幻景所迷惑，以为是驶进了死港，于是决定放弃继续探险的计划，掉转航头回航。

1906 年，美国北极探险家 E·伯瑞到北极探险。途中，发现一大片冰雪覆盖的陆地，山峰、峡谷连绵不断。他把这片陆地取名为"克罗克陆地"。他是在加拿大的阿克塞尔海的伯格岛最北端的一块高地上，看到西面大约 200 千米远处有这一片陆地的。在哥伦比亚海角的埃尔斯木尔岛，他又看到了这片陆地，其位置坐标大约是 83°E、103°W。具有丰富的极地探险经验的 E·伯瑞这次也被海洋幻景所迷惑了。

然而，事隔 11 年以后，就是 1917 年，克罗克陆地却被 D·B·麦克米兰率领的"克罗克"探险队所证实。

当麦克米兰的狗拉雪橇队从托马斯·哈巴德海角出发不久，就在北冰洋上遇上了暴风雪。终于，在一天早晨，他们找到了克罗克陆地。

麦克米兰兴奋地在日记中写道："我们都从圆顶茅屋里跑了出来。……千真万确！这就是我们要找到的地方——山包、峡谷被冰雪覆盖着，一片广阔的陆地伸向远方。啊！克罗克。"

探险队继续向那片隐隐闪现的陆地进发。

途中到处冰天雪地，迷雾茫茫。他们在浮冰之间艰难地行进着。大约走了一个星期，估计已走了220千米，按理早该到达克罗克陆地了。

可是，他们向陆地行进时，总是见到陆地渐渐向后退去；他们停步不前，陆地也就不动；再向前走，陆地又向后退去。那些山峰在北极阳光中好像在向他们招手。他们鼓起勇气继续前进，终于进入一个三面环山的谷地。当时，天空碧蓝一片，眼前迷雾散尽。

此时，麦克米兰向四周望去，山峰和峡谷像变戏法似的，通通消失了踪影。周围依旧是一片冷酷的冰的荒原。大自然让他们上了一次大当。

北极研究家盖耶斯在北纬80°地区也目睹过一次蜃景奇观。他是这样描述的："地平线好像是一道分界线，而远在地平线下面的物体突然升起来，高挂空中，并且不断变形。

"一瞬间，出现了冰山、冰原，以及带有山谷起伏的海岸。它们有时有几分钟的停留，忽而上升，忽又下降，时而伸展，时而缩小。然后消逝。

"这些景象瞬息万变，仿佛在万花筒里看到的景物一般；在地平线上所出现的奇形怪状，简直无法想象。有的像房屋的尖顶，有的像人形，有的像刀剑，有的像十字架；突然间，一切都消逝了，只剩下一座巨大的轮廓鲜明的冰山，竖立着像一座堡垒。

"一会儿又变了，空中现出一片大平原，上面有树木和动物，如熊、狗、鸟，还有人在空中翩翩起舞；有时天边出现一片波涛起伏的海面……各种景象都是突然出现和消逝，仿佛是童话中魔杖所施的法术。

"这种幻景继续了大半天之后，猛烈的北风一起，它就马上消失了。"

也许人们还记得，我国唐代有的和尚在讲经时，常取十面镜子，八方上下各置一镜，使它们相对排列，中间放置佛像，用火炬照明，通过各面镜子的光的反射就可以看到许多佛像和火炬，使人感到好像进入了神奇无比的仙境。这种宗教宣传虽不可取，但他们巧妙地利用光的反射定律，表现了他们的智慧。这种平面镜的组合，可以说是万花筒的前辈。

万花筒是利用光在两面镜子之间多次反射的原理制成的。只要把它转动一下，就能出现层出不穷的图案。其实万花筒里不过是装了两面相交成 60° 角的镜子，两面镜子之间放了一些彩色玻璃碎块而已。但在转动时，由于光的反射定律，两面镜子都会映出六幅对称的像来，构成一幅六边的图案。旋转万花筒，玻璃碎块的排布就会改变，那六幅图像也就换了花样了。

而复杂蜃景的花样更加离奇。它是光线经过许多不同密度的空气层时，发生剧烈的曲折反射作用，加上空气层间的分界不相互平行，常常使得在海面或地面上显现出几个来自不同方向的映像。微风的吹拂，使空气层发生交替变化，于是映像时隐时现，在那儿跳动。而空气的不规则流动，大气密度的分布不断变化，使得映像的形状和强度瞬息变化，出现伸长、缩短、歪曲或闪烁等现象，甚至出现扑朔迷离、难以捉摸的不定蜃景。不过，大风一起，引起上下空气层混合搅动，上下层的密度差

双重上现蜃景

异减小，幻景也随着消失。这些就是复杂海市蜃楼之所以复杂的缘故。

这种复杂的海市蜃楼如右图所示。在北方的海洋中，往往会同时出现好几层的正像和倒像。这是由于密度不同的空气层分布不均匀的缘故。

如下图所示：AB 为远处海面上物体，由其最高点 A 和最低点 B 射到人眼 O 的光线，经空气层折射后在 A_1B_1 处成一正立的像。如果由 AB 点射来光线倾斜向上投射，进入密度变化很大的空气层中时，向下方弯曲而入人眼，就在 A_2B_2 处成一倒立的像。如果 AB 处光线陡峭地向上投射，进入密度变化缓慢的空气层中，再折射向下方弯曲而到达人眼中，就在 A_3B_3 处成一正立的像。

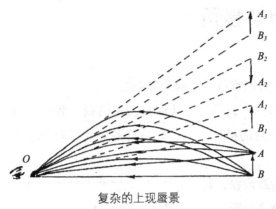

复杂的上现蜃景

复杂海市蜃楼在南极地区也是经常出现。人们在这广阔的冰原上，可以看到船在云层里上下颠倒着行驶；可以看到冰礁的中央有浮在水上的船只，从烟囱里冒出袅袅的轻烟；还可以看到那嵯峨、峥嵘的大山，隐没在天际。实际上，山、船这些景物都是离这里很遥远的。

科学家在离南极营地几千米外的冰礁上，有时突然发现营地帐篷的方向有许多高楼大厦，一座城市巍然耸立在眼前。接着，一片白云在太阳前面飘过，风向跟着稍有改变，转瞬间，城市消失了，眼前依旧是一片雪地。而这时，如果人蹲在地上，那些棕色的摩天大楼又再次出现；站起来，一切又都幻灭了。

南极的冰雪世界像一个镶满镜子的大厅，低角度射来的阳光经过低层空气温度梯度的不同分布和变化，而发生多重折射反射作用时，会使南极地区产生出特别多的颠倒、混乱的蜃景。

（八）海市蜃楼预报

海市蜃楼是人们难得一见的天象奇观。

从茫茫大海到广袤陆地，从绵长的海滨到无数的江河湖面，从无垠的沙漠、草原到冰封的极地雪原，只要具备大气折射的条件，都会出现海市蜃楼。

海市蜃楼行踪诡秘，既清晰又缥缈，奇光异彩，亦幻亦真，扑朔迷离，给人们留下深刻印象。能不能用人工的办法，制造出海市蜃楼来呢？回答是肯定的。

科学发展了，人类就可以巧夺天工。我们来做一个海市蜃楼实验吧。

海市蜃楼实验

在一个空气不流通的小屋里，将门窗关闭起来。这时，你把一块长 1.5 米、宽 0.2 厘米的光滑的薄铁片，横放在几根支柱上。在铁片上面撒上薄薄的一层沙，做成沙漠型的表面。再用深色的纸剪出一棵树和一头骆驼的形状，贴在一块毛玻璃上；把毛玻璃板立在铁片的一端，和铁片垂直，使纸剪成的树和骆驼露在沙层上面。

这时，在毛玻璃板的后下方，用手电筒向上照射。若从铁片的另一端看去，好像树和骆驼后面是明亮的天空一样。

然后，你在铁片的下面均匀地加热（烧电炉或煤球炉），一直烧到沙面有些烫手时，你立即沿着薄铁片向毛玻璃板方向看去，这时会发现一幅小小的幻景出现了；在沙面下方有树和骆驼的倒影，旁边依稀有湖水荡漾……这就是人造的下现海市蜃楼。

在日本，位于东京西北方，与日本海相连的富山湾，每当春秋时节常常出现海市蜃楼。

这是因为每年4—6月间，富山湾南岸附近的山峰冰雪融化，海面上产生大量冷空气。远处建筑物的光线，穿过不同密度空气层发生折射反射，在海湾南岸的鱼津市看起来神奇般地显示在富山湾上空，奇妙无比，这就是海市蜃楼奇景。此时四面八方游人纷至沓来。

但是，随着大气污染的日益严重，大气透明度减弱，海市蜃楼出现的次数也越来越少了。据统计，1975年这里海市蜃楼总共出现10次，1988年减少到5次，1989年仅出现了3次。如此下去，蜃景将最终消失。

在我国，山东蓬莱海域与日本富山湾所处的纬度和气候条件很相似，而且大气条件和光线借以折射反射的客观景物更为优越，所以如果对蓬莱海市作出预报，其准确率会更高，更会受到中外游客的欢迎。

二、光影变幻

（九）奇光异彩

1. 绿色闪光

日落或日出时，当金色的太阳即将隐没或正要探出头来时，它的顶端有时会刹那间升起一道翠绿色的光芒。

这种美丽的绿光现象只延续2~3秒钟时间，有时候还不到1秒钟。若有特殊情况，也能延续5分钟或5分钟以上。当太阳从山的那边逐渐沉没下去

绿光的长时间观察

有人在山后面看到5分钟以上的绿光。右上角是通过望远镜望到的绿光："太阳圆面上的绿色镶边仿佛沿着山坡滑落。"在位置①，太阳光很刺眼，肉眼无法望见绿光。在位置②，太阳圆面几乎整个消失了，肉眼已经可以看到绿光了

时，观察者如果跑得够快，可以看到太阳从山的斜坡逐渐沉没下去的状况，所以看到绿光的时间就会持久些。绿光的光束很窄，一般只相当于从500米外看一条25毫米宽的缎带。

绿光不是在任何地方都可以看到的。要看到它，必须将观察点选在空气干燥、透明的地方。绿光只出现在没有一点云雾、视野非常清晰的地平线上，不能有森林、山丘、建筑物等挡住视线。古埃及于公元前2500年的金字塔内石柱上所画的朝阳（或落日），是一个上蓝、下绿的半圆。那儿明净的沙漠空气特别适宜看到太阳的绿光。

1971年的某一天早晨5点，有人在我国泰山拱北石观日出，先是看到东方天空现出曙色，接着出现橙色，而后忽然跳出明亮的绿斑，须臾而逝，继之日露朱唇，冉冉升起。

在海上也容易看到绿光。一个曾在亚得里亚海看到绿光现象的人写道：

"在黄昏的时候，只要地平线是明晰而清澈的，海面上没有云雾，我就确信一定会有绿光出现……我用肉眼观察绿光，常常是在太阳的上缘刚在海面上消隐的时候看到它。这上缘在太阳完全消隐前的几秒钟时间里，看来好像是漂浮在水面上，稍微有一些升在地平线上，呈现出一个樱桃大小的燃烧的火球。后来在太阳完全隐没的瞬间，从这球里突然放射出绿色耀眼的火焰。它有高高的尖三角形的形状，就好像绿色闪电溜下来穿过在水里的红色的像似的。这种现象就是比最短的闪电还要短，但是它却常常是耀眼的。"

在墨西哥、智利、地中海、北非和红海，一些科学家、自然现象爱好者以及一些常年生活在海上的人们，都曾目睹过太阳发出的绿色闪光。

这一美妙的绿光现象是太阳光被大气层折射所造成的。阳光穿过大气层的时候，就像穿过三棱镜一样，由于它所包含的各种色光波长不同，便会发生不同程度的折射作用，这样，本来是白色的阳光就发生色散成为有颜色的光了。

当太阳落入地平线的时候，光的色散尤其明显。这时，如果你用望远镜去看地平线上的某一颗星，你会发现它并不是一个明亮的小光点，而是一个彩色光柱。这光柱的上缘呈现紫色，下缘呈现红色。因为光的色散和折射现象发生在大气里，就似乎向上向下拉长了。太阳光盘也会出现同样形式的拉长现象。但是，太阳光盘的面积大，不像星星只是一个小光点，从光盘上各处所发出的色泽，互相交叠，分光不清楚，日色也就没有显著的变化。

然而，在傍晚，当太阳进入地平线以下的瞬间，地平线上只剩下一小部分太阳，这一小部分太阳发出来的光线，穿过厚厚的地球大气层，各色光发生不同程度的折射，色泽便被清楚地分散开来了。短波光折射的程度较大，便以较大的倾斜角到达人们眼里，看去好像它们来自天空的较高处。因而，波长最短的紫色光位于顶部，最长的红色光位于底部。夕阳西坠时，太阳光谱中的各种色光挨个儿沉入地平线：底下的红光最先隐没，接着是橙、黄、绿等色光依次消失。

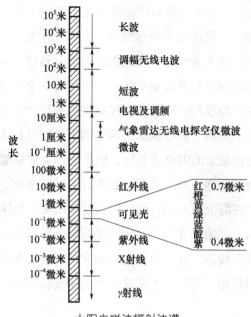

太阳电磁波辐射波谱

那么，人们能不能看到依次变换的有色光呢？

不能。大气中的水汽、氧气、臭氧等对太阳光谱中橙、黄色光的吸收作用较大。当落日的红光先没入地平线时，橙光和黄光为厚厚的空气层吸收减弱，大部分蓝光和紫光则被强烈地散开，只有绿光受到的影响最小，可以很自由地穿过大气层。所以太阳光盘只露出极少一部分在地平面上的那一瞬间，就可能出现多姿幻态的绿光轻轻一闪。另外，如果高空的空气非常明净，短波光仍可以通过，在高空中也可以看到蓝色或紫色闪光。绿光是天气晴朗的预兆。有绿光出现，说明空气中悬浮的水汽、尘埃很少，大气状态也很稳定，所以未来的天气持续是晴天。

2. 眨眼的星星

夜空晴朗，繁星点点。当你抬头注视星空时，便会发觉：除了几颗东游西荡的"行星"之外，看起来似乎全是不动的恒星。这些恒星有时亮，有时暗，忽闪忽闪地，就像在狡黠地眨动着眼睛。越接近地平线的恒星，光亮闪烁得越显著，有时还伴随着色彩的变化，使人眼花缭乱。是星星眨眼，还是人眼的错觉呢？

这两种说法都不对。我们肉眼看东西必须具备"光"这个条件。光把物体的方向、形状和颜色等传给眼睛，使视觉神经获得特有的、独立的感觉。这些感觉传递到大脑，使我们形成有关物体的大小、远近、形状、颜色等概念。天上的恒星离开我们都非常遥远：除太阳外要算南部天空的比邻星离我们最近，它距地球有4.2光年；银河彼岸的织女星距地球则有20光年。一光年就是光一年走过的距离。光1秒钟可走30万千米远。一天有86400秒，一年有365.24天，4.2光年、20光年的路程该是何等遥远啊！星星距离我们这样遥远，自然说不上真是在"眨眼"，一般把这种现象称为星光"闪烁"。这种"闪烁"现象是地球大气层在作精彩的表演。

从地面向上，大气逐渐稀薄，各气层的密度、温度也千差万别。星星发出的光穿越大气层才来到我们眼前。经过性质不同的气层时，所受到的折射程度也不相同，使得星光的方向在极短的时间里来回改变、动荡不定。

大气是抖动不定的。大气中普遍存在着大气湍流，它们像一个个看不见的涡旋，时生时灭，不断运动。这种涡旋称为湍涡。每个湍涡的大小、温度、密度各不相同。其直径可从几厘米到上千米左右。气温高的湍涡因热膨胀密度小，气温低的湍涡密度大，于是使得大气折射率也随之不规则起伏。光是以波①的形式在空间传播的，这有点像落石于平静水面时产生圆形水波向四周迅速传播出去那样。星光在太空中以球面波形式传播的光波，到达地球大气时因距离太远已觉察不出球面的弧度，因而近似平面波。平面波的波阵面②为平面，并垂直于光线的传播方向，它在大气中传播的速度受到大气折射率的影响。当光线在充满变化多端的、折射率各不相同的湍涡的大气中传播时，就像遇到许多暗礁，波阵面将因传播速度的无规则变化而产生畸变，这就形成了光强的闪烁。再加上波阵面不规则倾斜，使光的传播方向也不断地偏离，从而发生光斑忽上忽下、忽左忽右的抖动。在夏季烈日下，或通过熊熊火堆的上空，我们看远方的树林、房屋和人物时，就会觉得眼前的空气在抖动，好像通过一层流动的水一样，它们的轮廓恍恍惚惚、摇摆不

---

① 光有波动。光从一个地方传到另一个地方，就是因为光波连续移动的缘故。把光的起伏画成曲线，曲线最高的地方，也就是每个波长的最顶点，叫波峰，最低的地方叫波谷。从一个波峰到第二个波峰之间的距离，叫波长。
② 光波在介质（例如空气）中传播时，若将它在介质中相位相同（例如同属某个波峰或波谷）的各点连接成面，就称为波阵面。

定。在日出和日落时，有时会看到太阳忽而上升，忽而又下降，太阳光盘还会发生奇怪的扭曲，出现暗淡的带纹，甚至分裂成几块。这种在近地面或地平线附近观看远方景物所出现的摇晃不定、变幻无常的现象，都是因大气的不规则折射而形成的。

星光闪烁也是这个原因。入夜，经过太阳一天照射的地面开始散热，热空气上升，冷空气下降，加上晚风吹拂，气流的密度时刻在变动着，各层大气的密度和温度各不相同，这样一来，星星射来的光线就不能笔直地前进，而要发生不同程度的偏折，射入我们眼中的光线经过多次折射，就会时多时少，时而偏这边，时而又偏向那一边。于是，我们便觉得星光时亮时暗，闪闪烁烁了。

星光的闪烁变化过程是进行得很快的，大约 1 秒钟内闪烁几十次到 100 多次。靠近地平线的星光通过的大气层比在天空时厚得多，因此折射光线的变化就更为剧烈，星光闪烁得也更厉害。

至于星光颜色的变化和闪动，这和大气的色散作用有关。特别是当光线穿过较厚的大气层时，大气色散作用较为强烈，加上大气折射率的不规则起伏，就有可能把太阳的白光色散为七色彩带，并发生不规则的变化，产生不断变异和闪动的彩光。

我们看到的行星的光几乎是不闪动的，这是因为行星距地球比恒星近得多（例如离我们最近的大行星土星，最远时只有 1.57×10^9 千米，而离我们最近的恒星比邻星约有 40×10^{12} 千米，比土星远 27000 多倍）。我们看到的行星不是像恒星那样的一个光"点"，而是一个很小的圆"面"。在数学里的"面"是无数个"点"组成的。所以，看上去行星的这个小圆"面"所反射出来的光线，也就可以看成是由无数个"点"反射出来的光线所组成。这无数束光线在穿过动荡不定的大气层时，每一束光线都是闪闪烁烁、忽明忽暗的。一部分光束在这一瞬间变亮，而另一部分光束在同一瞬间变暗，二者相互抵消，因此行星总的光度并没有变化，也就不会闪动了。

"晴不晴，看星星"。星光变化与天气转换有一定关系。空气上下层的密度和温度相差越悬殊，星光闪烁得越厉害，这预示未来的天气将转阴雨。另外，大气中水汽含量越多，星光也闪烁得越厉害，所以，当冷空气侵入暖空气层下面时，星光就闪烁得异常强烈，这也是下雨（雪）的先兆。所以民谚有"星星眨眼，离雨不远"的说法。在天气晴好的日子里，星光是不会强烈闪烁的，一旦星星"眨眼"，便预示着雨雪将临。

另外，星光闪烁呈蓝色或紫色时，下雨（雪）的可能性更大。因为水汽吸收长波光线，空气中水汽越多，可见光线的长波部分就几乎都被吸收，只剩下短波的蓝色光或紫色光了。大气中水汽充沛是下雨（雪）的先决条件。在一般情况下，空气中水汽少的时候就能清楚地看到星星和月亮，这是晴好天气的象征。所以民谚说"月明星稀，来日好天气"。

3. 谁持彩练当空舞

夏天阵雨过后，在太阳对面一边的天空里，往往会出现一道灿烂夺目的彩带，这就是虹。毛泽东主席曾经在《菩萨蛮·大柏地》一词中描述过彩虹出现时的情景："赤橙黄绿青蓝紫，谁持彩练当空舞；雨后复斜阳，关山阵阵苍。"

彩虹是壮美的。可是，虹是怎样形成的呢？古代的人们在无法解释虹的成因时，便把它加以神化，于是有了许多迷信的说法。有的说它是空中的灵迹，有的说它是欢乐女神的笑容，有的说它是光明神的宝弓，休息时，他把宝弓放在云端上。1624年，意大利学者多明尼斯想用自然科学的原理来解释虹，触犯了神权教义，以致受到教会的残酷审讯，并被判处了死刑，结果死在狱中。

隔了一段时期，人们终于突破了神权的压制，揭穿了这一大气光学现象——虹的谜底。原来，它是太阳光在雨滴中经过折射、分光、内反射、再折射等作用而形成的。

"虹，雨中日影也，日照即有之。""影"与"景"通假，"景"的意思就是"光"。我国古代科学家沈括在《梦溪笔谈》的这一段话中，把"日照"和"雨"作为产生虹的重要条件，这是很正确的。

夏天阵雨后不久，天空还浮游着无数雨滴，如果这时阳光射来，照到雨滴上，就好像照在小玻璃球上。因为光线在空气中行进的速度比在水中大，所以日光在雨滴和空气的交界面上，一部分光线被反射掉，一部分光线折射进入雨滴，在雨滴里发生内部反射，然后再从雨滴折射而出。这种情形如下图所示。太阳光在 A 处进入水滴，发生折射作用，改变了原来的方向，并分散成为各色的光线。各色光线通过水滴内部射到 BB_1 处，在 BB_1 处又发生反

射而达到 CC_1 处；从 CC_1 处脱离雨滴进入空气，又发生一次折射，然后射到地面上来。

这种折射作用就像在三棱镜里一样，白光被分解成红、橙、黄、绿、蓝、靛、紫这七种单色光。不同颜色的单色光的偏折程度不同，红光折射的偏向最小，橙光次之，顺次到紫光，紫光的偏向最大。因此，如果到达我们眼睛中的是红光，则来自同一雨滴的其他光线就

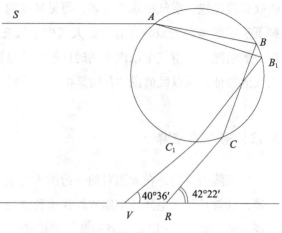

阳光在水滴中的折射

不能到达我们的眼中。但是来自位置较低雨滴的橙色光，以及来自再低些雨滴的黄色光，直至来自更低水滴的紫色光则可达到我们的眼睛中，我们看到的就是一条色序为外红内紫的七色彩虹了。

那么七色彩虹为什么是弧形的呢？这个问题可以这样来解答：想要看到虹，必须站在太阳和折射阳光的雨滴之间，背向着太阳。天空中有无数相对于太阳和人眼位置相同的雨滴。当某些雨滴对太阳和人眼所张开的角度如图相同时，被这些水滴折射的光线就合并起来，这样，眼睛看到的也就不是个别的光点，而是整条的光带了。因为同样颜色的光线只能从分布在圆锥面上的水滴中射入观测者的眼睛，这一圆锥面的轴通过观测者的眼睛，而圆锥底面和侧面的交线在水滴分布位置上，所以这些色带呈弧形分布。这样在你的眼前就呈现出一幅灿烂的彩虹画面了。

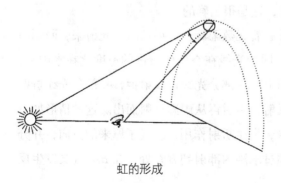

虹的形成

人们是不可能都同时站在同一点来观察虹的，所以没有两个人能同时看到同一个虹。而且人是站在地平面上的，所以人们所见到的虹的弧度并不都是一样的，这与观测者同太阳的相对位置有关。如以人眼

与太阳的中心连线为轴，凡是与轴成 42°18′ 角度的圆锥体表面上的雨滴，在太阳的照耀下，都能将折射出的红色光正好送入观测者眼中；凡是与轴成 40°36′ 角度的圆锥体表面上的雨滴，折射出的紫色光也正好送入人的眼中，而介于这两个圆锥体之间的雨滴将分别射出的橙、黄、绿、蓝、靛等色送达人的眼中，所以虹是一个七彩的弧。当太阳正好位于地平线上时，圆锥轴正位于地平线上，也就是说圆锥体的一半在地平线上，因此观测到的虹是个半圆（180°）的弧。当太阳高于地平线，圆锥体轴与地平线相交成一定的角度，所看到的虹是一个小于 180° 的彩弧。如果太阳高出地平线 42°22′ 以上，一般就看不到虹了，所以虹多出现在"雨后复斜阳"的早晨或傍晚。

虹的宽度和色彩，与雨滴大小有密切关系。雨滴越大，虹的色带越窄，色彩越鲜艳；雨滴很小时，虹的色带加宽，色彩变淡，只在边缘上微微着色。据研究，雨滴直径在 0.5 毫米左右时，虹带颜色鲜艳美丽，各种光色齐全，尤其是红色、紫色和绿色光弧更为鲜明；而在 0.25 毫米时则紫色、绿色光弧明显，红色光弧变淡，这就是通常所见到的外红内紫的虹。随着水滴直径的变小，黄色、黄白色光弧变得鲜明可见；当水滴大小接近 0.25 毫米左右时，即形成明显白色光带，这就是我们所说的白虹[①]。1963 年 4 月 15 日 16 时 15 分左右，浙江省某海岛上出现一道白虹，虹带是一条乳白色而明亮的宽阔光弧，沿光弧两边，隐约可见很淡的黄橙色。这种白虹极为罕见。

只要你留心观察，有时在虹的外围，还能看到一条颜色次序与虹刚好相反（内红外紫），并且彩色稍淡的另一条彩带。这叫副虹，又叫霓。霓的成因和虹相似，所不同的，虹是太阳光线在雨滴中经一次内反射再折射出来而形成的，而霓则是太阳光线在雨滴中经二次内反射再折射出来形成的。因此，虹是一条外红内紫的彩弧，而霓是一条外紫内红的彩弧。正因为光线在雨滴中多经一次反射，多失掉一部分光亮，所以霓比虹暗淡。霓的视半径大于虹，前者为 50°，虹为 42°。霓总是出现在虹的上方。1981 年 6 月 25 日傍晚，北京城雨过天晴，在背向太阳的东方，出现了两道灿烂夺目的弧形彩带，好像双层瑰丽夺目的天桥，高高地架在万里长空上。这就是霓虹当空的奇景。

---

① 白虹多数出现在有大雾的时候，因为大雾时空中的水滴非常小，有利于白虹形成，所以白虹又叫雾虹。

罕见的是，有时在天空上可以看到三条虹并列，甚至四条虹同时横贯长空。1948年9月24日18时左右，在苏联列宁格勒的尼瓦河上空就出现过四条彩虹，当时天空中是一片乌云，后来从海面上突然吹来了一阵风（空气中水汽较充足），一瞬间，云下出现了太阳，整个天空中马上横贯着一条光彩夺目的虹。同时，在离它不远处的上方生成了色彩排列倒序的双虹。这虹是日光在尼瓦河上反射而形成的。数分钟后，在主虹内侧直接相连处，生成了细窄的第三条虹，以后又出现第四条虹。它们的宽度仅有第一条虹的1/4～1/3，色彩也大大减淡。最后两条虹的最鲜艳部分是深红色带。四条虹在天空中持续时间达15～20分钟之久。

1877年6月15日，在葡萄牙曾有人见过同在天空出现五条彩虹的奇景，这叫高次虹，世所罕见。

有趣的是，在我国南方可以看到飘动着的彩虹。这是由饱含雨滴的空气层缓缓的移动所造成的。这种空气层移动而不飘散，经阳光照射，彩虹缓缓飘动，像有一只无形的巨手在挥舞彩练，真是奇观。在我国西藏高原的伦坡拉盆地里，空气比较稀薄，地势又和周围相差很大，所以，发生在盆地内部湖泊上空的含有水滴的水汽层经常随着气流作有规律的缓缓移动，在阳光照射下，经常会出现随气流飘舞的彩虹。

虹的出现和天气变化有关。在我国两千多年前的周朝，就有"朝阼于西，崇朝其雨"的诗句。"阼"就是虹，"崇朝其雨"是说早晨终了，天就要下雨了。我国大部分地区位于西风带，阴雨等天气系统一般都是自西向东移动的。如出现西虹，说明云雨区在本地以西，未来将影响本地；如出现东虹，说明云雨在本地以东，未来将更向东边移去。虽然当时能听到隆隆雷声，而本地却不再有雨下，所以农谚说"东虹日头西虹雨""东虹轰隆西虹雨""西虹连雨东虹晒"等。

在我国民间，群众还有"南虹北虹遭水灾"的说法。其实南虹北虹只有中午才会出现。但是，在南北回归线之间，就是在嘉义、汕头、梧州、个旧一线以南，太阳差不多全年位于天顶，这些地方是绝不会出现什么南虹北虹的。北纬40°以北的地区，到了冬季，太阳偏南且低，高出地平线不足42°，这时，北边天空中如有雨雪，就可能出现北虹。因为冬季气流自北向南的移动较显著，所以北虹同样是降雨雪的征兆。而我国除北回归线以南的一些地方外，太阳绝不会到天顶以北，所以就不能出现什么南虹。谚语中所提到的南虹，只不过是为了拼凑词句罢了。

此外，虹出现后，如果云增多变厚，遮住阳光，常会使虹彩消失，这叫作"云吃虹"，这表明在已经有雨点和虹的情况下，云还在增厚加多，这一定是空气中水汽很丰富，空气层已更加不稳定，雨会继续不停地降落下来。如果虹在云层消散时出现，这叫作"虹吃云"，表明空气的上升流动已减弱，云还会继续消散，雨就下不成了。所以，谚语说："云吃虹，下不停；虹吃云，下不成。"

4. 迷人的夜虹

人们总以为只有在白天才能见到虹，其实在夜间的阵雨前后，当月光从乌云下出现时，如果我们背着月光仔细观察，在对着月亮的天边也可以看见由月光产生的月虹，只不过它的彩带比较淡罢了。

月虹在我国古籍中称为夜虹。据记载，晋太和三年（公元 368 年）九月，夜虹见于东方；晋义熙二年（公元 406 年）七月，又见于西方。《魏书》上的记载更为详细："（世宗正始）四年（公元 243 年）十一月丙子，月晕……东有白虹，长二丈许，西有白虹，长一匹，北有虹，长一丈余，外赤内青黄，虹北有背……"所说的"虹北有背"，可能是指在虹外侧有色彩较淡的副虹。

1984 年 9 月 11 日 20 时，在辽宁省新金县城关普兰店镇，人们惊奇地发现西方半空中出现一条弧形光带，从南方伸向北方。光带的色彩不太分明，但仍可分辨其上层的淡红色和下层的淡绿色。这一天是农历八月十六，晚上一轮皓月当空，月光如水似的泻向大地，又逢当地降雨初霁，这些正是形成虹的条件，县气象站的专家确认这是月虹。大约经过 4～5 分钟，随着浮云的移动，光带渐渐消失。

1987 年 6 月 7 日子夜，在新疆乌苏县的上空，出现了一条呈乳黄色的月虹。这条月虹的部分地方色彩鲜艳，在月光和闪电的映衬下，十分美丽。

1961 年 1 月 5 日 22 时，苏联科学考察船尤·米·绍卡辛基号上的科学家们，在太平洋热带地区观察到了月虹。苏联科学家在天山伊塞克湖上空也曾看到月虹。那天夜里，湖上先是刮风，接着下了大雨，雨后露出一轮明月，这时出现了一道月虹。

月夜见虹是一种罕见的大气光象。人们常见的虹都是由于太阳光照射水滴形成的。在夜间，虽然没有太阳，但如果有明亮的月光，大气中又有适当的雨滴，月光照射雨滴也能形成虹。月亮靠反射太阳光发亮，月光也是由红、橙、黄、绿、蓝、靛、紫这七种单色光组成的。不过，月光比太阳光弱得多，形成的月虹自然也暗得多。正因为月光较弱，所以多数的月虹都呈白色，能分辨出色彩的月虹极为罕见。

5. 话说红日

晨昏太阳红，一提起红日，你便会联想起似火的朝阳，联想起"苍山如海，残阳如血"诗句……

可是，你可曾想过，晨昏的太阳为什么特别红？

这要先从眼睛为什么能看到红、黄等颜色谈起。

原来，在大地上，并不是所有物体对各种颜色的光都能一概反射的。例如红色的物体，它对光谱中的红色光反射最强，而对其余颜色的光反射就很弱，大多数都吸收了。这样，到达人眼的光的主要成分就是红光了。于是这物体就被人们看成红色的了。同理，绿色物体对光的反射就以绿光为主。一句话，物体对光的反射是有选择的。

也不是同一物体的颜色在任何情况下都是一成不变的。因为从物体反射出来的光既与这个物体本身有关，又与入射光的成分有关。例如，同一朵红花，在夏日的阳光下鲜红如火，而在阴雨天气里却显得暗淡；在舞台上用不同的灯光来照射同一景物，会产生不同的效果。所以地面上同一物体的颜色，在不同情况下有各种变化，就是由于照射它的光线的成分不同。在电灯、油灯甚至日光灯的照耀下，物体的颜色和在阳光下显现出的颜色不同，原因也是这样。人造光源的光谱成分和阳光不同，在日光灯底下红色物体总显得暗淡，在功率不大的电灯光下白色物体带些黄色。因而在纱厂里区别纱的颜色，印染厂里鉴别布匹的色泽和花纹，一般都不是在人造光源下进行的。人们绘制油画和水彩画，通常要在光线充足的白天进行，也是这个原因。

由上可知，晨昏的太阳格外红，说明这时阳光中的红光特别丰富。而这"红光特别丰富"也是有来头的，主要是阳光通过大气层受到大气的散射作用的结果。当光线在介质中行进时，由于介质本身密度不均匀，或存在如水滴、冰晶和微尘等，使部分光线偏离原来方向而发生不规则的分散传播的现象，这种现象就叫作光的散射。我们平时看到正午的太阳发着刺眼的白光，而清晨和傍晚的太阳格外红，主要就是太阳光通过大气层时，大气的散射作用造成的。

我们不妨做个有趣的实验：在一个无色透明的玻璃杯里装上豆浆，旁边立一张白纸作屏幕，然后把手电筒口紧紧靠着杯子，通过豆浆把光线射到白纸屏上。为避免光线从旁边漏出，可以用手或其他东西包住电筒口。这时，纸屏上的光斑是淡红色，而由侧面看豆浆却是淡蓝色或青色的。原来，豆浆中有许多小颗粒浮在液体里，光照到这些颗粒上就会发生散射。波长较长的红光比较容易透射过去，而波长较短的紫光、蓝光则较多地被散射到其他方向，于是出现了上述现象。

大气的散射作用与散射粒子的大小有关。在平静的水面上投下一个石子，便会发现以石子投入的地方为振动中心，产生了一圈水波往外传播开来。当波浪遇到较大的礁石时，就不能继续前进，而被反射回来，甚至由于冲击的作用而向其他方向散射出去；当波浪遇到小的障碍物时，它就能绕过它们而继续前进。对于光波来说，大气中的微粒也好比是许多的礁石和障碍物，相对于波长较长的光，它们好比是小的障碍物，可绕行过去；而相对于波长较短的光，它们就显得够大，使光波发生了散射。因而容易透过大气的是些波长较长的光，容易被散射的是那些波长较短的光。

太阳可见光在大气中的散射以红色光波最弱，紫光最强，显然，散射最强的光波透射就最弱。在可见光中红色光波透射能力最大，橙、黄等次之，紫光透射能力最小。

大气的散射作用还与太阳高度有关。太阳高度，指的是太阳离地平线的高度。计算时把地平线作为起点，叫作零度（写作 $0°$），把我们头顶上天空的那一点叫作天顶，算是 $90°$，如下图所示。当太阳位于天顶（S_4）时，光线通过大气层的厚度最小，太阳离开地平面的高度越小，通过的大气层的厚度越大。如果把太阳在天顶位置时（太阳高度 $90°$）太阳光线所穿过的大气量假设为 1，那么太阳在其他高度时，日光所穿过的大气量如下表所示。

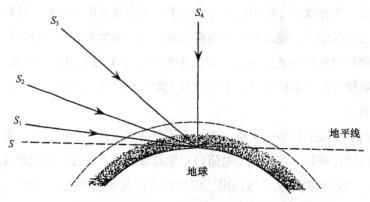

太阳处于不同高度时通过的大气层的厚度不同

不同太阳高度下日光穿过的大气量

太阳高度	90°	60°	30°	10°	5°	1°	0°
大气量	1.0	1.2	2.0	5.6	10.4	27.0	35.4

　　当太阳高度大时，阳光通过大气层的距离短，穿过的大气量就少，太阳的各色光线被散射而遭到削弱的程度也比较小，各种颜色的光波仍能按一定的比例重叠混合，所以太阳光盘看上去是耀眼的白色。当太阳高度小时，阳光穿过的大气量多，因而遭到微粒散射而减弱得厉害。而各种光波被减弱的程度也不一致：减弱得最多的是紫光，减弱得最少的是红光。

　　当太阳在地平面上各种高度时，太阳辐射所含有光线的比例不同。当太阳高度为 90° 时，红、黄、绿、蓝、紫这五种颜色光波所占的比例相差不大，共同混合成白色。当太阳逐渐接近地平线紫光和蓝光减弱得非常显著，而红光和黄光减弱得较少。当太阳高度为 10° 时，紫光和蓝光所占比例极微小，而红光几乎占有全部太阳可见光光谱的一半，黄光占四分之一，因此，这时的太阳为橙红色。当太阳位于地平线上的时候，紫光和蓝光已散射无遗，只剩下红、黄、绿三种光，其中红光占全部太阳可见光光谱的 85% 以上。因此，太阳越接近地平线，通过的大气量越多，短波光被散射掉得也越多，投射到我们眼内的长波光线就相对增加，所以日出时我们看到的太阳颜色格外的红。

　　不过，我们平常看到日出日落时的太阳的颜色也是经常变化的，有时特别红，有时又是金黄色或淡红色。这是由于空气物理性质的不同而引起的。空气中所含的尘埃、水汽和水滴越多，大气对太阳光的散射作用越强，红色光波的成分就越纯，太阳就变成血红色的火轮。如果空气非常干洁，即使太

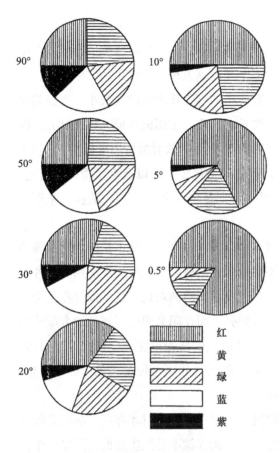

太阳在地平线上不同高度时光谱的构成示意

（表中度数为太阳高度）

阳光所通过的大气量很大，所遇到的散射粒子也并不多，部分短波长的光波可以和红色光波一道透射过来，太阳就会显出黄白色、金黄色或淡红色。

在烟气弥漫的大工厂附近，或者在有雾的日子里，太阳也会发红，这是因为烟雾里也含有很多灰尘和小水滴。跟太阳发红的道理一样，正在东升和西沉的月亮也是微红色的。

太阳在地平线上时的颜色，预告着空气中水滴、微尘等悬浮物质的性质和数量的变化。太阳的颜色显得鲜红，甚至深红（也就是胭脂红），这表示空气很潮湿，大气扰动剧烈，空中悬浮物增多，并且质点大，短波光被吸收和散射较多，波长最长的红色光和波长次之的橙色光衍射程度显著，日轮比平时在天空时也大多了，就是风雨天气将临的征兆。所以谚语有"太阳早发红，一定晴不稳""日落胭脂红，无雨即是风""日落西北一点红，半夜起来搭雨篷""日出胭脂红，无雨便是风"等说法。

6. 观天察色

人们通常说"蔚蓝的大海"。大海的确是蔚蓝色的，这是缘于洁净透明的海水对光的散射作用。海水中有水分子以及许多悬浮着的微粒，太阳光遇到它们，波长较长的光透过去一直射向海底，而波长较短的光就被微粒散射，而到达人的眼中。蓝光波长较短，因此在散射光中蓝色的成分较多，海水也就自然呈现蓝色的了。

天空也是蔚蓝色的。人们常说"水天一色"，这是有科学道理的。天空呈蓝色与大海呈蓝色的道理一样。当阳光射到近地面大气中的气体分子、水汽、烟尘、盐粒子等质点上时，只要质点的直径比光波的波长小，光线就要发生散射，散射量的大小与光线的波长成反比。太阳的可见光中，红光的波长最长，紫光的波长最短，从红光到紫光，光线的散射量增加得很快[①]。由于蓝色和紫色光线散射强烈，而且以蓝色光为最多，所以天空呈现一片蓝色。"上有蔚蓝天，灵光抱琼台"（杜甫《冬到金华山观》），用"蔚蓝"来形容晴空，大家已经习惯了。

大气下层的这种散射光辉很强，所以天光很亮。即使不是阳光直接照到的地方，但是由于空气分子和尘埃微粒对光的散射，也使大地在白天一片光明。如果没有大气存在，那么地球上光明和黑暗的对比，就将像月亮上那样极端显著。有太阳光照射的地方异常明亮，而在阳光照射不到的地方就漆黑一片，伸手不见五指。另外，正因为散射光的蓝光很强，比星光要强得多，所以我们白天看不见恒星。因此蔚蓝色的天空并不是位于天象后面的背景，而是位于天象前面的半透明的帷幕。

但是，这种帷幕只有在散射的质点小于光波波长时才存在。如果光线射在直径大于或等于光波波长的质点上，则光线就不是发生散射，而是发生漫射。当大气里有较大的粒子（如沙尘、水汽凝结物等）悬浮时，长波光线如红光、橙光也发生散射，使得短波光线与长波光线的散射强度的差异渐渐减少。因此，在天空的蓝色中就会添加一些白色，成为带有灰白色的淡蓝色，而且程度随大气中悬浮的大粒子数量的增多而增强。久旱之后，或者当森林或沼泽地着火的时候，我们就会看到特别明显的灰白色天空。当空气中有大量的水滴或冰晶的水汽凝结物时，天色显得浑浊，散射光中的长波光线与短波光线相混合，天空就变成白色。如果光线射在直径大于绿、蓝、靛、紫等光波波长而小于红、橙、黄等光波波长的质点上，绿、蓝、靛、紫就会散射掉，天空就会带灰黄色或灰红色。

[①] 红光波长（0.72 微米）为紫光波长（0.4 微米）的 1.8 倍，所以如果质点的直径比这两种光波波长都小得多的话，那么质点对于紫光的散射，要比它对于红光的散射大 1.8^4 倍，或者说大十多倍。

因此，天空颜色越显得澄澈，说明大气中微尘、水滴、盐粒子等杂质越小、越少。一场大雨过后，空中悬浮的较大的尘埃粒子被雨滴洗去，只留着很少细小的尘埃和气体分子，这时就会出现碧空如洗的景色。在高山之巅仰看天色，也显得青色加浓，这也是因为高山地区水汽微粒较平地少的缘故。

在空旷的野外，天顶附近的天空呈现最纯的蓝色；越接近地平线，颜色就越来越白，而在地平线附近的天空，就常常呈褐色或是黄色。这是因为越接近地平线，光线穿过的低层空气越厚，而低层空气中悬浮的灰尘颗粒较大，并且水滴和冰晶的数量也较多。再加上光线所穿过的大气层加厚，因此白色的程度也强了。

1933 年 1 月 30 日，三位苏联科学家乘坐一个充满氢气的大气球作高空探测。随着气球的升高，气温越来越低。到达 8 千米高度时，他们发现天空的颜色已经发生了变化，由原来的蔚蓝色变成了青色。到达 11 千米高度时，天空呈现出暗青色。到了 13 千米高度时，天空的颜色却变成暗紫色。这时，三位科学家都感觉到气闷，他们很快意识到，空气已相当稀薄，继续上升就有危险。然而，解开天空秘密的欲望，促使他们继续向上，再向上。在 20 千米高度时，天空由暗紫色渐渐转为黑紫色。这时不幸的事发生了，由于外部大气压强太低，气球内部压强又较高，氢气球承受不住内外的压强差而爆炸了，三位科学家为科学事业献出了自己宝贵的生命。人们在离他们出发点几百千米以外的地方找到了气球的残骸。从一份完整保存着的实测数据中，人们发现科学家到达的最高度是 21.6 千米。这是人类乘气球到达的最大高度。

人们从他们的观察记录中得知：越到高空空气越稀薄，空气分子数减少得很厉害，散射出的光辉就逐渐变弱，天空的亮度也越来越暗，由青色（离地约 8 千米以上）逐渐变为暗青色（离地约 11 千米）再变为暗紫色（离地约 13 千米），只有那最易被散射的紫色光波，才被高层稀薄的空气分子散射出来。到 21 千米高度时，天空的紫色变得更暗，竟作紫黑色，再升到 22 千米的高空，空气分子更稀少，几乎完全没有散射光，于是天空变成黑灰色。

地球上天色的变化，往往是天气变化的标志之一。"人黄有病，天黄有雨"，就是我国劳动人民运用大气浊度的演变来预测天气的经验总结。当天气变坏以前，空气中水汽必然增多，云层里水滴增大，这样太阳光射过时，只散射出黄色的光来，使天空变成黄色。所以天黄常作为阴雨的预兆。

二、光影变幻

在冬季湿度低的时候，天黄也是下雪的预兆。

"望晴看天光"。如果天空云彩减少，云层抬高，天空明亮，说明天气较好。有些谚语中提到青光白光，这种光是太阳光由地平线以下射向天空，经过大气的散射而投入人们眼帘的光。出现了青光白光是空气干洁的反映，说明天气比较稳定，所以有"青光白光，晒死老蚌"的说法。

7. 灿烂的霞光

早晨或傍晚，特别是夏季，在地平线附近的天空中，时常会出现一片红光。这种色泽鲜艳的大气光辉现象，气象学上称为霞。日出前后出现在东方天空的霞叫作"朝霞"或"曙霞"，日落前后出现在西方天空的霞叫作"晚霞"或"暮霞"，也称作"夕照"。

霞和天空产生蔚蓝色的道理一样，都是由于阳光碰到近地面空中的气体分子和尘埃、水汽、盐类等杂质，产生光的散射作用而造成的。所不同的是，霞是日出日落前后，阳光通过厚厚的大气层，被大量的空气分子尘埃、水汽等散射的结果。

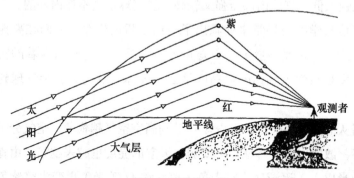

朝霞与晚霞的形成

有人计算过，太阳光在地平线上所透过的大气层厚度，比白天正午时所透过的大气层厚度大 35 倍。所以，在早晨和傍晚，波长较短的紫、靛、蓝等颜色的光被散射损失得特别多，到达地平线上空已所剩无几了。余下的只是一些波长较长的黄、橙、红色光。这些黄、橙、红色的光线，又经地平线上空的空气分子，特别是水汽、尘埃、盐类等杂质散射，那里的天空就带上了红色或黄色。

有时霞也呈多种色彩，有的绯红，有的绛紫，有的橙黄，有的正赤。天空中的水汽、尘埃、盐类等杂质越多时，这种色彩越鲜明。当地平线附近的天空中有云层时，云层反射透过大气层而来的黄、橙、红色光，会染上橙红艳丽的颜色。1883年，克拉卡托岛上发生了火山爆发，一半的岛屿遭到破坏，喷出来的细微的火山灰投入到大气层高层，并随风环绕着地球飘扬。那时世界上有很多地方，不仅在早晨和傍晚，而且在中午也可以看到天空有异乎寻常的色调浓烈的彩霞。过了几个月以后，微尘逐渐降落，天空中这种美丽的颜色才消失了。

　　霞的多种多样的色彩，随着大气状态的不同会发生强烈的变化。有人这样描述典型晚霞的演变情况："当太阳接近地平线时，太阳附近及对面的天空都染上了颜色，同时天空里的云也变成了彩色，低云呈红色，中云呈橙色或黄色，高云仍保持着白色。随着太阳继续下沉，云的色彩都变深了。当太阳沉到地平线下看不见时，在日落处有时会出现明亮的橙红色或红色，但并不是每次都有这种现象。在太阳落到近地平线和地平线以下时，天空里出现彩色的光带，开始时光带的彩色是很淡的，随着太阳继续下落，光带的彩色逐渐加浓。光带里的颜色按光谱的次序排列，从地平线起向上方排列为红、橙、黄、绿、蓝，有时某种颜色完全没有，但排列的次序不变。在地平线附近的红色下面，有时可能是灰色，有时也出现带有紫色的暗绛红色，光带的上面是白色或淡蓝色。"在太阳继续下落的过程中，霞在天空出现的范围不断地变窄，天色渐渐昏暗起来，霞也渐渐消失了。

　　霞和天气有一定关系。我国民间就有"朝霞不出门，晚霞行千里""朝霞雨淋淋，晚霞烧死人""早霞不过午，晚霞一场空"等谚语。这些谚语里的"霞"是指云霞，将它作为天气变化的征兆，是有一定科学依据的。

　　早晨出现鲜红的朝霞，表明大气中能产生雨滴的水汽以及尘埃等杂质已经很多，云层已从西方源源侵入本地了。在我国大部分地区，产生降水的云和天气系统，都是自西向东发展的，因此出现朝霞预示天气将要转雨。

　　在太阳露出地平线以前，出现了粉红色的朝霞，一般说明当时天空多为卷层云或密卷云和毛卷云，预示有连阴雨；太阳升出后，出现了绛紫色的霞，说明当时天空多为块状低云，预示有雷雨；在傍晚，如果天空出现了金黄色的霞，表示西方已经没有云层了，所以阳光才能透过来形成晚霞。这样，在原来笼罩本地上空的云层东移之后，天气将会转晴。

有时，在早晨和傍晚还会出现褐红色的霞，这种霞与云霞不同，它一般出现在连续晴天的时候。这时空中水汽很少，尘埃、盐类等杂质较多。日出日落时，太阳光斜射，光线通过的大气层较厚，短波光多被吸收，有的色光被反射改变方向，只有波长最长的红光散射力最强，便映红一部分或大部分天空。这时空气中尘埃、盐类等杂质较多，是使水汽凝结成为水滴的有利条件，但水汽很少，尽管高空温度很低，也不能形成水滴或云层，更不会下雨，所以，"朝霞暮霞，无水煮茶"。

8. 晨光和暮色

人们常用"晨光熹微""暮色苍茫"来描写黎明和黄昏的景象。原来，在晴朗的白天，人的眼睛能感受到两种光线，这就是太阳的直射光线和大气的散射光线。当太阳在地平线下时，太阳的直射光线不能到达地面。但较高的大气层仍然受到阳光的照射，并把散射光线投向我们，这种散射能造成曙光或暮光现象。当东方发亮呈鱼肚白时，叫曙光开始；等到太阳露头，升出地平线以后，叫曙光终止。从开始到终止，曙光所持续的时间，称为黎明。

曙光是大气散射太阳光造成的。包围在地球周围的大气，越往高处，密度越小。到了1000千米以上的高空，大气变得非常稀薄。天亮以前，太阳光首先照射到约3000千米的最高层。那里空气极为稀薄，实际上不会散射阳光，所以这时天还不会亮。以后随着地球从西向东转动，太阳在东方自下而上升起，阳光就逐渐深入空气层。当深入到1000~1500千米高空时，尽管那里的空气还相当稀薄，可是经太阳照射以后，已能散射出很微弱的亮光。不过，这微弱的亮光，还不足以穿透大气层下部稠密的空气，所以地面上还不见天亮。但就是这微弱的散射光，已经足以把原来的星光冲淡、淹没。所以这时候地面上不但没有增加任何亮光，就连原先的一点星光也不见了，于是天空漆黑一片，出现了黎明前的黑暗。

但是黎明前的黑暗很短暂，不需片刻，太阳光便深入到越来越接近地面的空气层，这时候低层空气稠密，小尘粒和水滴也多，散射的亮光已经看得见，我们可以看见天空渐渐发白——黎明到了。一等到太阳露面，天也就大亮了。

暮光出现在傍晚，是从太阳落入地平线的一瞬间开始的。随着太阳西沉，阳光直接照射到的那一部分大气的范围，越来越小，到达地面的散射光也越来越弱，最后，终于使地面不能再获得散射光的照明，这时候便是暮光终止。暮光持续的时间叫黄昏。

暮光和曙光的成因完全相同，都是大气散射太阳光所形成的。当太阳刚刚落山的时候，虽然太阳光已经照不到我们的周围，但是还能照耀我们上空的空气层。这时候上空空气里的小尘埃、小水滴在阳光照射下，能散射出亮光，所以当时天还不黑，有那么一段半明半暗的黄昏时刻。

曙光和暮光统称为曙暮光。人们根据照明程度的强弱来确定曙光开始和暮光终止的时间，通常将曙暮光分为民用的、航行的和天文的三种。凌晨从天黑得在野外也看不清东西的时候起，到日出的一段时间，称为民用曙光。傍晚从日落时分到天黑得在田野劳动时看不清东西，或是难以在室外看书学习的一段时间，称为民用暮光。民用曙暮光平均开始或终止于太阳位在地平线下 7° 的瞬间。当太阳高度低于地平线下 7° 的时候，大气散射光的强度太弱了，就算作黄昏的终止、黑夜垂临，或是黑夜的终止、黎明的到来。

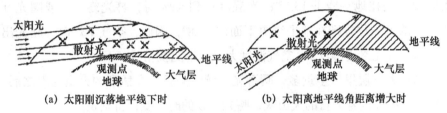

(a) 太阳刚沉落地平线下时　　　　(b) 太阳离地平线角距离增大时

曙暮光的形成示意图

当太阳的高度在地平线下 12° 时，航海人员可以在海上利用海岸目标定向，所以这时候是航行黎明或航行黄昏的界限。而太阳低于地平线下 12° 时，海上如不用信号灯就难以辨清方向了。

当太阳位于地平线下 18° 时，高层大气分子散射来的光线已极微弱，天空相当黑暗，但这时还能看见天上最微弱的星光。这一时刻是天文学上黄昏结束或黎明开始的界限，称为天文曙暮光。

在赤道一带，春分那天（3 月 21 日）正午时受到太阳光的直射，这一天太阳从地平线下垂直地升上来，正午升至天顶，黄昏又垂直地降到地平线下。因此，太阳在地平线下的下沉速度（傍晚）或上升速度（早晨）都非常迅速，这就使曙光或暮光延续的时间很短。

春分以后，太阳直射光线渐向北移。到夏至那天（6 月 22 日）太阳直射在北回归线（北纬 23°27′）上，这天赤道地方正午时，太阳升落方向就稍有倾斜，所以夏至日赤道一带的曙暮光延续时间较春分日稍长。夏至以后，太阳直射光线南移，到秋分那天（9 月 23 日）太阳直射光线又投射赤道，所以秋分日的曙暮光时间又极短。秋分日以后，太阳直射光线移向南半球，到了冬至那天（12 月 22 日）移到南回归线（南纬 23°27′），这一天太阳高度的变化与夏至日相似，曙暮光延续时间又较长。

在纬度高于 23°27′ 的地方，一年中就没有太阳直射的机会，因此一天中太阳高度的变化小而慢，曙暮光延续的时间就较长。纬度越高，这种现象越显著：太阳高度在一天中的变化越小，升降的速度越慢，曙暮光延续的时间越久。

在同纬度地区，冬季正午太阳高度小，太阳从地平线下上升，或从地平线上下降都慢，所以曙暮光的时间长。夏季正午太阳高度较大，在一天中太阳高度的变化比冬季迅速，因此曙暮光的时间较短。

另外，据观测，当相对湿度是 65% 时，暮光终止（或曙光开始）时的太阳位置是在地平线下 15.7°；当湿度达到 82% 时，暮光终止（或曙光开始）时的太阳位置则在地平线更下面的 18.8°，因此，空气干燥时，曙光出现较迟而暮光终止得较早；空气湿度大时，情况就相反。

高空大气层里含尘量多，曙暮光延续时间长。在猛烈的火山爆发之后，高层大气中充满着大量的火山灰，曙光延续的时间变得特别长。

天空中有薄的高云能使曙暮光时间延长，而在有密集的低云时，时间就会缩短。

在地球上，不同纬度地区在不同季节的日出、日落时间，以及黎明和黄昏的延续时间，天文工作者都能事先计算出来。这给安排生产和生活带来很大方便。

9. 黄道光·夜天光

晴朗无云的夜里，人们除了可以看见星光以外，还可以看到极微弱的黄道光、夜天光，以及大气对这些光和星光的散射光。

黄道光是一种宽广倾斜的圆锥形的淡淡的光辉。这种光在地平线附近非常宽广，延伸向天顶则逐渐变窄，形成光舌。它是在夜空中靠近太阳的地方沿着黄道或黄道带泛出的暗弱的白光。在北半球的中纬度地区，时值春季黄昏后不久，我们在高处向西方地平线看去，常可见到它，有时，它一直伸展到地平线上二三十度。随着夜幕的降临，它便逐渐地消逝。秋季的黎明前，在东方地平线上也能见到黄道光。随着东方天空逐渐吐白，这种光锥越来越不显眼，最后隐没在晨曦之中。这种光锥是沿着黄道面[①]伸展的，所以叫黄道光。

黄道光的强度会由于远离太阳而减弱，但在漆黑的夜晚也能看到黄道光罩着整个黄道。事实上黄道光是散布在整个天空的，五月的晴朗的夜晚大约能够占到夜天光总亮度的60%。在背对太阳的方向上可以看见一团微弱的但比周围稍亮一点的椭圆形的光晕，那是所谓的对日照。

黄道光是被散布在太阳系内的尘埃粒子反射的太阳光，因此其光谱与太阳光是相近的。太阳系内的这些尘埃粒子称为行星际介质，以太阳为中心呈现透镜的形状，一直扩散到地球公转轨道以外的空间。所以黄道光往里一直延伸到太阳近旁，向外几乎布满整个天空。因为大部分行星际介质都位于黄道面上，所以看见的黄道光就沿着黄道散发出来。形成黄道光所需要的物质总量非常少，如果这些尘埃粒子的直径都是1微米（万分之一厘米）、反照率（反射光线的能力）和月球相当，那么每隔8000米需要一颗尘埃。这些尘埃粒子沿着黄道形成一条较亮的带，叫作黄道带。

黄道带的两侧边平行于黄道，它以黄道光光锥的顶部起朝背日方向延伸，亮度不断下降，直到离太阳135°左右的地方。此后，亮度重新上升，到反日点附近又达到极大。在反日点附近，有一个大约20°×10°光景的区域，这区域显得比周围更亮，叫作对日照。

早在480年以前，我国明代的著作《续说郛·子元案垢》里，就有"天之黄道可见"的记载。意大利天文学家卡西尼于1683年3月18日才开始观测纪录黄道光，这比我国的记载晚了150年。

黄道光的光辉很暗弱，平时比银河还弱，人们在明月当空的夜晚，或者在灯火辉煌的大城市里，由于光源和烟尘的干扰而看不到黄道光。在高山上和高空中，几乎没有人工光源的干扰，大气的透明度也好。因此，天文工作者往往要攀登到海拔几千米的高山上，或者在气球上、飞机上从事黄道光的

---

① 地球围绕太阳运行的轨道在天上的投影叫黄道。

观测工作。

人们为什么这样重视黄道光的研究？黄道光是怎样形成的呢？

黄道光是由包围太阳的许多微尘散射太阳光而造成的。因此，黄道光的光谱与太阳光谱极为相似。通常认为行星际介质是小行星被撞碎后或是彗星瓦解后的产物。它们基本上散布在黄道平面及其近旁，所以黄道光也就大致沿黄道面伸展。此外，也许有一小部分黄道光是由分布在行星际空间的电子云散射形成的。在地球轨道附近，电子云中电子数约为 100～1000 个 / 立方厘米的数量级。

如 S 为太阳，E 为地球，P 为一颗小尘粒且它本身是不发光的。太阳光照到尘粒上，尘粒将这些太阳光散射到四面八方，其中的一小部分射向地球。由一颗尘粒散射到地球上来的太阳光是微不足道的，然而，实际上有无数尘粒同时在散射太阳光，其中射向地球的一部分，累积起来，就形成我们所见到的黄道光了。

地球绕着太阳旋转的轨道在一个平面上。这个轨道平面就是黄道面。在太阳周围的辽阔空间里，弥漫着无数肉眼看不见的微小尘粒，它们叫行星际介质。行星际介质基本上就散布在黄道面及其近旁，所以黄道光也就大致是沿着黄道面伸展。图中的 SPE 平面基本上就代表了黄道面。春季黄昏后和秋季黎明前黄道面几乎垂直地平面，这时黄道光就升得较高，所以容易被我们看到。而到了冬、夏两季，我们就不太容易看到黄道光了。

图中的角 SEP（用 ε 表示），叫作 P 点离太阳的距角。当距角很小时，被观测方向与太阳很近，我们一般看不到那里的黄道光，这正像人们看不到太阳旁边的星星一样；如果距角太大了，就是说当我们的观测方向离太阳很远时，也难看到黄道光。这是因为离太阳较远的地方尘粒较少，也因为距角大的粒子只能将更少一部分的太阳光散射到地球方向上来。所以，一般说来，我们只可以看到距角 25°～60° 的黄道光。

人们努力研究黄道光，是有其重要的科学意义的。我们知道，遨游太空的宇宙飞船上的飞行员和

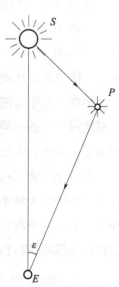

行星际介质散射太阳光

科学仪器，都得确保安全。为此，就必须详尽地摸清地球周围，以及整个行星际空间的状况，了解行星际介质的空间分布和物理性质。

人们发现，从黄道光的性质来推求行星际介质的特性，这种方法比用空间飞行器（人造卫星、宇宙飞船）直接到太空中去采集行星际介质样品进行分析的办法方便、经济，所以这种方法在今天仍富有生命力。通过对黄道光的研究，已经使人们知道，行星际介质中包含着大量的小到1微米，甚至0.1微米的尘埃粒子，而且较小的粒子比大的粒子（几微米至几十微米）要多得多。不过，越远离太阳，尘埃粒子的数目越少，到火星轨道以外那就更少了。

黄道光的亮度并不是固定不变的。造成它亮度变化的因素很多（例如太阳活动的影响），同时，与黄道光重叠在一起的天空背景光，以及其他夜天光的性质也相当复杂。所以，黄道光的研究是一个相当困难的课题。

我国有许多大山和高峰，那里是观测黄道光的有利场所。考察过珠穆朗玛峰的一些科学家就曾在珠峰地区看到过特别清晰的黄道光。登上泰山顶峰，也能清楚地看到黄道光。

1968年10月，我国天文学家曾首次在飞机上从万余米的高空中取得了黄道光的资料。

为了彻底弄清行星际介质的起源和性质（密度、分布、形状、大小等），对黄道光的亮度、偏振、光谱、颜色和变化规律等特性，还需要继续做长期的更精密的观测。

夜天光是大气中分子和原子受到激发而产生的，人们也叫它大气辉光。原来，大气上层存在着中性的氦原子、氧原子和氮原子。在白天太阳光中的紫外线光带里，波长最短的部分通过上层大气时，能使那里氧分子分裂为氧原子，因此生成了很不稳定的原子状态的氧。到了晚上，这种原子状态的氧重新结合成二个原子的氧分子，当它们重新结合时就放出大量的光能。此外，白天在阳光照射下，大气中的分子或原子会失去一个或几个电子，有的分子或原子会从稳定状态变成激发状态，有的分子会振动起来，到了晚上，分子和原子又逐渐恢复原状，从而发出光来，这就是我们所说的夜天光。

10. 月光的启示

中秋之夜，一轮明月从东方地平线下涌上来，像一个巨大的银盘挂在天空，倾泻出柔和的光辉，显得格外明亮。果真"月到中秋分外明"吗？

一般说来，中秋前后是一年中天气最好的季节。在夏季的很长一段时间里，从海上吹来的暖湿空气一直回旋在我国大部分地区上空，月光难以透过云层和大气中充沛的水汽。我们从地球上看月亮，觉得它好像是披了一层薄薄的白纱，发出的光辉不那么皎洁。8 月之后，从我国北方大陆吹来的干冷气流迫使夏季以来一直滞留的暖湿气流向南撤走。暖湿气流撤退得很快，它与干冷气流碰头"交锋"的机会少，所以不易产生云雾，下雨的可能性也小。另一方面。这时太阳光的倾斜度渐渐变大，地面得到的太阳光热也逐渐减少，气温一天比一天低，空气上下对流的现象也逐渐减弱了，地面附近的尘埃、盐类等杂质很难升到高空去，于是大气层中云少、水汽少、尘土杂质少，出现了碧空如洗、万里无云、秋高气爽的天气。中秋之夜，玉宇无尘，天上一轮明月，看去格外皎洁，使人不由得产生"月到中秋分外明""一年明月今宵多"的感觉。

天文学家经过认真研究，发现中秋并不一定是一年中月亮分外明亮的时候。月亮的明亮程度，与它在天空位置的高低有关。如果月亮在天顶，月光直射地面，穿过的大气层比较薄，月光被散射得比较少，月亮看起来就较明亮；如果月亮位置低，月光就斜射地面，穿过的大气层比较厚，月光被散射得比较多，月亮看起来也就不那么明亮了。而每年中秋前后，月亮大概有半天多高，大约是 50° 的样子，它的明亮程度也就是中等的。冬至前后才是月亮在一年中位置最高的时候（北京可达 78° 以上），我国黄河流域以南地区，这时候月亮几乎就在人们的头顶上，这才是一年中月亮最明亮的时候。

月亮的明亮程度，还与它的反照率、反光面的大小、距离地球的远近以及距离太阳的远近有关。月亮本身并不发光，它只不过是反射了太阳光，正像一面镜子对阳光的反射一样。月亮的反照率不高，只有 7%。或者说，月亮只把从太阳那里得到的 7% 的太阳光反射了出来。月亮隔着地球正对太阳，天文学上称为"望"或"满月"。这时候人们见到的反射太阳光的月面最大，近于正圆形。很明显，在一个月中，这时月光应该最明亮。"望"一般发生在农历的每月十五日或十六日，甚至在十七日。而中秋节固定在农历八月十五日，因此每年的中秋节不一定就是逢"望"的日子，在大多数情况下，农历十六的月亮比十五的更圆。

即使逢"望"，满月的大小也不一致，这与月亮的位置有关。月亮绕地球转的轨道是椭圆形的，所以月亮离地球就时远时近。月地距离近，又刚好是望日，月亮自然比离地球远的时候更大更明亮。同时，地球走在绕日轨道上的近日点时，月日距离较近，反射日光更强些。实际上，月亮并不是每年中秋离太阳、地球最近。月亮在它的轨道上从离地球最近的"近地点"（距地球约350000千米），绕地球转一圈，再回到这一点上，需要27天零5小时多，而月亮的圆缺变化一次平均是29天零12小时多。显然，月圆时刻和月亮离地球最近的时刻一般不会碰在一起。每年农历八月月亮过"近地点"的日期都不是在"十五"日，有时相差一天，多的甚至达半个月之久。地球过近日点的日期则都在每年年初，相当于农历十一月或十二月。一句话，月亮最为明亮的时候，不是在中秋节的晚上。

人们不仅仅只注意中秋月光。事实上，在灯火发明之前，人类在夜晚唯一可以用来照明的就是月光。远古的游牧民族为了生产和生活的需要，十分注意月亮的圆缺变化规律。许多古代文明发达的国家都曾经以月亮的圆缺变化规律为依据，测定了最早的历法——阴历。我国古代学者在这方面曾经有过不少重要贡献。很早就有人说："天文学诞生于月明之夜。"这句话是有一定道理的。

多少年来，人们经过长期对月亮周围光轮颜色变化的观测，积累了丰富的看天经验。民间有"月亮撑红伞有大雨""月亮撑黄伞有小雨"等说法。"月亮撑红伞"，是因为在无云或少云的夜晚，空中悬浮物主要是水汽和尘埃，月光反射太阳光比太阳投射的光要弱得多，空中悬浮物更容易散射和吸收月光。光波越短的光被散射和吸收得越多，光波最长的红光通过悬浮物衍射作用，使月亮周围呈现红色光轮，好像撑开的伞面。这种现象表明大气不稳定，水汽、尘埃比往时显著增多，而且质点较大，这是大雨形成的有利条件，所以"月亮撑红伞有大雨"。

"月亮撑黄伞"，是因为在少云或无云的夜间，大气中的悬浮物质数量不多，质点不大，悬浮物只吸收和散射波长较短的蓝、靛、紫色光，余下红、橙、黄、绿色光衍射作用显著，这四色光复合就是黄色光，使月亮有一个黄色光轮，它表明大气不稳定，将要下雨，但雨量不大，所以"月亮撑黄伞有小雨"。

11. 南极白光

20世纪40年代，美国探险家华诺带领探险队一行八人，进入了常年冰封的南极大陆。

这是南极夏季的一天。一大早，晴空万里，阳光普照，华诺和队员们出发了。可是，不知不觉地，天上却出现了一缕淡淡的薄云，接着云层逐渐加厚，高度也在不断地往下降，突然，周围的景观消失了。

"奇怪!"队员们顿时感到十分惊讶，"这样晴朗的天气，怎么会突然翻脸?"这时华诺若有所思。他揉了揉眼睛，向天上看，又向地面看、向周围看，所见之处全都是白晃晃的一片。远山没有了，近谷也没有了，地平线消失得无影无踪，万物统统"溶解"在无边无际的白光之中。

这时候，华诺突然连眼前的东西也看不见了，而眨眼之间，连站在自己身旁的同伴也不见了。

"天啊，我们遇上了白光!"华诺这才明白，这就是许多著名探险家曾谈起的一种可怖的大气光学现象。应付白光的唯一方法是原地不动，静等白光消散。华诺立刻大声呼喊："大家原地不动! 就地宿营!"提醒着近在身旁但却怎么也看不到的队员们。睁眼瞎似的队员们，由于对周围情况不了解，生怕掉进冰缝里，只得就地安顿下来，谁也不敢动一下。茫茫白光溶化了一切。这次白光出现的时间达一天一夜，所幸的是探险队员们逃脱了这场灾难。

飞机如果在白光中飞行，飞行员会觉得像是在牛奶瓶中或是在乒乓球中飞行一样，没有天地之分。飞行员在完全光亮的环境中，无法估量物体的轮廓、大小和距离，看不到地面和冰雪，说不定什么时候飞机就撞到了地面上。1958年，在埃尔斯沃斯基地，一名直升机驾驶员突然遇到白光，不知该向哪个方向飞，结果机毁人亡。1971年，美国一架飞机也因突然遇上白光而坠落地面，连同飞行员一起葬身于白光之中。车辆在白光中行驶也是非常危险的。南极冰原上常有巨大的裂隙，在遮蔽一切的白光中，弄不好就会连车带人一起掉进去。在这种时候，人们会感到白光像黑暗一样可怖，而且更甚。在黑暗中，哪怕是一片死黑，只要有一盏灯或是一把手电、一个火把，就不用怕了，可是迄今却没有什么办法能够把这种白光驱散。

科学家们经过实际考察，指出白光是弥漫在天空中的小冰晶引起的。由于极地地区天气寒冷干燥，空气中的水汽含量非常少，云层的密度也很小，而且云中都是细小的冰晶，下降的雪都是粉末状冰晶，因此吸收太阳光的能力很弱。大量的阳光穿透云层一直射向地面上的冰雪，而冰雪又强烈地反射阳光，被反射的光碰到云层再次折向地面……经过多次反射，光线散漫四面八方，天地间的光线越积越多，各处的光亮越趋均匀，当天空、地面、周围的冰雪全达到同一亮度时，"白光"便出现了。白光出现时，太阳辐射比较稳定，气温也较高，整个环境完全光亮，完全没有光暗比例，一切都没有阴影，一切影像都消失了。

（十）空中幽灵

1."晕"的一家

当天空中浮动着轻纱般的流云时，在太阳或月亮的周围，往往会出现一个或两个以上淡淡的彩色或白色光圈。这种光圈，有些地方的群众叫它"枷"，但气象学上称为"晕"，发生在太阳周围的叫"日晕"，发生在月亮周围的叫"月晕"。有时在太阳或月亮周围既出现光圈，也出现其他的光弧和光点，它们是"晕"家族里的另一些"成员"。

从前，当人们不知道各种晕的来历时，就同对待其他奇特的自然现象一样，将它解释为"天意的预兆"，预示着灾难将临。气象科学的发展，揭开了晕的谜底。原来它的形成原因和前面讲过的虹差不多。所不同的是，促成虹的发生是空气中的许多水滴，而晕的形成，则是飘浮在高空中的卷层云在作怪。

不论夏天或冬天，大气高层（离地 5～10 千米）温度常在 -30～-20℃，甚至更低些，在那里，往往凝结有许多六角柱体或正六角柱体的小冰晶，由这些小冰晶组成的一种云，有时像一团团的乱丝，有时像一层层的薄纱，大部分是白色半透明的，叫作卷层云。当光线透过卷层云中的小冰晶时，由于这些小冰晶的形状不同，排列方式各异，光线透射的角度不一，各种颜色光线的折射和反射程度有大有小，于是改变了方向，形成了晕。

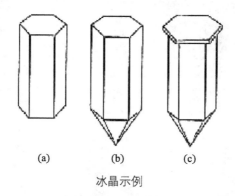

(a)　　　(b)　　　(c)

冰晶示例

（a）正六角柱冰晶；（b）角锥形的六角柱冰晶；（c）钉子形的六角柱冰晶

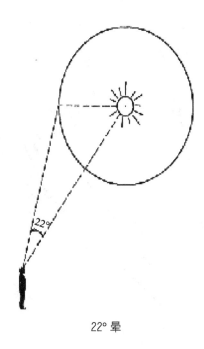

22° 晕

人们最熟悉的是 22° 晕。22° 晕是以太阳或月亮为中心，宽 1°20′ 的彩色圆环。这一圆环的半径大约是 22°，就是说观察者所看到的它的半径的视角是 22°。圆环的内缘为红色，外缘为紫色，圆环里面的天空比外面要暗些。

22° 晕是阳光通过正六角柱体小冰晶发生折射形成的。这些飘浮在空中的小冰晶排列很杂乱，并在大气里不停地动荡着，它们旋转着慢慢地下降或上升。这时候它们便折射和反射落在它们身上的太阳光线。被折射和反射的大部分光线都在空气里四散开来。但是，从某些浮在空中的冰晶里却会有一些有一定方向的光线投射到我们眼中。这些"有一定方向的光线"已经与原来的太阳光发生了一个 20 多度或 40 多度的交角，所以，在我们看起来，好像有一部分光是从太阳外围射来的，于是就形成了内红外紫的晕圈，有时是一大一小两个晕圈。

为什么晕圈内红外紫呢？当光线射入卷层云中的冰晶后，经过两次折射，分散成各色光。与有虹时相仿，我们只能看到其中的某一色光。假设视太阳[①] 周围的天空里悬浮着四个冰晶。那么，外面两个冰晶折射出来的紫色光与中间两个折射出来的红色光，正好都能射到我们的眼里。这样我们就可以看到视太阳周围外紫内红的两个光点。当天空有卷层云时，空中飘浮着无数的冰晶，在太阳周围的同一圆周上的冰晶，都能将同一种颜色的光折射到我们的眼睛里来，这些上下左右的许多光点连起来，就形成一个内红外紫的晕圈了。

日晕出现时，如果太阳光很强，有时只能看到两三种颜色；如果阳光较弱，往往只看到白色。在夜间，由于月光淡弱，月晕往往只是白色，并且只能看到内侧光圈。

在积雪面上，我们也能看到 22° 晕。这是由于雪面上的冰晶体反射阳光

----

① 在观察者眼中所看到的太阳的像称为视太阳。

127

而形成的。

另外有一种晕的半径视角等于46°，但比较罕见。由于空中倾斜排列着正六角柱体冰晶，阳光在相互成90°角的正六角柱体冰晶体面间折射，便形成了46°晕。这种晕很大，极少能看到整个光圈，一般只能看到它的上面一部分。这种晕的颜色分布和22°晕一样，也是红色在内，紫色在外。不过色泽比22°晕淡弱，紫、靛、蓝等色更难看到。

当太阳升到地平线上不高的地方时，有时会出现假日，它也是晕家族里的一员。假日看起来像一块位于太阳两侧相距22°的光斑。它往往和晕圈同时出现。不过这时太阳的高度不大，晕圈的下半部常常隐没在地平线以下，所以，看上去很像是卧虹状的半圆形。在彩色的晕弧衬托下，真假三个太阳相映争辉，

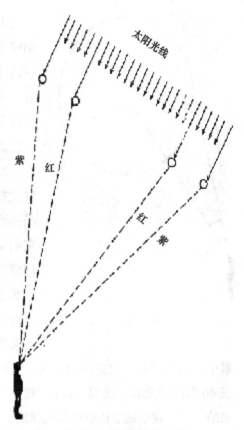

形成 22° 晕的光线路径

异常壮观。天上出现附有假日的晕是极为美妙的。有时它的亮度并不比真的太阳差，因此历史上有一些关于天空同时出现几个太阳的传说。

假日只有在这样的条件下才能形成：大气里有像钉子那样的正六角柱体冰晶。这种冰晶体的上面有一个帽顶，下面是尖的，它们竖直地飘浮在空中。假日也不光是和晕圈同时出现。它往往也诞生在晕圈和另一个贯穿太阳的水平光环相交叉的地方。

一幅画着三个太阳的画

2. 高悬天空的"十字架"和"剑"

1463 年，在波兰的天空中，曾出现被钉在十字架上耶稣的景象，持续2 小时之久；同时，天上还现出一把利剑，直指南方刺去。人们发现后，立即引起了惊讶，有的不禁向苍天躬身跪拜，祈求上帝保佑平安。然而，不久后，波兰还是遭受了空前的劫难。

1489 年，在整个波兰境内，人们都可以看到天空中显现出的一把滴着鲜血的宝剑。人们对此十分恐慌，以为上帝将要对下界众生进行惩罚了！凑巧，波兰立即遭到成灾的暴雨，接着是干旱、饥饿和瘟疫的袭击。

1785 年的一天凌晨，俄罗斯名城雅罗斯拉夫尔城的上空，出现一个圆形的光环，到上午上边又出现 3 个太阳，中午时又出现了第二个光环，光环中有一个带光圈的十字架。太阳昏暗，大光环下面有一道彩虹。这些景象，当时也令人不可理解，迷信的人或信奉宗教的人想到这是一种不祥的征兆，而且凭着自己的臆想对它加以神化。

诚然，世界各地的确有时而发生的厄运，有接连不断的灾难，一旦"征兆"得到应验，更使人们相信天上的太阳和十字架，以及其他不少的"征兆"，都是神灵表示愤怒的迹象了。

其实，天空中出现十字架，出现光圈、光环和宝剑等稀奇古怪的景象，都不过是一种复杂的光晕现象。它是两种光晕重叠出现，并带有残缺的结果。太阳接近地平线或开始落入地平线时，常会造成一根冲天光柱的晕影。如果同时又在太阳上方形成另一种环形光晕，由于这时光环的下半部分已落入地平线，上面只留下一段圆弧，它和光柱相交，就会显出一个十字架的形状。如果这时正巧伴有晚霞，火红的彩云就会使重叠光晕形成的十字架上染上艳红的颜色，这就成了"滴血的利剑"了。

在极为特殊的情况下，天空中还会出现更为复杂的光晕现象。如在1877 年 1 月 7 日，俄国一位女修道士看到天空中太阳两边显现出两个金色的圆盘，圆盘中各一个十字架；太阳上面还悬挂着一把镰刀，刀刃是蓝色的，刀柄呈火红色；太阳自身则处在一个巨型的十字架的中央。这就是一种重叠光晕现象，世所罕见。

至于简单的光晕，大概每个人都看过。比如，在严寒的冬天，当太阳被薄薄的烟雾遮住时，它的两边会出现两个明亮的点，这种亮点被称为"双日"。这是一种常见的自然现象，所以就不大为人们所注意了。

3. 绚丽的华

当天空有瓦片状白云的时候，我们常常看到在太阳或月亮的周围异彩焕发，形成一个或几个色彩排列与晕相反、视夹角比晕小（一般不超过 5°）的美丽光环，这叫作华。环绕在太阳光盘外围的光环叫日华，环绕在月亮外围的光环叫月华。有时在明亮的星星周围也可以看到华。

日华出现的次数虽多，但由于太阳光线比较亮，在它周围的光环是很难观测到的。如果戴上保护眼镜、隔着熏过黑烟的玻璃来观察太阳，或者向平静的水面来观察太阳，都比较容易看到日华。我们最常看到的是月亮周围的华。

华与晕在色序排列、光环大小和成因上，都有显著的差别。一般情况下，构成华的光环半径总比晕小。华的半径普遍只有 1°～4°，最大的在 10° 左右.普通的晕的半径则是 22°、46°、90° 三种，华的半径比晕小，也不固定。

在条件合适时，华会呈现出好几道彩色光轮。靠太阳或月亮最近的光轮，内侧呈白色或青白色，中间是黄色，外缘呈褐赤色。有时没有黄色，红色光带直接和青白色光带相连接，这样的光轮叫作华盖。华盖之外，继褐赤色而出现的往往是蓝色光带，然后依次为绿、蓝、红等色带所组成的光轮，这种内蓝外红的色序正与晕内红外紫的色序完全相反。光轮之外隔一暗黑区域，又会出现同样色序的光轮，不过光彩较弱，半径较大。有时这样明暗相间的光轮可出现三四道。愈近太阳（或月亮）的愈亮，愈向外越淡。有时仅见华盖，华盖之外的光轮隐而不现，这时华盖的褐赤色极为明显，光带也较宽，所以要区别太阳或月亮外的光环是晕还是华，主要看有没有华盖和光环的色序。

晕产生在天空有卷层云的时候，而华则大多数产生在高积云的边缘。如果云系多由冰晶构成，冰晶不大，并且大小大致相同，就会给华的出现创造特别有利的条件。在较低的卷积云和透光层积云中有时会产生美丽的华；如果云系由水滴构成，如高层云、层积云或层状云，出现的华就不很美丽，通常只能见到华盖。

华的成因和晕完全不同。晕是由于光线在有规则的比较大的冰晶上折射形成的；华则是光线穿过构成云的水滴或冰晶之间的孔隙时，由于衍射作用而形成的。这些水滴或冰晶的大小必须近于一致，且其间隙大小也必须与光波波长相仿。

当云中的水滴或冰晶之间的孔隙直径和射入光的波长大小一致时，光线穿过孔隙以后，将以孔隙为中心，在障碍物后面，形成一组新的球面波，也就是说，在孔隙后面的光与孔隙前面原来的入射光，并不在一条直线上，而是有了一定的弯曲现象，这种由于通过孔隙（或是障碍物的边缘）而产生的弯曲作用，形成了光的衍射。孔隙小了，光线穿不过去，没有衍射现象；孔隙大了，穿过去的光线弯曲很小，衍射现象不显著。只有当孔隙直径与入射光的波长大小相仿的时候，才能出现清晰的衍射现象。

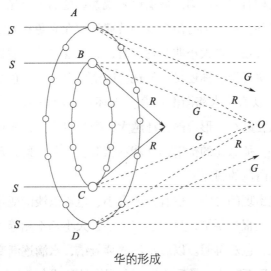

华的形成

在空中，液体云滴（水滴）之间构成圆形孔隙，固体云滴（冰晶）之间构成像狭缝似的条形孔隙。如果射来的阳光或月光遇到了云滴除发生衍射作用外，还有色散现象出现，各种色光随着波长不同而分开了。设想在观察者 O 与太阳光线 S（为一列平行光线）之间有很多云滴，例如 A，B，C，D，光线通过云滴，发生衍射而有弯曲现象，其中波长短的弯曲少些，波长长的弯曲多些，所以通过 A 点的光线，绿光弯曲后取 AG 方向，红光弯曲后取 AR 方向。同样道理，通过 B 点的光线，绿光弯曲取 BG 方向，红光弯曲取 BR 方向。通过 C 点的光线，绿光弯曲取 CG 方向，红光弯曲取 CR 方向。

通过 D 点的光线，绿光弯曲取 DG 方向，红光弯曲取 DR 方向……如果在观察者 O 与光源 S 之间的这些云滴（即通过 ABCD 垂直于纸面方向的环形平面上）分布合适，恰恰使得环形外侧（如图中 A 和 D）的云滴，把红光（如 AR 和 DR）送入观察者眼中（O 点），环形内侧（如图中 B 和 C）的云滴，把绿光（如 BG 和 CG）送入观察者眼中（O），这时在观察者看来，正好在太阳周围出现一个彩色光环，绿色在内，红色在外。这就是光的衍射作用所形成的华。

在日常生活中，人们很容易看到光的衍射现象。拿一根羽毛放在眼睛与光源之间，透过羽毛的缝隙来观察光源，就可看到光源周围有彩色光环。因为光线经过极细的羽毛缝隙时就发生衍射现象。如果用上面有一些小孔的黑纸来观察太阳，也能看到这种现象。另外，向玻璃窗上呼一口气形成一层水汽薄膜，通过这种有水汽凝结的玻璃窗来观察远处的一个光源，可以看见和华一样的彩色光环。如果把有微尘埃的玻璃板放在光源和人眼之间，也能看到华的现象。尤其在尘埃大小非常均匀时，这种现象特别明显。通过有水汽附着的玻璃板观察光源，你还可以发现，因衍射形成的彩色光环，开始时很大，色彩鲜明，以后小水滴渐渐混合，光环也逐渐缩小，彩色也变得暗淡了。这就说明微粒越小，形成的光环越大，微粒变大时，光环就变小了。如果微粒大小不一，那么光的衍射程度就不相等，各种衍射光环互相重叠，华就失去色彩成为白色的圆环了。

在阴天傍晚出现的月华，也有光环大小、色彩浓淡的变化。这是因为傍晚时天空里的水汽很少凝结，只能形成微小且大小基本相等的水滴，因此所形成的光环较大，色彩鲜明。以后水汽继续凝结，水滴逐渐变大，大小也不一致，因此光环逐渐变小，最后成为一个围绕月亮的白色光环。

华也不仅仅只由大气中的小水滴或冰晶而造成。大气中出现的质点，不论何类何种，只要足够小，粒径分布得足够均匀，是集中出现，有足够的密度，就会产生可以看到的光学衍射现象。1883 年 8 月 26 日，印度尼西亚爪哇附近的一个小岛上，喀拉喀托火山爆发，不时地把数量浩大的固体微粒喷射到大气中。较大的微粒迅速沉降，而留下细微的火山灰在大气中悬浮了很久。其后许多年，它对世界范围影响巨大，以致英国皇家学会委派了一个委员会，专门收集世界各地有关这次火山爆发影响的观测资料。他们写出了洋洋洒洒 500 页的报告，有一章论述了火山灰蔓延时的巨大日、月华环。在那次火山爆发后，首次公布于世的华环观测资料发表在《日本新闻》上，它描写了 8 月 30 日太阳周围一个"模糊圈"的容貌。往后，第一次谈到华的详细观测资料是由科学家毕旭甫于当年 9 月 5 日在檀香山完成的。他对华环的描述，结合了自己对曙暮光天空增强了的光散射观测，他说"大气里的散射微粒竟有如此巨大的效果，以致在日落之后，它们还继续为地面上的观察人员照明一段时间。"毕旭甫观测确认的华环现象，两个多月以后出现在欧洲和美洲。人们为了纪念第一次细心观测火山华环的毕旭甫，便把这类华环现象称为毕旭甫光环。

一般不论哪种华，都必须天上有中等厚度的云才能产生。然而，在林区，即使万里晴空的白天，也可以欣赏到华的美色，在我国东北小兴安岭腹地的红松原始森林之上，就曾有气象人员观测到林华。只见林冠上五光十色，虹彩焕发，一个直径约 1 米的彩色光环悬挂在那里，形成一幅离奇的景象。原来，在林区大雾弥漫的日子，日出以后，雾就消散了，但是，在森林里，雾凝结成许多小水滴，布满在红松针叶上，受阳光的照射后，就产生了衍射作用，因而形成了罕见的林上奇华。

太阳和月亮周围的华圈有时大有时小，这和构成云的小水滴或小冰晶的大小有一定的关系，而云的形状又和某种天气及其变化有关系，因此，根据华的出现及其变化，可以预测未来天气。如果华圈逐渐扩大，表明大气逐渐稳定，云中水滴或冰晶因蒸发关系逐渐变小，未来不会下雨（雪）。如果华圈渐渐收缩，表明大气变为不稳定，云中水滴或冰晶在逐渐增大，云层也增厚了，将转阴雨天气。所以谚语说："大华晴，小华雨。"

4. 四角形太阳

谁都知道太阳是圆形的。可是在有的地方，偏偏可以看到四角形的太阳。世界上最早拍摄下四角形太阳的是美国人查贝尔，时间是 1933 年 9 月，地点在美国西北部沿海。

这年夏天，查贝尔来到这里的高纬度地带观察夕阳的变化。他多么希望能够看到一种奇异的景象啊，然而，整整 3 个月过去了，他一无所获。不过，他并不灰心，9 月 13 日傍晚，他照常进行着紧张的观测。正当太阳即将落下去的时候，梦寐以求的奇景出现了：一轮又圆又红又大的太阳慢慢西沉，起初由圆形变成椭圆形，不久又由椭圆形变成了馒头形，上圆下平，下侧仿佛被人用刀切过一样，变成了和地面平行的直线。接着，太阳上缘的圆弧，也渐渐变得平直，最后竟也变成了一条直线，本来圆盘似的太阳此时四周出现有棱的四只角，变成了一个近乎长方形的太阳了。查贝尔喜出望外，急忙按动照相机的快门，拍摄下了这一珍贵的镜头。

查贝尔的发现引起了许多人的兴趣，他们竞相赶到极地来观看这一奇景。但是，看到这一奇景的机会毕竟太少，拍摄下照片的就更少了。1938年3月24日和1978年3月12日傍晚，加拿大人和日本人在北极地区分别目睹了"四角形太阳"，并都拍下了太阳由圆形变方形的一系列镜头。这两次，当时的气温是 $-38 \sim -37$ ℃。

1979年6月18日早晨5点半钟左右，我国湖北省阳新县城关中学也有学生看到过"四角形太阳"。

有人认为，"四角形太阳"是由于太阳光通过上下密度不同的大气层时，光线发生折射、反射等原因造成的。大气层的密度由下而上逐渐减小。阳光经过密度不同的大气层时，不再呈直线照射，而是偏离原来的方向，于是产生折射现象。由于折射系数的大小与大气密度和太阳的高度有密切关系，所以我们常见的太阳光线穿过大气层时，总是改变它本身的路线，太阳的位置也比它真正的位置高出某一个角度。这个角度的大小随太阳所处高度而改变，其高度角越小，则折射角越大。在紧靠地平线附近，折射角达 35′ 之多。只有当太阳正好位于天顶时，我们看到的才是它的真正的位置，此外都比原来位置略微高一些。特别是当太阳沉落到地平线以下 35′ 处时，我们仍旧可以看到它处在地平线上。这就影响了太阳在地平线附近出现或消失时的速度，使之沉落时发生变形：有时呈扁形，有时呈现其他奇形怪状，令人惊叹！

知道了太阳沉落时发生变形的原因，查贝尔拍摄的"四角形太阳"的照片就不足为奇了。在极地和高纬度地区，陆地和海面温度常常很低，使得近地层的气温低于高层的气温，出现了大气逆温现象。近地面或海面的空气密度大，越向上密度越小。当接近地平线的太阳光从这种低空大气中通过时，就发生折射。随着太阳的下沉，明显地发生光线向地球一侧弯曲的现象，所以太阳下部分光线就偏折得特别厉害，使得其下缘就像用刀子削过那样平直，成为一条平行于地平线的直线。随着太阳继续下沉，它的上半部分也逐渐发生光的偏折，这样，到达一定高度时，太阳的上下边缘就都被折射成为直线形了，于是奇异的"四角形太阳"就形成了。但这种情况，必须在极地或高纬度地区的无风、无云、空气中没有冰晶雾等严格的天气条件下才可能产生。而这些地区，风和冰晶雾都经常存在。因此，这一奇妙景观也就很难展现在人们眼前了。

也有人认为，"四角形太阳"是一种海市蜃楼的幻影，因为当太阳降落时，北极地区的大气产生了逆温层，太阳光被反射而形成了四角形。

还有一种看法认为，北极地区的大气已接近百分之二百的过饱和状态，在这种状态下容易形成无数的冰晶，在冰晶的影响下，看上去太阳就会呈四角形。

"四角形太阳"形成原因，目前仍无定论，有待进一步观察研究。

5. 峨眉宝光

四川省西南部的峨眉山，佛家称之为"光明山"，自古以来就蒙着一层神秘的色彩。千百年来，那些虔诚的善男信女，怀着求仙拜佛的愿望，一步一叩首地爬上山去祈祷人寿年丰。

人们登上峨眉山主峰万佛顶（海拔 3099 米），如果正当天气晴朗的午后时分，环顾四周，但见白云茫茫，波起涛涌，汪洋无际，似乎这里已不是人寰尘世，"仙"与"凡"之间的隔阂已经消失了。这时，寺庙里钟声大作，寺僧宣告"佛将大观"。说时迟，那时快，在人们面前的深谷云底中，蓦地出现一轮巨大的光环，开始是白色，后来又变成了彩色，有时近到似乎举手可触。如果更巧一些，光环中还会出现硕大的影子，你抬手，它也跟着抬手，你移步，它也照样移步。这一神秘的现象，佛门弟子众口一词地说它是"我佛如来"的"佛光"，还会引用《楞严经》中的话："世尊于狮子座上放宝光，远灌十方。"

相传东汉永平年间，有位采药蒲公为追踪鹿迹，在峨眉山顶发现了"佛光"。经印度宝掌和尚指引，认识到佛光就是"普贤祥瑞"。后来，蒲公在峨眉金顶建造了普光殿（也称光相寺）供奉菩萨，从此开创了峨眉山佛教的历史。"光相"就是古代所说的"佛光"，或称"宝光""祥光"。

其实，峨眉佛光是峨眉山所处的特殊地理环境所造成的，是太阳光线玩的把戏。金顶雄踞峨眉山之巅，山中空气湿度很大，半山腰云雾缭绕，日出后半小时到9时，或15时到日落前1小时，当阳光照射到云雾上时，悬浮在云雾中的小水滴往往起到凸透镜的作用，所以在云雾水滴后面的云层上，就可能造成一个太阳的实像。这实像从云雾后面发出光线，这些光线穿过无数个云雾小水滴之间的小孔隙，分散成彩色光环。紫色在内，红色在外。有时太阳光线强烈，人们看到的是一个巨大的七彩光环，从外到里，按照红、橙、黄、绿、蓝、靛、紫次序排列。有时太阳光线较弱，看到的只是几道彩环，层次模糊。有时看到的只是一个白色的大光环。罕见的是，有时会出现几重光环，越是向外，彩色越淡。由于这种光环和一些佛像头上画的彩色光圈十分相似，人们就把它说成是佛光了。至于光环中的影子，其实就是人的身影。当你面向云雾背对太阳时，太阳光从背后射来，你的影子就正好投在光环里面了。你的一举一动，也都在光环中表现出来。

山东泰山岱顶碧霞祠一带，也经常出现佛光，当地人称为"碧霞宝光"。相传，泰山佛光的出现是碧霞祠中的泰山女神显灵，接引那些"幸运儿"到极乐世界去。世间的凡夫俗子有幸见到泰山佛光，就会被超度为神仙。吕洞宾在泰山修炼成仙，就是因为见到了泰山佛光。这些美丽的神话传说，吸引着无数游客怀着虔诚的希冀，攀登泰山，乞求佛光的神佑。在泰山看佛光以夏、秋两季最佳，因为这时候的泰山最具备产生佛光的气象条件。据记载，我国和国际有关组织曾在1932年8月至1933年8月的一年时间内在泰山共观测到6次佛光；1980年10月也曾连续3次出现佛光。湖北省神农架主峰神农顶（海拔3106.2米）也是一个频频出现佛光的地方。

佛光实不为峨眉山、泰山和神农架所独有。《读史方舆纪要》及《汝宁府志》记载，河南省确山县东南25千米处有座佛光山，"势极高峻，常有光焰""春时天气晴霁，常现圆光，初如明镜，渐如车轮"。又据《滇志》所记，云南省洱源县也有一座佛光山，与该地毗邻的还有"佛光寨"，平日云雾缭绕，时有光环。山西五台县的佛光寺，大概也是因现佛光命名的。佛光寺大殿建于唐大中十一年（公元857年），距今有一千多年，说明佛光这一现象，一千多年前在五台山就引起人们注意了。

由于这种光相最早在峨眉山被发现，又以峨眉山出现的机会为多，所以在气象学上俗称它为峨眉宝光。随着旅游事业的发展，我国发现宝光的名山越来越多。安徽黄山、江西庐山、福建武夷山以及浙江的天目山、雁荡山等，都有这种神奇而玄妙的自然现象。

6. 布罗肯幽灵

有一则古老的神话传说，德国布罗肯山上住着一群双目失明的巨人幽灵。他们可以变成任何形状的东西，如人、狗、牛等。他们有与山一样的名字，叫作布罗肯幽灵。

布罗肯位于德国中部的海尔贝斯台附近。那是一座花岗岩山，是哈尔茨山脉的主峰，海拔 1142 米。传说山里曾有巫师和巫婆居住，这里的一切都被魔力所控制，有魔法，如用巨石刻成的偶像、用岩片打成的钥匙以及岩石上生长的银莲花，等等。山顶上至今还留存着一些废墟和一些杂乱散落的花岗岩巨块。整个布罗肯地方被蒙上了一层神秘的色彩。每年通过山麓的铁路吸引了成千上万不远千里到来的游客。

这些游客来这里可以观赏到那鬼怪似的巨人幽灵。对于这一奇迹，英国科学家丁铎尔在他的《阿尔卑斯山的冰河》中曾作过详细的描写："一次，转了一个角，我的同伴和我，不禁同时发出了惊异的喊叫，因为在我们面前出现了硕大的鬼怪似的人影……包围着它的是彩色的光环，我们伸出手臂，那鬼怪也伸出手臂，我举起爬山用的手杖，那东西照样也举起它的'魔杖'……实在的，布罗肯的幽灵，完完全全在我们面前出现过。"

自然，在西方世界中，也是有人不相信鬼神的。有一位名字叫豪埃的旅行家，为了寻找这"布罗肯幽灵"，曾登上哈尔茨主峰 30 次之多，1797 年他宣称，所谓"布罗肯幽灵"其实就是他自己的影子。

1797 年 5 月的一个清晨，豪埃登上了布罗肯山顶。天空一片明静，只有西南方覆盖着透明的云团。把脸转向有云彩的方向后，他惊奇地发现远远地有一个人形怪物。这时，一阵风儿差点刮跑了他的帽子，他本能地用手抓住了帽子。这个人形怪物的动作跟他一模一样，豪埃惊呆了。后来，他和他同样到过山顶的朋友们猜测，这一现象没有什么神秘的东西，这些巨大的空中幽灵是他们自身被折射到云彩上的影子。

200 多年前，这位旅行家便了解了这些幽灵的产生原因，难能可贵。但是因为这种现象是如此神秘，如此吸引人，因而"布罗肯幽灵"成了一个专有名词。它不仅指布罗肯的这种现象，在海岸边、遥远的北极地区以及其他地方在一定条件下，当云、雾、太阳同时存在时，都能发生类似的现象，也都叫"布罗肯幽灵"。

19 世纪下半叶法国—阿尔及尔战争期间，在阿尔及尔北部的卡比利亚，一位法国军官就遇到了"布罗肯幽灵"。一次，这位军官出发去进行侦察，他爬上一块高高的岩石，开始察看地形。当他确信没有任何危险时便坐下来休息。关于接下来所发生的事情，这位军官是这样讲述的："天空中有的地方被雾笼罩着，呼吸有些困难……我站起来，继续往前走，突然我发现面前有一个人站在与我一样高的地方，有海拔 600 米。他看着我，当我向他走去时，他也向我靠近，不仅如此，我还认出，他同样也穿着我们营的军服。随着我不断向他靠近，这位陌生人同样也在向我靠近，步伐、动作、姿势和我的一模一样。当只剩下几步之遥时，从这位陌生人身上我认出了我自己的脸，我被惊呆了。这种景象吓坏了我，我把手伸向幽灵，他也把手向我伸来。恐惧的我大声叫喊起来，回声不绝。最终，我为自己的胆小而感到耻辱，于是，我抽出佩剑准备扑向幽灵。"当然，接下来没有发生任何决斗。当这位军官勉强向前挪动了几步以后，幽灵消失了。

1914 年 8 月 26 日，英国远征军在蒙斯战役中被德军打败，一支远征军不得不撤退，以保全实力，但战胜的德军岂能善罢甘休，当远征军开始退却时，一队德军骑兵便追上来了。

这时远征军只好往山高的地方跑，可是由于连日作战，精疲力尽。而德军骑兵骑的是山地马，善于登山，因此，眼看英军这支部队是劫数难逃了。

突然，群山中狂风呼啸，乌云滚滚，雷声不断，一片昏暗，大雨倾盆而下。这使攀山的英军吃了苦头，德军骑兵也减慢了追击的速度。不一会儿，雨停天晴，但已是夕阳西下的时候了。英军的先头部队全力攀上山顶，但绝望地发现他们面前的是一片绝壁，没有下山的路，于是他们挥手招呼后续部队转道而行。德军正很快地从后面涌上来，指挥官的叫声也听见了。英军的队长只好命令停止前进，准备最后拼个鱼死网破。

"天神来了！天神来了！"正在危急关头，突然从山顶传来英军士兵欢呼声。原来，在东方巨大的天幕上出现一个巨大的身影。巨人身穿远征军服，挥舞着刀枪，威风凛凛，使逼近的德军骑兵目瞪口呆。战马狂叫着转身往山下跑，德军也吓得四散奔窜。英军绝路逢生，欣喜若狂，以为真有天神相助。

其实，当太阳落到地平线附近，远征军先头兵登上山顶，阳光自下而上地照耀他们，他们的影子便投射到东方的云雾幕上，就像投射在远处的宽大银幕上一样，所以出现了巨大的身影。这就是"布罗肯幽灵"现象。当时的作战双方不了解这种自然现象，使得战斗结果发生了变化。

1958年，一位地质工程师在俄罗斯的锡霍特—阿林山脉中，曾仔细观察到"布罗肯幽灵"现象。他和同事们一起进行地质勘察时，曾独自一人登上这条山脉中的一个叫塔瓦扎的山峰。此山海拔约1000米。这一天，太阳落向地平线，塔瓦扎山峰周围的群山被云笼罩着，一朵云慢慢移到塔瓦扎山峰，就在它移到站在峰顶的地质学家对面时，就像投影在银幕上一样，云上出现了一个类似霓虹的大直径的环，环周围还有两道微弱的彩虹，在这些环中心出现一个巨人的身影。

在瑞士的布鲁根山上，也经常出现"布罗肯幽灵"现象，不过那里的人称这种现象为"布鲁根山妖"。在日本，人们把这种现象叫作御光。实际上这些现象与中国名山上的"佛光"是同一回事，只是叫法不同而已。

有时飞行员在空中也能遇到"布罗肯幽灵"。他们飞越云层时，会看到周围有虹霓色光环的飞机的灰色怪影。到北方极地的人不止一次地观察到冰天雪地中出现的大的人影。当北极的太阳位于地平线附近，太阳光特别明亮而又有雾时，这种现象就经常发生。

所谓幽灵，就是影子。只有当人或某一物体被正在升起或下落的太阳光照射并投射到对面的云雾上时，才会出现这种影子幽灵。这时，影子被放大了许多倍，就像放电影一样，小小的画面充满了整个幕布。有时幽灵周围环绕着七彩光环，这与晕的成因相同，也就是说，这是阳光衍射的结果。

7. 勃朗峰魔影

欧洲南部的阿尔卑斯山脉，平均海拔3000米，主峰勃朗峰海拔4804米。山峰终年积雪，云雾缭绕，气象万千。自古以来，一直传说勃朗峰那里居住有一群神秘莫测的巨人，常常出现奇怪的"身影"。这些"身影"对迷信的人们来说像是从冥王地府走出来的人一样。民间传说勃朗峰上多次出现过"妖魔狂欢夜会"。在科学不发达的古代，人们不能正确解释那些巨人的"身影"神奇出现的原因。每当怪影出现时，人们就跪拜祈祷神灵保佑。

现在，一些登山运动员攀登勃朗峰，在旭日东升或夕阳西沉的时候，站在高山之巅，背向太阳，面对前面的云雾，强烈的阳光穿过云层投射到前面的云雾上，有时能看到十分奇异壮观的景象：云雾中出现了一些巨大的彩色光环。当一个运动员爬上峭壁时，只见云雾中出现一个清晰而巨大的人影，其他的运动员相继爬上去，这时云雾中的人影如数增加。运动员们挥手，云雾中的人影也频频挥手。这种现象偶然出现，因为罕见，更加神秘。科学家对勃朗峰云雾里出现巨大而神奇的人影进行研究之后认为，其实它就是"佛光"。

佛光产生的条件是太阳光、云雾、地形。早晨太阳从东方升起，佛光在西边出现，整个上午佛光均在西方；下午，太阳移到西边，佛光则出现在东边；中午，太阳垂直照射，则没有佛光。只有当太阳与云雾处在一条线上时，才能产生佛光。它是太阳光与云雾中的水滴经过衍射作用而产生的，是一种大气光学现象。

佛光显现时，由外到里，按红、橙、黄、绿、蓝、靛、紫的次序排列，光环直径为 2 米左右。有时阳光强烈，云雾浓且弥漫较宽时，会在小光环外面形成一个同心大光环，直径达 20～80 米。大光环色彩不明显，但环状分外清晰，所以我国古县志上有"径百丈，晕数重"的说法。

佛光中的人影，是太阳光照射人体在云雾层上的投影，当人们登上峻峭的高峰，如果太阳的角度位置较低。人们的周围有一层适当的云雾，并在不远的前方又有第二层云雾作映幕，当云雾中大量水滴的直径在 100 微米以下时，从人们背后射出来的光线，经过第一层云雾中的小水滴的细小孔隙就发生衍射作用，分解成各种不同颜色的光谱，并且会把人的身影投射到对面第二层云雾中绚丽夺目的彩色光环中，远远望去，很像巨大人影的头顶上有光芒四射的光圈，颇似佛像头部的光圈。观看佛光的人举手、挥手，光圈中的人影也会举手、挥手，神奇而瑰丽。所以迷信的人把这种现象误认为是神灵显身。

佛光出现时间的长短，取决于阳光是否被云雾遮盖和云雾是否稳定，如果出现浮云蔽日或云雾流走，佛光即会消失。一般佛光出现的时间为半小时至一小时。而云雾的流动，促使佛光改变位置；阳光的强弱，使佛光时有时无、明明灭灭。佛光彩环的大小则同水滴雾珠的大小有关：水滴越小，环越大；相反，则环越小。

如果太阳跟人在勃朗峰处在一条轴线上时，人们的身影和动作正好显现在前方"屏幕"上，构成一幅神奇的画面，那就是所谓的勃朗峰魔影。这个魔影和在德国哈尔茨山脉主峰布劳肯山上经常出现的"布劳肯幽灵"，以及在瑞士的布鲁根山上出现的"布鲁根山妖"，都与中国名山上出现的"佛光"是一回事，唯一不同的是，佛家把这个现象奉之为"佛"，而外国有迷信的人害怕它，称它为"鬼"为"妖"了。

8. 佛灯的疑惑

在我国庐山大天池的文殊台，人们偶于月隐之夜，向黑沉沉的山谷间望去，会突然见到十到数百点荧荧火光涌现。火光时大时小，时聚时散，忽明忽灭，忽东忽西，或近或远，时高时低……这便是所谓的佛灯。

佛灯又名圣灯或神灯。"灯"的颜色有白色、青色或蓝绿色等。《庐山志》中说它早在一千多年前就出现了。由于佛灯最早出现在天池山的文殊台下，古人便迷信是文殊菩萨的化现之光。有传说"这是过路的神灵或仙佛手提灯笼穿行在天地之间"，也有传说"是众佛举着灯上天朝见佛祖去了"。

佛灯吸引了古往今来的许多文人学者。南宋诗人周必大游庐山时来天池寺住宿，当夜他看到半山腰间出现了许多忽隐忽现、飘忽不定、犹如繁星闪烁的火光。他立即记下了这难以遇见的景象，说那灯火"闪烁合离，或在江南，或在近岭，高者天半，低者掠地"。"天池佛灯"从此有了正式记载。五百多年前的明代学者王阳明，在天池寺留宿时也看到了佛灯，写下了著名的《天池文殊台夜佛灯》一诗，诗云：

> 老夫高卧文殊台，拄杖夜撞青天开。
> 撒落星辰满平野，山僧尽道佛灯来。

其实，佛灯之说在峨眉山、青城山等名山也广为流传。峨眉山看佛灯的地方在金顶睹光台。唐代诗人薛能有《咏峨眉佛灯》诗为证："莽莽空中稍稍灯，坐看迷浊蛮清澄。须知火尽烟地益，一夜阑边说向僧。"在青城山主峰高台山顶的上清宫旁有神灯亭，可观看对面大山幽谷中出现的神灯。"大面峰头六月寒，神灯收罢晓云斑。深空忽涌三银阙，云是西天雪岭山"。这

二、光影变幻

是南宋诗人范成大游青城山时吟就的《最高峰望雪山》诗。

然而佛灯究竟是怎么回事呢？唐杜光庭《青城山记》中说："僖宗皇帝幸蜀之年，山中修灵宝道场，周天大醮，神灯千余，辉灼林表。"南宋范成大《青城山记》载："夜有灯出回山，以千百数，谓之圣灯。圣灯所至，多有说者，不能坚决。或云古人所藏丹药之光，或谓草木之灵者有光或又以谓龙神山鬼所作，其深信者，则以为仙圣之所设化也。"陆游《宿上清宫》诗注也说："夜中山谷火煜然，俗谓圣灯，意古藏丹所化也。"种种猜测莫衷一是。

佛灯之谜一直悬挂在人们的心头。1961年秋天，著名气象学家竺可桢，曾特地将佛灯列为庐山大自然的三大谜题之一，向庐山有关研究所提出来，希望科学工作者认真予以研究。

有人认为这佛灯是山下灯光的折射，有人认为是星光照在水中的反射，也有人说是一种大萤火虫的聚集飞舞，还有人说是山中蕴藏着能发出萤光的矿石。而普遍的解释是磷火说，认为佛灯说就是民间所说的"鬼火"。因为人和动物的骨骼中有磷质，一种厌氧微生物在当地缺氧的条件下，与骨骼发生作用，产生了甲烷气体，并把磷酸盐转化为磷化氢气体，磷化氢的自燃又引起甲烷的燃烧，于是形成蓝绿色火焰。因为空气轻，这种火焰缥缈不定，所以有闪烁离合的景象。磷火说有很多漏洞。一是磷火多贴地面缓缓流动，不可能飘得很高，更不会"高者天半"或"有从云出者"；二是磷火的光很弱，庐山文殊台和青城山的神灯亭都在海拔1000米以上，峨眉金顶的海拔超过3000米，不可能看得那么清楚。

有人推测，出现佛灯是山中有镭矿的缘故。镭是放射性元素，它能放出 γ 粒子。γ 粒子虽然人眼看不见，但能使气体电离，使某些荧光物质发光。这种说法似乎也有道理，但至今未得到证明。

1981年12月14日，一位海军航空兵老飞行员郭宪玉，以他多次在无月的夜间飞行的经历，对佛灯的来源提出了一个全新的看法。他认为佛灯是"天上星光反射在云层上的一种现象"。他说，夜间无月亮时在云上飞行，飞机下面铺天盖地的云层就像一面镜子，从上往下看，能看到云层反射的无数星光。飞行员在这种情况下易产生"倒飞错觉"。就会感到天地不分，甚至觉得是在头朝下飞行，从而联想到月隐天黑的夜晚，若有云层飘浮在大天池文殊台下，把天上的群星反射出来，就有可能出现佛灯现象。由于半空中的云层高低不一、游移不定，所以反射的荧荧星光也不是固定的，在这个角度上反射这一片，在那个角度上就反射另外一片，从而映出闪烁离合、变幻无穷的景象。

不过，这种云层反射星光的现象应该是相当普遍的，而佛灯并非每处高山都能见到。就是许多一辈子生活在庐山的人也难得一见。再说在庐山、峨眉山和青城山上，也只有特定地点才会出现佛灯，又做何解释呢？

据报道，在美国新泽西州长谷镇附近等一百多个地方，每到夜晚也有神灯出现。经过长期研究，人们发现，这些神奇荧光都出现在石英砂的断层带附近。显然这与石英的压电效应有一定联系。由于长谷镇附近的断层是一种活动断层，当断层发生错动时，地下岩石中的石英受压或受扭曲作用，产生压电电荷。电荷上冲到地表聚集到一定数量，便会放电。若放电足够强烈，就会使近地面的空气大量电离，温度骤升，放出熠熠辉光，出现一团团直径为 5～100 厘米大小的光球。

不妨试想，庐山佛灯与长谷镇神灯产生的原因可能是相似的。这也值得人们去探讨研究吧？

三

雷电和雨

（一）电闪雷鸣 [①]

1. 刺破长空的剑

望腾蛇之上下，见飞龙之南北。电光开而山泽红，雨气合而原野黑。威声奋击于霄汉，逸响振动于都国。其为始也，则赫赫奕奕，着烈风猛火之燎昆仑。其为终也，则砰砰轰轰，若决水转石之溃龙门。拟战鼓，则三军乱击；方戎车，则百辆齐奔。

唐代张鼎的这篇《霹雳赋》以文学语言把雷鸣电闪的威力描写得淋漓尽致。闪电犹如一把利剑刺破长空。它是直径 5 厘米的脉冲电能运行的途径，以 145000 千米／秒，即大约等于光速的一半的高速穿过大气层。由于速度太快，人们根本不可能见到闪电是怎样由云层冲向地面的。就在闪亮的那一刹那，电力把周围的空气加热到 1.7 万～2.8 万℃，约为太阳表面温度的 3～5 倍。闪电的能量有四分之三化为热能耗散掉，但所剩的四分之一，仍能放出电压高达 1.25 亿伏的电。击中一棵大树时，闪电会使树内的汁液立即沸腾，气化速度之快，能使大树爆碎。闪光正前方的冲击波的压强约为 70 千克／平方厘米，即 70 个大气压。即使在距离闪光 4.5 米的地方，压强还达到 0.7 千克／平方厘米，足可以摧毁 22 厘米厚的砖墙！以往曾有闪电将地面击出 3 米深的洞坑、把巨石劈成两半的记录。一次闪电释放的电能至少在 2700 千瓦时，有的超过 10000 千瓦时。发生在日本海的一种罕见的"超级闪电"，释放的能量可达 1 亿千瓦时乃至 100 亿千瓦时。100 亿千瓦时是地球得自太阳的光能和热能总计的千分之一！

据统计，地球上的闪电频次平均每秒 46 次，不到两分钟打一次雷。一年中共有闪电 140000 万次、打雷 1600 万次，其中 40% 是在同一地区重复出现三四次，每次间隔时间只有百分之几秒至半分钟。

当闪电刺破天空时，我们常常会感到，在街市里奔跑的行人、疾驰的车

[①] 本节以及本章（二）至（十）节写于 2003 年。

三、雷电和雨

辆仿佛在这一刹那间都停滞了。造成这种停滞景观的原因，就在于闪电持续的时间极其短促，每次持续时间通常不过万分之一秒，最长的也不超过千分之一秒。在这样短的一瞬间，人们的眼睛自然不能觉察出物体位置的移动。于是，周围的一切好像都停滞不动了。

在这样转瞬即逝的短时间内，划过空中落到地面的闪电长度较短，一般不超过几千米，而完全在空中活动的闪电的长度就比较长。苏联科学家曾专门乘坐飞机到雷雨云层中进行过探测，有一次探测到一条刚好和飞机的飞行路线相平行的闪电，它的长度约50～60千米。据说，美国科学家曾探测到长达150千米的闪电。

物理学家推测，闪电可能与地球上生命的发生有重要关系。实验室里所做的实验证明，强力的电击能将构成地球洪荒时代大气的四种气体，即甲烷、氨、氢和水蒸气分解，产生构成生命有机体"元件"的氨基酸。闪电无疑是原始人火种的唯一来源。直到今天，大地的负电荷仍要靠大雷雨供应。而且闪电本身也协助产生大多数植物生长所不可缺少的氮化物。

当然闪电也会给我们带来危害。在闪电经过的地方，因高温而使物体燃烧，会引起火灾。这对易燃物仓库的威胁最大。1989年8月12日，我国青岛黄岛石油库的大火就是由雷电引起的。大火烧毁了5个贮油罐共4万余立方米原油。火焰高达300米，还烧毁了十几辆汽车，导致100多人伤亡，直接经济损失达3540万元。闪电也是森林起火的重要原因之一。美国每年发生森林火灾达一万余次，其中雷击引起的占20%。同时，闪电冲击波冲击建筑物，能使玻璃物品碎裂，甚至使烟囱崩毁、墙垣倒塌。

雷电常破坏高压输电系统，造成停电事故，使工业濒临瘫痪。1997年7月13日20时30分左右，人口近1000万的美国纽约市遭到雷电袭击，五条负荷34.5万伏的电缆全被闪电切断，其他线路也因负荷剧增而自行中断，整个现代化城市陷入一片黑暗和混乱之中。停电持续了26小时之久，工厂停工、商店关门、机场封闭、歹徒伺机打劫，损失十分惨重。

雷电产生的静电场突变和电磁辐射，会干扰电视电话通讯，甚至使通讯暂时中断。铁路上的自动信号装置、导弹的遥控设备等，都会因雷电的静电场和辐射场的影响而完全失灵。

雷电也能造成航空航天和军事上的事故。飞机误入雷雨云中，会遭到云中上下气流而强烈颠簸，并有可能遭受雷击，造成事故。

1984 年 6 月上旬的一天，日本警视厅科研人员在进行有线制导的"马特"反坦克导弹射击时，有一枚导弹在接近 1.5 千米远的靶子以前，因导弹进入云层被雷电击中，而当场落地坠毁，隐蔽在地下室的五名操作人员，被沿着导线传播的由雷电引起的高压脉冲击倒，全部受到不同程度的烧伤。

然而，闪电的最大威胁还是伤害人命。它比龙卷风、台风或洪水更可怕，造成人员死亡的数目更高，它的强大电流能使人因心肺和呼吸系统停顿而丧生。

我国 1997—2006 年雷电灾情概况

年份	雷电灾害事故数（起）	财产损失雷灾数（次）	人员伤亡雷灾数（次）	人员死亡数（人）	人员受伤数（人）	人员死伤总数	雷灾直接损失（万元）	雷灾间接损失（万元）	雷灾损失上百万元事故数（起）
1997	556	439	117	114	169	313	6113.84	1955.13	20
1998	1102	932	170	217	266	483	15669.75	3138	26
1999	1467	1268	199	239	212	451	126.62	737.1	20
2000	2099	1733	366	430	345	775	14120.3	701	25
2001	1995	1602	393	458	467	925	11314.92	1361.6	19
2002	3498	3006	492	549	506	1055	31316.49	1679.34	36
2003	4014	3572	442	450	355	805	30023.58	3742.3	54
2004	5753	5003	750	770	817	1587	25057.84	3839.5	46
2005	5322	4724	598	579	573	1152	24541.21	2788	45
2006	6265	5505	760	712	610	1322	38398.23	9598.38	59
总计	32071	27784	4287	4488	4320	8808	247703	29540	350

"没有人能告诉你雷电会何时接近你，所以最好的安全措施就是积极预防。"美国雷电专家罗曼·奥克拉如是说。在雷雨发生时，人畜都不要到大树、高塔和高墙下避雨，不要靠近和接触潮湿的、带电的、金属的东西，不要在架空线路下和电线杆下行走，不要在河岸边停留、划船，不要扛着铁器乱跑，也不要站在光秃山脊、空旷场地和海滩上，以免遭雷击。装有室外天线的电视机或收音机，雷雨时应将天线接地。在建筑物上，应安装避雷针、避雷带、避雷线等防雷装置，雷电能通过这些装置传入地下，人身和建筑物就安全了。

2.电闪雷鸣的奥秘

狂风呼啸，乌云密布，随着电光闪烁，便可听到阵阵雷声。

电闪雷鸣是大气中的一种声、光、电现象。可是，古代西方人曾认为这是天神在显示威力。我国过去也有雷公电母的说法。

直到1752年，科学家富兰克林父子冒着生命危险，在雷雨中用风筝做实验，才揭开了雷电的秘密，抹去了人们对雷电的迷信心理。

你也可以做一个实验：找一个小电池，从电池的正负两极各引出一根电线，然后把两根电线头互相碰一碰，就会发现线头附近冒出火花，同时还有啪啪的声音。这是因为，两个线头相距很近，没有完全接触上，电流可以从空气中通过，把线头间那一个小区域的空气灼热，形成一个小爆炸，发出了光亮和响声。这个现象名叫"火花放电"，它和天空里出现的鸣雷闪电的原理一样。天空中的雷电，就是在两块带电的云层之间，在云层与地面之间，或者在一块云的不同部位之间放电的结果。

当天空中的高大浓黑的积雨云盖向头顶，霎时间就会雷电交加、阵雨大作了。下雨而同时又发生雷电的现象，就是人们所熟悉的雷雨。产生雷雨的积雨云，气象学上称它为雷雨云。雷雨云里的气流，每时每刻都激烈地翻腾着，这样一来，温度低于0℃的云滴、冰晶或霰粒之间便发生剧烈的碰撞或摩擦，因而破裂分离，同时就带上了正、负不同的电荷。带正电的小冰晶被气流带到云的顶部，而带负电的大冰晶较重，则下沉到云的下层，融化为带负电的小水滴。这时水滴受上升气流的冲撞，又分裂成许多带负电的小水滴或带正电的大水滴，带正电的大水滴集中到云底，带负电的小水滴又被上升气流抬高。这样，在云的不同部位就积聚着不同的电荷，它们之间的电位差越来越大，有时就发生"吐火挥鞭"的现象——放电。

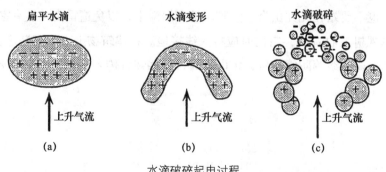

水滴破碎起电过程

闪电是大气中脉冲式的放电现象。最常见的放电脉冲现象是线状闪电。一次闪电由多次放电脉冲组成，这些脉冲之间的间歇时间只有百分之几秒。脉冲一个接着一个，后面的脉冲就沿着第一个脉冲的通道行进。现已研究清楚，每一个放电脉冲都由一个"先导"和一个"回击"构成。第一次放电脉冲的先导，它的开头像一条发光的舌头。这光舌只有十几米长，经过千分之几秒甚至更短的时间便消失；然后就在这同一条通道上，又出现一条约 30 米长的光舌，转瞬之间又消失；接着再出现更长的光舌……一步一步地终于到达地面，这种情况叫作"逐级向下的先导闪电"。因为这第一个放电脉冲的先导是一个阶梯一个阶梯地从云中向地面传播的，所以又叫"阶梯先导"。在光舌行进的狭窄的通道中，空气被强烈地电离，导电能力大大增加，通道中电流强度很大。

当第一个先导即阶梯先导到达地面后，立即从地面经过已经高度电离了的空气通道向云中流去大量的电荷。这股电流烧得空气通道白炽耀眼，出现一条弯弯曲曲的细长光柱。这个阶段叫作"回击"阶段，也叫"主放电"阶段。阶梯先导加上第一次回击，就构成了第一次脉冲放电的全过程，其持续时间只有 0.01 秒。而只隔 0.04 秒的时间，第二次脉冲放电过程又开始了。

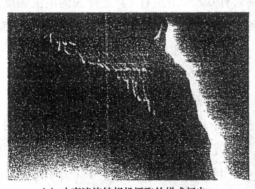 

(a) 由高速旋转相机摄取的梯式闪电　　(b) 慢速相机摄取的闪电

梯式闪电照片

第二次脉冲也是从先导开始到回击结束。但由于经第一个脉冲放电后，路径已经开通，所以第二个脉冲的先导就从云中直接到达地面。这种先导叫作"直窜先导"。直窜先导到达地面后，约经过千分之几秒的时间，就发生第二次回击，结束第二个脉冲放电过程。紧接着再发生第三个、第四个及更多的直窜先导和回击，完成多次脉冲放电过程。由于每一次脉冲放电都要大量地消耗雷雨云中累积的电荷，因而主放电过程就越来越弱，直到雷雨云中的电荷储备消耗殆尽，脉冲放电才能停止，从而结束一次闪电过程。

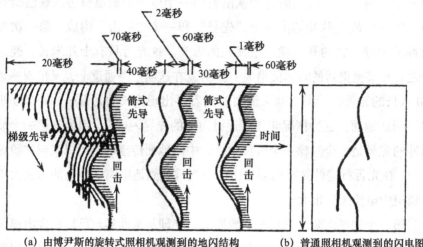

(a) 由博尹斯的旋转式照相机观测到的地闪结构　　(b) 普通照相机观测到的闪电图像

地闪结构模式

　　一次闪电过程可持续半分钟。由于完成一次放电的时间如此短暂，因此每次放出的电流都巨大，可以达到几万安培，甚至超过 10 万安培（1 个 40 瓦的照明灯泡中的电流只有 0.2 安培左右）。这样大的电流强度将使直径只有十几到几十厘米的放电路径迅速增温至几万度。炽热的高温使放电路径上的空气几乎完全电离，因而发出耀眼的闪光——闪电。

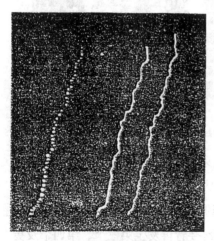

闪电电光分裂成串珠状

　　在线状闪电的通道上，偶尔会出现一种少见的珠状闪电。它好像一条在云幕上滑行或者穿出云层而投向地面的发光点的连线，也像发光的珍珠项链，数目大约有 20～30 个，一长串挂在天空。

　　有时在闪电的落点处或弯曲处，会分离出一些火球在空中转悠，有的落地爆炸，有的钻入房屋，或在屋内消失，或转一圈后又溜走。这些火球呈橙色或逐渐减弱到白色，以橘红色为多，运动时有"哑哑"声或劈啪声，往往顺着导电良好的物体行走。那是空气的原子或分子那样的物质在发光，即空气受激形成了"等离子状态"（由自由电子、离子和中性原子组成的混合态）。人们看到的天空中的火球就是由于等离子体引起发光而形成的。火球常呈椭圆碟形，人们称这种闪电叫球状闪电。它的

球状闪电

存在时间比一般闪电长，短的几秒钟，长的可达数分钟。

球状闪电大多出现在雷雨天气中，但有时也出现在没有雷雨的天空。对于它的形成过程，目前还没有弄清楚。有的球状闪电是一个火球从一个山头出发，像一道闪光一样掷向另一个山头。与此同时还会发出一种类似雷声的音响。这种情况可以发生在白天，也可以出现在夜晚。

有时，看起来好像在云面上有一片闪光，那是片状闪电。它可能是云后面看不见的火花放电的回光，或者是云内闪电被云滴遮挡而造成的漫射光，也可能是出现在云上部的一种丛集的或闪烁状的独立放电现象。片状闪电经常是在云的发展强度已经减弱，降水趋于停止时出现的。它是一种较弱的放电现象，多数是云中放电。

1837 年 7 月 16 日，在英格兰赫尔福德地区发生了一次十分奇特的雷电闪光。闪光成直线，几乎像是水平发射，闪过大约 5000 米的晴朗蔚蓝的天空，落在赫尔福德。霹雳几乎在天顶处响起。赫尔福德地势较低，电光逼近地面，越过有建筑物和树木的高处，躲开圣母院和圣彼得教堂的塔尖，却击中了城东的一所较低的房子。

闪电的形状有带状、火箭状的。带状闪电由连续数次的放电组成，在各次闪电之间，闪电通道受风的影响而发生移动，使得各次单独闪电互相靠近而形成一条带状，宽度约 10 米。火箭状闪电需要 1～1.5 秒时间才能放电完毕，比其他各种闪电放电慢得多，肉眼就可以跟踪观测它的动向。

闪电之后所出现的雷声，就是放电时发出的声音。放电路径上的电能可以在十万分之几秒的极短瞬间内释放出来，于是形成爆炸。爆炸时，放电路径以 70～100 个大气压力向外膨胀，形成冲击波。这种冲击波以每秒 5 千

米的速度向外扩展，这样，位于闪电附近的人便听到震耳欲聋的霹雳。大约经过 0.1～0.3 秒以后，冲击波逐渐衰减为正常的声波，以每秒 340 米左右的速度继续向四周传播，这就是我们平常所听到的雷声。

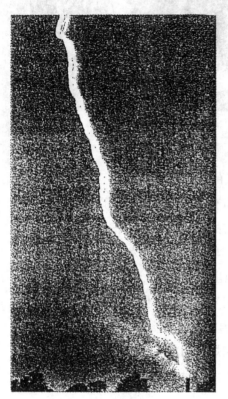

带状闪电

打雷时我们所听到的"雷声隆隆"，是由于一次闪电可达 3 千米长，曲折的闪电路径上各点离我们有远有近，声波传来有先有后的缘故。又由于声波遇到云层、山岳、建筑物时会被反射，有的声波经过几次反射，可能几次传入我们耳中，这样，雷声不仅被加强了，而且拉长了，前后可延续 9 秒钟。此外，当闪电引起的爆炸波分解时，产生许多音波，这些音波互相干扰或加强，听起来雷声就是一连串的轰隆轰隆声了。

光的传播速度是 30 万千米 / 秒。人们几乎总是在发生闪电时能立刻看到它。但是声音走 1 千米则需要 3 秒钟，于是只要用 3 来除闪电和雷声之间的时间间隔，就能知道发出闪电的地方距离我们有多少千米。20 千米以外的雷声，一般是很难听到的。

在夏天的夜晚，有时会看到远处的夜空出现一闪一闪的闪光，这是远处的闪电被云反射过来的亮光。由于雷声在云雨中传播损耗太大，同时在雷雨时随着高度的升高，空气温度降低很快，高层空气密度小，低层空气密度大，而声音在密度不同的空气介质中传播速度不同，当雷声从高空传向地面时又逐渐被折射回天空，因此，远处有雷电发生时，我们往往只见闪电，不闻雷声。

雷鸣电闪时，往往是要下雨的。这是因为：在雷电冲击波向外扩展的途中，它猛烈地冲击云中水滴，使水滴产生剧烈的加速运动，在短暂的一瞬间，使大小水滴之间产生碰撞，造成云里的水滴迅速增长，迅速下落成雨。闪电冲击波作用时间短，云滴增长的速度快，所以在隆隆的雷声响过不久，大雨就会滂沱而下。但有时云下空气干燥，雨滴在到达地面以前已经汽化，就会出现"光打雷不下雨"的干雷。

3. 雷电的"特技表演"

雷鸣电闪，有声有色，经常发生，为人们所熟悉。有时，雷电却变着戏法来表现自己，产生许多离奇古怪的现象，令人惊讶，令人遐想。

1962 年 9 月，美国艾奥瓦州突然遭到一阵强雷雨袭击。在一间遭受雷击的房间里，餐桌没有被击毁，而桌上重叠放着的 12 个菜碟，每隔一个被雷击打碎一个，然而菜碟仍是叠放着的，整体没有被击垮，看上去就像是在大气的强烈电场条件下，12 个菜碟串联成一个电容器，犹如一串糖葫芦似的。这种奇特的现象，人们也许千载难逢啊！

在建筑物受雷击的部位方面，有人对 1954—1984 年的 115 次雷击事故中击中建筑部位的 44 次作了统计分析，发现其中击到房角和兽头的占 46%，击到房屋的占 27%，击在女儿墙（指建筑物屋顶外围的矮墙）和房檐的占 5%；只有少数事故发生在地面上。

雷击树木也有选择性。据调查，在 100 次雷击树木中，击中橡树的次数最多，为 54 次；杨树 24 次；云杉 10 次；松树 6 次；梨树和樱树各 1 次；但雷电从来不会击中密林中的槭树和桦树。

这方面的事例还有：1968 年法国的一场雷雨中，一群绵羊全被击毙，而白羊却安然无恙。2009 年 8 月 15 日下午 3 时，浙江省温岭市滨海镇大雨狂泻不止，突然一个雷电击在了东楼村村民颜连方承包的鱼塘里，他养殖的乌鱼全被雷电击断了脊柱骨，雷电劈死的乌鱼有上万条。

有时，雷电会来一次玄而又玄的"特技"表演，令人惊叹不已。

1981 年 10 月 19 日早晨，辽宁省锦县金城镇初雪纷飞，电闪雷鸣，9 时 20 分左右，天空骤然出现一道刺眼的闪电，接着传来一声震耳欲聋的雷声，镇东 5 行白杨树中，一棵十多米高的杨树的部分树冠被截断，树干从上到下被劈开了。杨树周围 30 米内散布着白花花的木片。当时，离小树林 30 米处的一户人家中，女主人李大娘听到巨雷声后，发现东边的一扇窗户框和玻璃破碎了，屋顶荧光灯管也被裁成了两段。

最奇怪的是，李大娘家中一个 40 多年的老式木柜，出现了一个狭长的窟窿。大娘打开木柜一看，里面有被击断的柜板碎片，还有两根 2 尺来长、手腕粗的树棒，树棒呈三角形，如鸳鸯合璧。原来这两根木棒，就是门前树林被雷电击中的大杨树的"残骸"。这两具"残骸"在雷电发生时，竟双双同时飞了 30 米远，同时破窗而入，又同时钻进了木柜！

1987 年夏季的一天，24 岁的嘉丽推着她的儿子占美在加拿大的红鹿公园漫步时，雷电突至，电光从有金属架的婴儿车一闪而过。霎时间，数百万伏特的电压施加到了占美身上。嘉丽惊惶地把占美送到附近医院抢救。但出乎意料，医生诊断占美只受到一点惊吓和表面烧伤而已。48 小时后，占美回到家中，当晚上熄灯后，房间里渐渐亮了起来，占美的身体犹如灯泡似的闪闪发光。医生认为，这种情况并非绝无可能。电极带来的电力，也会偶然地逗留在人体中，直到电力泄尽为止。最初，占美一家深受其困。3 个月后，占美身上的亮光消失，身体仍然很健康。

此外，美国芝加哥有一个叫苏利文的油漆工人，他曾 6 次被雷击，但每一次都活过来了。1942 年，苏利文刚上小学。有一次，他在一棵小树下玩耍，突然被闪电击中，强大的电流从他身上流过，使他失去了右手大拇指的指甲。27 年后的 1969 年一次雷击，烧掉了他的眉毛。1970 年，雷电烧焦了他的左肩。1972 年他第 4 次遭到雷击，雷电从室外穿过屋顶打在他的头上，他的头发被烧去了一片。1973 年 8 月 7 日，第 5 次雷击烧光了他的头发，强大的电流还把他从汽车中抛出 3 米多远。他当即昏了过去，被送进医院，但是医生们检查不出他有任何异常现象，不久他便出院了。后来，他又一次遭到雷击。这一次，他的大脑受到损伤，神志开始有些不清醒，视力也有所下降。雷电为什么会一直要追逐苏利文？他又为什么总是大难不死？这给人们留下了一个谜。

著名的法国天文学家弗拉马里翁曾经说过："任何一出戏剧，任何一台魔术，就其壮丽的场面和奇特的效果而言，都无法同大自然中的闪电比美。"这位科学家在一生中对无数电击现场做了调查。据他说，有一次，在法国某个小城市里，闪电击中了站在一棵菩提树下躲雨的 3 名士兵，但他们站着好像什么事情也没有发生。雷雨过后，行人走上去同他们搭讪，听不到回话，便触了触他们的身子。结果，3 具尸体顿时倒地，化成一堆灰烬。

弗拉马里翁在调查中发现，许多被闪电击毙或者击昏的人，往往会失去毛发，头顶全秃。还有一些人被闪电烧毁了衣服，可是皮肤却没有灼伤。更有这样的怪事：闪电把人的内衣烧了而外衣却完好无损。

什么事情都有它的反面，闪电也会产生令人预料不到的奇迹。印度一位患白内障双目失明的老人，1980年的一天晚上9时，正在家里坐着，突然一声炸雷，他感到脑子震动了约4分钟，随后恢复了正常。第二天早上，奇迹出现了，他一醒来就发现自己双目已经重见光明。有人认为，这是因为患者处于雷击的有效磁场内，磁场作用使不溶性蛋白质变成可溶性蛋白质，从而扫除了眼内"障碍"的结果。

鲁宾逊是美国罗斯韦尔城的一名货车司机，在1971年的一次车祸后，听力下降，视力每况愈下，一年后便双目失明了。1980年6月4日下午3时30分，鲁宾逊冒雨摸索着向家中走去，从车库旁走近一棵大树时，一个霹雳把他击倒在地上，20分钟后他才醒过来。他回到家中，上床便睡，一个小时后，突然耳聪目明了。本来，雷击会使活的有机体死亡，而上述事实却正好相反，什么原因呢？至今尚无答案。

雷电一般易击中突出的高大建筑物，但也不尽然。1974年雨季的一个深夜，某大学校园内，一声震耳欲聋的炸雷，把睡梦中的人都惊醒了。人们很快发现，学校会堂的一角被雷电击中了，火光冲天。会堂比较矮，周围都是四五层的高大楼房。瞧，这雷电是惧大欺小啊！

离奇的是，闪电常会把人们手里的东西"抓走"，扔到很远的地方去。有一次，下雷雨的时候，一个人想拿起茶杯喝水，忽然电光一闪，茶杯从窗口飞到了院子里。奇怪的是，这个人没有被击伤，杯子也没有被摔坏。还有一次，一个男孩扛着铁锹从田里往家走，闪电猛地把铁锹"拉走"，甩到50米外的地方。又有一次，闪电击中一名妇女，把她所戴的耳环给熔化了，可是妇女本人却活了下来。

种种离奇古怪的雷电的"特技表演"，扑朔迷离，至今令人无法解释。

4. 闪电"摄影"

1892年7月19日中午，黑云密布，雷声隆隆，狂风呼啸，粗大的雨点铺天盖地砸下来。这时，美国宾夕法尼亚州的海伦公园里，黑人青年拉姆和他的朋友卡邦靠在一棵大树上避雨，惶恐地望着这片被暴风雨笼罩的世界。这个时候，云层中有一道闪电炸响开来，长长的电光劈开了天空，接触到这棵大树。顿时，大树周围光亮耀眼，树身剧烈地抖动。与此同时，拉姆与卡邦感到一股巨大的热量焚烧着他们，并把他们猛击在地，他俩再也没有站起来。当人们从他们身上脱下衣服时，看见了令人震惊的奇景：死者的前胸印着闪电发生的地点之一角的自然景色，上边还有一片发干的略带棕色的橡树叶，以及藏在青草中的羊齿草，树叶和青草的细小筋络连肉眼也能看得清清楚楚！

这种现象早已引起了科学家们的注意。1861 年，一位名叫汤姆森的学者在英国曼彻斯特的一次学术研讨会上，宣读了他搜集的与闪电有关的事件的情况，并将这些离奇的现象作为辞条写入《不列颠百科全书》。他说，1823 年 9 月有一名水手被闪电击中丧命，他的腿上出现了一块马蹄铁的图像。在闪电出现时，他正坐在离桅杆不远处，而桅杆顶上正好挂着一块用来"辟邪"的马蹄铁。闪电的强大电流经过他的脖子，再经过脊背到大腿，留下了一道灼痕，灼痕的尽头便留下这个马蹄铁的印记。1853 年，一个小女孩在雷雨时站在窗前，结果在闪电过后，她身上出现了一棵树的完整图像。这棵树就在房屋附近。

在奥地利，一位名叫德莱金格的医生，有一次在火车上被人盗走了钱包，钱包是用玳瑁制的，面上用不锈钢镶着两个相互交叉的大写字母"D"，这是他的姓名缩写。当晚，他被请去为一个被雷电击伤的外国人检查身体，突然发现那个外国人的脚上赫然印着两个交叉的大写字母"D"，同自己钱包上的字一模一样。于是，他就怀疑钱包是这人所偷，果然，在这人的口袋里找到了他失窃的钱包。

类似闪电"摄影"的怪事，在美国曾发生过多起。1957 年美国一个牧场，一位女工在雷雨中工作，忽然雷声大作，这位女工感到胸部发痛。解开衣服之后，她惊奇地发现自己的胸前有一头牛的图像。

1976 年夏季的一天，乌云满天。美国密歇根州农民阿莫斯·皮克斯正在家中吃午饭，院子里突然传来了一群猫的狂叫，叫得他心烦意乱。他走到窗前望去，只见一群黑猫在狂叫，便顺手拾起一根木棍来轰散它们。黑猫们跳到柴堆上，并相互争斗起来。就在皮克斯高举着棍子朝猫群劈下来的一刹那间，一道刺眼的闪电划过天空，巨大的雷声从天际滚落，闪电似乎穿透了皮克斯的身体，直炸得柴堆迸散，群猫四落，全都惨死在地上。与此同时，皮克斯也感到周身剧痛，手脚抽搐不止，他知道自己做了雷电的导体，挣扎着奔回屋里。妻子吃惊地跑来照顾他，却发现他左腿的裤筒连同长筒靴已被雷电自上而下地撕裂；手表的表盖也飞走了，手表内部的齿轮暴露在外。再一望丈夫的秃头，妻子不禁惊叫一声，吓得昏厥过去。皮克斯不知自己头上有什么东西，忙凑到镜前一看，也吓得尖叫起来，原来在秃头上有一幅清晰的黑猫的图像：那尖锐的牙齿，竖起的颈毛，翘起的尾巴，活灵活现。到了第二天，这张"黑猫相片"自行褪色变淡，至中午时分全部消失了。

闪电"摄影"这一问题，在19世纪的学者当中就有过争论，但至今都没有一个满意的解释。有人认为，闪电的光亮强烈，其光束的密度足以使皮肤烧黑。闪电，也极有可能使它和遭电击的物体间存在的一个物体变成气体。这个物体气化后产生的粒子可能嵌入人的皮肤中，留下一幅完整的图像。可是为什么这闪电"摄影"对摄影对象有选择性？为什么能穿透衣服并印在人体上？这仍是未解之谜。

5. 雷火炼金殿

湖北省武当山是我国道教名山，也是武当派拳术的发源地。武当山主峰天柱峰顶端的金殿，建于明代永乐年间，全用铜铸部件拼合而成，外鎏赤金，总重约90吨，是我国现存最大的铜建筑物。大殿高耸天端、宏丽庄重。金殿的殿檐重重叠叠，宫殿的翼角往上翘。上面雕刻着许多神仙和鸟兽图案。殿壁焊接严密，殿内栋梁和藻井都有精细的花纹图案。殿内宝座、香案、陈设的器物也都是铜质金饰。宝座上真武大帝铜像重达10吨，披发跣足，衣纹飘动。左右侍立金童玉女、水火二将，均为铜铸，仪态生动，形象逼真。据明代思想家李贽《续藏书》介绍，当时为建造这座真武金殿，使"天下金几尽"。金殿经历580多年的严寒酷暑，风吹雨打，雷轰电击，至今仍完好无损，金碧辉煌，绚丽夺目。

令人惊心动魄的是，每当雷雨交加之时，这里常常出现雷击金殿的奇景。是时，雷声震天，电闪撕地，金殿周围有无数个火球在滚动、狂舞，从金殿上升起冲天的耀眼金光，数十里外都可看见。

"奇观！奇观！"敬香的"善男信女"大为叹服。一个个传说越来越离奇。有人以为这是天神怕人把金殿弄脏，怕人把殿内宝贝偷走，便派雷公雨师来巡视监察。有人说，这是天神在金殿咆哮、发怒，以"雷火炼金殿"警告图谋不轨的小人。这些传说明显是迷信。然而，似乎每次雷轰电击，金殿都完整无损。"雷火炼金殿"究竟是怎么回事呢？原来这是一种自然现象。

高高的天柱峰，其海拔约1612米。屹立在其顶端的金殿其实是一座庞大的接地导电体。武当山重峦叠嶂，受热不均，空气很容易上下对流而形成积雨云，加上山中风向异常混乱，使云层之间摩擦频繁而带上大量电荷。带有大量电荷的积雨云移向金殿，到达一定距离时，云层与金殿上的尖角之间形成了很大的电位差，云与金殿间便会迅速放电，电闪雷鸣，就产生"雷火炼金殿"的奇观了。

"雷火炼金殿"的雷火，就是气象学上所说的从云层到地面的云地闪电，它叫"落地雷"。落地雷形成的强大的电流、炽热的高温、丰富的电磁辐射，以及伴随的冲击波等，具有很大的破坏力。金殿饱经雷轰电击仍然屹立无损，充分说明我国古代冶炼、铸造和建筑工艺技术的高超。

6. 神秘的火球

夏夜，一片漆黑。突然，一团火球沿着荒郊的坟地上空，拖着一条尾巴慢慢地游荡。不一会儿，它熄灭了，再一会儿，它又在别处燃起来，然后又熄灭了。"那是鬼火！"迷信的人恐慌地说，"鬼火是死人的灵魂在互相走访"。

这样的"鬼火"不仅在坟地的上空，而且在人口众多的乡镇，甚至在繁华的街道上空，都曾大量出现。日本的一位目击者作了这样的描述："那天，我在东京吉祥寺车站等候电车，时间大约是晚上8点半到9点。突然，在东南方向出现了一个橙色的发光体，慢慢地垂直上升。开始我还以为是民航客机或直升飞机，但是发光体上升十分缓慢，亮度也一点不变，而且没有听到任何声响。发光体继续缓慢地垂直上升，当视角为45°～50°左右时，那个发光体突然改变了方向，偏向右方，并且骤然加速，达到了惊人的速度，我想飞机是绝对不可能有那样快的速度的。三四秒钟后，它在夜空中消失得无影无踪了。"

1912年5月12日，德国德累斯顿地区雷暴刚过，普通的闪电也停止了，突然在离地面大约100米高处出现了一个浅红黄色的火球。使人惊奇的是，在它下面1.5米处还有个较小的火球，它们之间有一发亮的链条相连接，这两个球同时缓慢地向东北方移动，美丽动人。当低处的球开始下降时，连结两球的"链条"断裂，随后火球便相继消失。从火球断裂到消失共约 3 秒钟。

早在 1920 年，德国一名叫勃兰特的物理学家，将收集到的在德国被目击的 300 件"鬼火"实例整理成书出版。在美国，由三个团体分别收集到 600 件实例。在苏联，据塔斯社报道，平均每天记录下大约 650 次火球。这种火球的出现是与灵魂世界完全无关的一种物理现象。科学上称它为"球状闪电"。

各种各样的人都谈起了他们遭到这种奇异火球的情况，让人听来十分害怕。1978 年 8 月 17 日，有位登山运动员卡武涅年科和他的 4 名队友露宿在高加索山脉海拔 3900 米处。忽然，一个网球大小的黄色火球，在离地面约 1 米的空中飘浮。接着，火球依次钻进每个人的睡袋，又从容不迫地从睡袋里跃出。随之卡武涅年科和他的队友发出一声声怪叫。第二天人们发现 1 死 4 伤，但伤不是烧伤，而是肌肉一块块撕落，直接露出了骨头。按说，"带电"的火球应该"亲近"金属物，可它对帐篷里的一架无线电台、一支卡宾枪、一根登山手杖，都"秋毫无犯"，只对活人感兴趣。经火球钻过的睡袋有比网球还小的窟窿，而人身上的伤口直径竟大大超过了网球，有 15～18 厘米。

1986 年 8 月 19 日 11 时，湖南省古文县高望界岩托村，35 人在一空房里躲雨。一个碗口大的红色火球在房间里旋转，一声巨响将房中木柱击劈开 2 米多长，造成 5 人丧命、9 人重伤、9 人轻伤。

1989 年 8 月 12 日 9 时 55 分，球状闪电造成新中国成立以来最大的事故，山东省黄岛油库油罐遭雷击起火。这场意外事故使 21 人遇难，80 多人受伤，造成直接经济损失 3540 万元，间接经济损失 8500 万元。

人们通过对大量事例的分析，发现这种可怕的火球的形态，一种是球状，另一种是拖着尾巴的火球，俗称"鬼火"。这两种火球占目击实例的 90%。此外还有锯齿形、椭圆形和哑铃形的。火球的直径通常是 15～30 厘米，但小的像豌豆，大的可以比得上篮球。存在时间通常只有 1～8 秒，极个别的能超过 1 分钟，仿佛幽灵似的在地面上空飘忽，速度很慢。有时也会干脆在半空中停滞不动；有时它从云中缓慢降落，并伴有自身旋转，有时却像流星般地从云中飞坠而下，形成一个闪亮发光的火球。它在运动中会发出微弱的咝咝声、轻微的噼啪声，然后悄然地熄灭。更有趣的是，它可以自由自在地出入门窗、缝隙和屋宇，甚至可以沿着烟囱蹿上蹿下。有时，它沿着电线、水管滑行并使之燃烧。火球的能量估计为10万至100万焦耳。它的颜色从橙到白，也有混合色，偶尔会呈现绿色。最常见的是橘红色火球。另外，大部分目击的时间是在7～8月份的夜晚。

以往，对火球产生的一般解释是磷化氢或甲烷等气体燃烧所致。事实上，如果是气体燃烧的话，只能闪烁一下火光后瞬即消逝，不可能像火球那样在空中来回飘浮。因此，无论如何也不能解释为可燃气体的燃烧。现在，大多数专家认为是空气的原子或分子那样的物质在发光，即空气受激形成了"等离子状态"。人们看到的火球就是由于等离子体引起发光的缘故。简单地说，这与荧光灯的发光是同样的现象，而且两者的发光颜色也极为相似。

也有人认为火球本身是一种特殊形式的放电。因为人们发现球状闪电大多出现在雷雨云中；即使是极个别的在晴朗天气条件下出现的火球，在不远处仍可找到雷雨云的踪迹。

还有人认为球状闪电是一团高温混合气体，进行着剧烈的化学反应，由于同外来电磁波发生共振和吸收，保持了能量平衡，于是在短时间内形成了火球。当它遇到障碍，内部电磁平衡受到破坏，就会发生爆炸；当外界的各种原因使火球不能持续下去，它就悄悄地消失了。

7. 摩亨召达罗城毁灭之谜

"空中响起几声震耳欲聋的轰鸣，接着是一道耀眼闪电。

"南边天空一股火柱冲天而起，比太阳更耀眼的火光把天空割成两半，空气在剧烈燃烧，高温使池塘里的水沸腾了，煮熟的鱼虾从河底翻了起来。

"地面上的一切东西：房子、街道、水果和所有的生物，都被这突如其来的天火烧毁，四周是死一般的寂静……"

以上是古印度诗《摩诃婆罗多》描绘摩亨召达罗城于3500多年前发生一场大爆炸时的惨景。

1922年，印度考古学家班纳吉在印度河的一个小岛上发现了摩亨召达罗城遗址，将其称为"死丘"。它位于今天的巴基斯坦信德省境内。当年班纳吉带领考古队来到此地时，发现一个像是堆积起来的土丘，它比周围的平地高出 18 米。班纳吉认定这里就是《摩诃婆罗多》诗中所描写的古城废墟，于是便开始挖掘。一层层泥土被清除掉了。终于，残垣断壁露出了地面，展现出史前繁华的街区和防御设施，以及砖砌的排水沟。

经过仔细发掘，考古队员发现古城遗址里边有多次发生猛烈爆炸的中心，大约 1 平方米。千米半径内的所有建筑物全部被夷为平地。在离爆炸中心较远处，挖到了许多人体骨架。从这些骨架的分布情况可以看出，当时人们正在街上干活或散步。仿佛一眨眼之间，这座城市的一切便消失了。

在这座废墟中人们还发现了一些散落的碎石块，这是黏土或其他矿物质烧结而成的。对碎片的化验表明，当时的温度高达 1400～1500℃。地面还残留着遭受冲击波和核辐射的痕迹。

是什么力量使这座城市毁灭的呢？是地震吗？找不到任何这方面的记载。原子弹？那时根本没有原子弹。外星飞行器的袭击或失事？找不到任何证据。异邦突然入侵的战火？太牵强附会了。哪来这么大的火力，再说攻克它需要时间。

1910 年 8 月 21 日晚上，美国纽约居民看见过 100 多个大"萤火虫"飞升在城市上空，持续达 3 个小时之久。"萤火虫"照亮了夜空，人们惊恐万状。1984 年 9 月的一天晚上，苏联乌德穆尔特农场上空，繁星满天的夜空突然明亮起来，许多雪亮的"光球"在空中翻覆、盘旋，然后平稳落到地面上。顿时，大地光亮如昼，还毁坏了半径在 20 千米内的输电线路和变压器。

科学家对这几起事件作了综合分析，终于从中找出了摩亨召达罗城毁灭的线索。科学家们查明：由于太阳辐射、宇宙射线和电场的作用，大气层中会形成一种化学性能非常活跃的微粒。这些微粒在电磁场作用下聚集成团，像滚雪球一样越滚越大，从而形成许多大小不等的球体。这种现象，人们称它为"物理化学现象"。在许多微粒形成的球体中，有些球体能长期存在，它们不放出能量，不发光，与明亮的天空背景相比，颜色显得很深，外形像橄榄球，因此，有人把它称作"燃烧的黑色闪电"。而有些球体则能发出明亮的白光或萤光，像纽约市上空的"萤火虫"和乌德穆尔特农场上空的"光球"那样。

1983 年 8 月 12 日，墨西哥的博尔尼教授在扎卡捷克斯天文台拍摄下了世界上第一幅黑色闪电照片。如今这类照片已增加到 100 多幅。

观察表明，黑色闪电一般不易出现在"近地层"，但倘若出现了，会沿着古怪的轨迹迅速地、自由自在地游荡，比较容易落在树、桅杆、房屋及金属附近，一般呈瘤状或泥团状，像一团脏东西。它本身载有很大的能量，容易爆炸或转变为球状闪电。

当大气中同时存在大量的黑色闪电时，就能产生巨大的爆炸。它们之中只要有一个爆炸，就会引爆其他无数个黑色闪电，形成类似核爆炸中的链式反应。大量爆炸产生的冲击波到达地表时，能毁灭周围的一切。据测定，黑色闪电在爆炸的刹那，中心温度可高达 1500℃，这完全符合摩亨召达罗地区拾到的岩石的熔化温度。计算表明，发生在摩亨召达罗城的那次大爆炸中，大约有 3000 多个黑色闪电参与了爆炸。人们又发现，在黑色闪电爆炸之前，会产生大量的有毒气体。这些毒气使摩亨召达罗城的居民在一阵剧烈的痛苦之后，随着城市的大爆炸而死去。

黑色闪电的成因，目前尚未得到科学界的一致认可，而且，既然黑色闪电是造成摩亨召达罗城毁灭的主要原因，那么该如何解释废墟中存在的放射能呢？看来，摩亨召达罗城为什么毁灭的问题，尚有待新的科学发现来回答。

8. 古都奇灾

1626 年 5 月 30 日上午辰时，即今之北京时间 7—9 点钟，京师（北京）发生了一场古今中外极为罕见的大灾变。

当时天色明亮。突然一声巨响，如同天崩地裂。响声过后，王恭厂（今光彩胡同）数百吨黑色炸药爆炸了。烟尘弥漫，天昏地暗。骤起的狂飙，卷着人、家禽家畜、家具、砖头瓦片、石头木头、铁渣沙土等直上云霄，形成巨大的"蘑菇云"，滚滚直向东北方向猛然刮去，遮住了天空及初升的太阳。

不一会儿，城里木头、砖石瓦片、人头、人腿、人臂、缺肢断腿的人，无头无脸的人，还有驴、马、鸡、犬等像下雨一般从上洒落下来，这样的"人石木禽"雨足足下了一个时辰。死者逾万人。凡死者、伤者，衣服鞋帽都被剥去，尽成裸体。天雨中心是以王恭厂为中心的长约 6.5 千米、宽约 2 千米的城区。在西安门一带集中下铁渣雨。另有石驸马大街（今新文化街）一尊重 2500 千克的石狮子也乘狂飙飞出顺城门（今宣武门）外，抛掷约 2.5

千米路远。粗大的木头从京城飞到郊区密云。有人被吹至离京城90千米远的蓟县。

与狂飙骤起同时，地下大震，屋宇动荡，房倒屋塌，房梁、椽条、窗户、瓦片像落叶一样纷纷飘落，火光冲天，毁坏房屋数千间，"凡坍平房，炉火皆灭。"同时还出现地陷，"王恭厂忽震裂，响着轰雷，平地陷二坑，约长三十步，阔十三、五步，深两丈许"，有人被陷入地中。

正在紫禁城内施工的工匠们，从高大的脚手架上被震下来，两千人跌成了"肉袋"；粤西会馆路口有蒙师开学，老师和学生32人杳无踪迹；菜市口有7人相互拜揖尚未完毕，其中一人的首级忽然飞走，其余6人无恙；承恩街上走过一乘8人抬的大轿，轿内坐一贵妇人，爆炸过后，坏轿停在街中心，轿夫及贵妇人均失踪。

御史何建枢、潘云翼在乾清宫被震死。皇帝朱由校当时正在乾清宫用早膳，听到巨响后慌忙从摇晃不止的大殿中逃走。一个太监赶来扶他去躲避，行至建极殿旁，自空而下的木檩、鸳瓦把这个太监砸得脑浆迸裂，只剩下皇帝朱由校一人奔入交泰殿，钻进殿角的一张大桌子下面才幸免于难。

发生在大明帝国首都的这场灾变，有许多奇异之处。据史书记载：此次遇难者，不论男女老幼，不管死者还是伤者，或是幸存者，也不管人是在家中，还是在轿中，或是埋在瓦砾之下，衣服鞋帽尽被刮去，全为裸体。一当差的被击伤大腿，赤身裸体地躺在街上不能行走，他看见过路逃亡的男女皆为全裸。有的妇女在行走中手持破瓦片遮挡下身；有的男女用半条破裤或被单围在腰间；相当一部分男女仅凭双手捂住羞部；概不遮掩的亦不乏其人。埋在瓦砾里的一官员爱妾被挖出来时毛发无损而赤条条一丝不挂。他（她）们衣服鞋帽等物都"飘至西山，挂于树梢"，或飞到昌平县去了。"昌平州校场中，衣服成堆"，首饰银钱器皿无所不有。户部使长班往验，"果然。"

史书又载："后宰门有一火神庙，初六晨，守门内侍忽听得声乐传来，一番粗乐过，一番细乐，如此三叠。众内侍惊怪巡缉，其声出自庙中，方推殿门跳出，忽见有物如红球，从殿中滚出，腾空而上，众瞩目，俄而东城震声发。"这段记载说明灾变前有征兆。

"灾过后，长安街一带，时从空中飞坠人头，或眉毛和鼻，或连一额，纷纷而下。""德胜门外，坠落人臂人腿更多。"

这次灾变事件在王恭厂附近的军械厂内"库中兵器如故"。庭内大树被连根拔起，虽然有多人被烧死，但树木却"无焚燎之迹"。凡坍平房屋，炉中之火皆灭，惟卖张四家两三间之木箔焚燃，其余了无焚毁。"石白飞入云霄，磨转不下。"

这场灾变事件的起因，专家的解释众说纷纭。有人根据石狮子远抛、卷物上天等现象，断定是龙卷风引起的。但龙卷风说无法解释地震、火球、地声等异象。

明天启六年（1626年）五月初六京师确有地震发生，河北和天津有关于这次地震的明确记载。灾变前的地声、火球很像地震前兆。因此有较多的人持地震说。但地震说无法解释"裸体"现象。

这次灾变事件正好发生在王恭厂火药库，所以有人说是火药库爆炸引起的。但火药焚烧说不能解释爆炸出现的地声、火球现象。尤其是火药厂只有几百吨黑色炸药，其爆炸力不可能引起如此巨大灾难。

有的科学家根据灾变前有"天外有声如吼""但见飙风一道，内有火光"，认为陷坑与陨石冲击很相似。但那时无陨石的记载，至今北京城内未爆发现地下有陨石存在。

以上龙卷风说、地震说、火药焚烧说和陨石说只不过解释了一些灾变现象，都很难自圆其说。

近年来，又有学者提出热核高能强爆动力说，认为这次灾变是因为地下天然的核爆炸引起地震，引起火药爆炸，此说可以解释冲击波、地震、爆炸等现象，但对脱衣、灾后仍有人的肢体从天落下等现象仍无法解释。而且地下天然核爆炸能否在地壳浅层发生，很多专家表示怀疑。

古都奇灾之谜，尚无谜底。

9. 雷斧、雷楔和雷公墨

在我国雷州半岛，每当倾盆大雨狂泻地面后，往往会发现地里有一种杏子大小、样子奇特的黑色石块。古人说它是天上雷公的石块，传说雷公在天空为制造雷霆霹雳而奔忙的时候，一时不小心把它跌落了人间，所以被称为"雷斧""雷楔""雷公墨"等。这究竟是怎么回事呢？

一千多年前，唐朝刘恂《岭南录异》中说："雷州骤雨后，人于野中得石如磐石，谓之雷公墨。扣之铮然，光莹可爱。"据现代学者分析研究，"雷公墨"原来是一种没有结晶的玻璃质石块，和雷公无关，也不是雷州所独有，在我国的海南岛、粤闽沿海、台湾也可拾到。世界上东南亚、澳大利亚、象牙海岸、北美都有散布。埃及西部的沙漠地带及其他一些地区也有发现。一般长数十毫米到十几厘米，几克到一二十克重，最重的有百余克。它们呈水滴状、棒状、圆饼状、哑铃状、瓦片状，也有的呈管状等，但以厚的碎核桃壳状、薄片状和不规则状最为多见。颜色有黄、绿、橄榄褐色直到几乎不透明的暗褐色和黑色，质坚硬。其断面光莹，如同敲开一块厚玻璃时的断面的情形。

目前世界上已发现的玻璃质石块在65万块以上。人们在一些受到雷击的山区曾发现过玻璃质石块，于是有人认为它与雷电有关。当猛烈的闪电打在石头上，确有可能使石块发生熔融，并形成一种与本来面貌完全不同的玻璃质石块。只是，它们常常是一种薄的长管状的物质，其中还有气泡和未完全变化成玻璃的砂粒。这些情况表明它们的形成与雷电这种全球性的自然现象毫无关系。

很早以前，科学家以为雷公墨是从天上掉下来的，是陨石的一种，所以称之为"玻璃陨石"。但是，从天而降的陨石只有三种：铁陨石、石陨石和石铁陨石，从来也没见过什么玻璃陨石。而且经过化验分析和研究，这种石的成分倒和地球上的砂岩有许多相同之处。所以很难说"雷公墨"来源于天体。

也有人发现原子弹爆炸时，其高温将地表的岩石熔融成玻璃性质的石块，恰似雷公墨一般。于是，有的科学家认为，"雷公墨"可能是彗核或是陨石冲击地面而形成的。他们认为，几十万年前，有一块大陨石或彗星与地球相撞，猛烈冲击这一带某个地方，产生很高的热量，把这个地方的表层砂岩熔融，岩浆之浆液飞溅到高空，在空中飞行冷却，然后像雨滴般散落在附近一带的地面上。

这种说法得到了一些人的支持。因为绝大多数雷公墨都近似于水滴状断面和流线型体型，表面有成组的线纹，而这只有在熔融状态溅出的滴状岩浆冷凝才有可能形成。在莫尔达雅地区和科特迪瓦地区，有人在有雷公墨附近地方也找到了陨石坑，而且它们的年龄与产自附近的雷公墨相仿。然而，令人遗憾的是，在雷公墨散布最多的澳大利亚并没有找到陨石坑。

又有人认为"雷公墨"来自月球。他们说，它是月球遭到陨石的撞击后飞溅出来的月岩物质，当它摆脱了月球的引力后，就投向地球，散落在地球上成为雷公墨。后来，"阿波罗"号飞船登月取回了月岩样品，其中有许多与"玻璃陨石"相似的石块。可惜，它和雷公墨的成份大大不同。

还有人认为"雷公墨"是火山喷出的物质。1844 年，著名的英国生物学家达尔文在澳大利亚旅行时，得到一块纽扣状的玻璃质石头，他确定这是火山喷发形成的一种黑曜石（酸性的玻璃质火山喷出岩），后世称之为达尔文玻璃。这种奇怪的石头表面带有刻痕或滚动条纹，这与火山弹类似，也暗示了它们可能是火山喷发的产物。火山爆发时，喷出的炽热气体中充满了火山灰并伴有雷电，闪电使灰尘形成气泡，气泡破裂掉到地上。但是火山喷发在地球上相当普遍，闪电更是发生在世界各地，"雷公墨"的散布却明显集中在地球表面的少数地区。而且火山形成的这种物质中常有一些微晶和骸晶物质，而"雷公墨"都是均一的玻璃质，一致的"年龄"和相似的外形。

所以，"雷公墨"的来源至今仍是一个未解之谜。那么，"雷斧"和"雷楔"是怎么来的呢？

宋代大科学家沈括在《梦溪笔谈》中说："世人有得'雷斧''雷楔'者，云雷神所坠……元丰中，予居随州，夏水大雷震，一木折而下，乃得其一'楔'，信如所传。'雷斧'多铜铁为之，'楔'乃石耳，似斧而无孔。"由此可知，所谓"雷楔"者，实是石器时代遗留的石斧而已。今博物馆所见华南各地出土的石斧，恰是似斧而无孔的。所谓"雷斧"则显然是青铜器时代或早期铁器遗物，这些东西由于埋在浅土里，在雷雨冲走泥石时便被发现了，因而传为"雷神"所遗。

10. 雷都在何方

印度尼西亚的茂物市，素有"世界雷都"之称。

茂物市位于爪哇岛西部，坐落在海拔 266 米的山间盆地之中。它的南面紧靠高原，高原上耸立着好几座两三千米的火山。来自爪哇海的湿热气流，到达茂物时受到阻挡，便顺着山坡滑升；而起伏的山岭热量分布不均，空气很容易上下对流形成积雨云，积雨云发展到一定程度就雷电交加、大雨倾盆了。

茂物市几乎天天有雷，从清晨到傍晚，从黄昏到黎明，雷声不断。常常是午后积雨云势如排山倒海，接着便降下大雷雨了。平均每年有 322 个雷雨日。有时一天下几次雷雨，一年要下 1400 多场雷雨。

在印度尼西亚以至整个东南亚，在非洲中部、墨西哥南部、巴拿马和巴西中部等低纬度地区，都是世界上雷雨活动最剧烈的地方。年平均雷雨日有 100～150 天。有些地区超过 200 天，如菲律宾的碧瑶达 299 天，乌干达的坎帕拉 242 天。

这些低纬度地区气候湿热，又位于山间盆地与山脉毗连的平原地区以及山麓的迎风坡，湿热气流受到地形的动力抬升作用，所以出现雷雨的频率最高，历时最长，"声势"也最大。

到了中纬度地区，雷雨次数就减到 20～40 天了。到北纬 80° 以北，南纬 55° 以南地区，几乎全年没有雷雨。不过，墨西哥湾暖流从欧洲西部沿海长驱直入北冰洋，给高纬度的北极地区送去巨大的热量，也送去了隆隆雷声。

在我国，雷雨出现的机会，一般是南方多于北方，例如长江以北平均每年有 25～40 个雷雨日，长江以南有 40～80 个雷雨日。滇南、桂南、雷州半岛和海南等地，高温潮湿，雷雨活动最频繁，年平均雷雨日可达 100～130 天。如海口为 118 天，景洪 122 天，琼中 123 天，儋县 124 天。云南勐腊平均年雷雨日数达 128 天，最高年份曾有 148 天，有我国的"雷都"之称。

雷雨活动还与地形有关，山区多于平原，例如云贵高原和西藏高原一带都是雷雨活跃的地区。拉萨年雷雨日数 51 天，而在同一纬度的杭州只有 28 天。另外，海水升温慢，近海面气温也升得少，不利于产生热对流。如青岛平均每年有 16 个雷雨日，而同一纬度的石家庄则有 35 个。台湾位于海中，由于受地形影响，每年有 30～50 个雷雨日。至于地处内陆的新疆、青海、宁夏、内蒙古等地，由于有广大的沙漠地区，空气非常干燥，雷雨很少。

11. 捕捉雷电实验

夏季里，常见天空阴云四布，忽然间，金蛇狂舞，雷声隆隆。

大家知道这是雷电。是空中带正负电荷的云层接触之后，发生了火花放电。

这种空中火花放电，在 18 世纪初期，人们还不知道是怎么回事。每当天空在打雷闪电，有些人就说这是上帝在发怒，也有人说是雷公电母在显示威力……而一个生长在美国、做过印刷工人的科学爱好者富兰克林，却不相信这些说法。

富兰克林是用科学的头脑来看待雷电现象的。他认为天空中的雷电，跟地面上两个带电的物体之间的放电现象是同样的道理。1749 年，他在写给英国皇家学会会员阿林逊的信中，列举了两者的十二点"一致性"：

①都发亮光；

②光的颜色相同；

③闪电和电火花的路线都是曲折的；

④运动都极其迅速；

⑤都能被金属传导；

⑥都能发出爆裂声或噪声；

⑦都能在水或冰块中存在；

⑧通过物体时都能使之破裂；

⑨都能杀死动物；

⑩都能熔化金属；

⑪ 都能使易燃物烧起来；

⑫ 都有硫磺气味。

当他这篇书信式论文在英国皇家学会会议上宣读时，引起了哄堂大笑。有的人笑得直不起腰来："这个美国佬，竟……竟把上帝之火……火看成……是电……荒……荒唐。"

真正的科学家是笑不倒的。第二年，富兰克林提出了如何通过实验来证实这个理论的详尽细节，并写入了他的著作《电学的实验和研究》中。有一次，富兰克林的一位法国朋友达利巴根据这部著作进行了实验。他在一座木屋中竖起一根 40 英尺（约 12 米）高的铁杆，贯穿屋顶，等到雷雨时，他拿了一块铁片靠近铁杆下端时，立即发生了电火花。这天是 1752 年 5 月 10 日。后来他又当着法国国王进行实验，轰动了巴黎。

这时，住在美国费城的富兰克林，认为达利巴试验用的杆太短，不能接到高空的云层。他决心亲自做一次"捕捉雷电实验"，把高空中云层带的电取下来。

1752 年 6 月的一天，空中密布乌云，并且出现了闪闪的电光和隆隆的雷声，眼看倾盆似的大雷雨就要来临。这时候，人们又以为上帝要发怒了，都躲到屋里去了。富兰克林却带着他的大儿子匆忙奔向费城郊外田野里的一间草棚里，拿出准备好的风筝。这只风筝是用丝绸做的，在顶端绑着一根金属丝，用来吸引天空的闪电，金属丝连着风筝的细绳，在细绳的末端系着一把铜钥匙。风筝摇摇晃晃地升上了天空。父子俩紧张地注视着一片片乌云飘过。不一会儿，雷鸣电闪，大雨倾盆而下，风筝迎着雷电在空中飘荡。

这时，离草棚不远处的一个酒店里的人，簇拥在溅着雨滴的小窗前，嘴里溢着啤酒汁，嘟嘟囔囔，狂笑不已：

"他在那里干什么？"

"他总是有点疯，你看是不是？"

"啊，多精彩，他放起一只风筝！"

窗外的雷声越来越大，似乎要冲出墨一般的黑云的束缚，撕碎云层，解脱出来。耀眼的闪电急骤驰过，"咔嚓嚓"的巨雷随之轰响，大地动摇。

"风筝升到多高了？"

"看不见……在这黑暗的暴风雨中，谁能看见什么呢？这只风筝一定会破裂成碎片。"

"这个印刷工人发疯了。"

人们慢慢地移步返回自己的座位。站在大雷雨之下的富兰克林和他大儿子，仍在紧紧地拉着在狂风中乱舞的风筝绳，但没有发现什么情况。科学要人们坚持、再坚持一下……

突然儿子惊叫了起来："爸爸，爸爸！"

原来细绳上有些松开的纤维翘起来了。啊！是带电了。富兰克林用手指去接近那把钥匙，立即在手指和钥匙之间发出了一串轻微的噼啪声和细小的蓝色的电火花。

"我们把高空中的电抓到手了！"父亲狂喜地喊道："把酒精灯拿来！"儿子递上酒精灯，并在电火花下，蓦地点着了。

"莱顿瓶①！"

---

① 莱顿瓶是一种旧式的电容器。因最先在荷兰的莱顿试用，故名。其构造为一玻璃瓶，内外各贴有金属箔作为极板，另有一金属棒从瓶栓插入，上端附一金属球，下端附有金属链，使与内层金属箔接触，用以使之带电或放电。

给莱顿瓶充电，可以看到瓶上电火花闪烁。富兰克林兴奋极了。他跳来跑去把一个个莱顿瓶串联起来，想试试"天电"究竟有多大的力量。

"现在，"富兰克林命令着，"我们开始下一项实验内容，把火鸡拿——"

可是，富兰克林还没有说完，一阵巨大的震动把他打翻在地，他晕过去了。

这是电击。儿子慌忙抱起父亲，放到草棚里干地上，进行按摩。不一会富兰克林醒过来了，风趣地说："好家伙，我本想电死一只火鸡，结果差点儿弄死一个傻瓜。"

这次著名的"捕捉雷电实验"轰动了全世界。英国皇家学会会刊也以《话闪电和电气之一致性》为题发表了几年前遭受嘲笑的论文。

富兰克林是幸运的。碰巧当时云中的电不太多，所以他才能在电击下得以幸存。可是一年以后，1753 年 7 月 26 日在俄国彼得堡，科学家利赫曼为了验证富兰克林的实验，却在天电实验中，被一条电火花击中，英勇牺牲了。这件事引起了科学界的震动，也使富兰克林省悟到雷电是危险的。

富兰克林夜以继日地继续搞实验，终于发明了避雷针。

12. 恐怖的闪光

烨烨震电，不宁不令。
百川沸腾，山冢崒崩。
高岸为谷，深谷为陵。

这是我国最早的诗歌总集《诗经》中的一首诗。这首诗对公元前780年发生于陕西岐山境内的一场大地震作了生动的描述。诗的意思是："闪闪的电光和轰轰的雷鸣，多么令人不能安宁。千百条河流在沸腾，险峻的高山在崩塌。高高的河岸变成了深谷，深谷变成了丘陵。"这首诗不仅记载了这场地震，而且描述了地光、地声，以及地震给大自然造成的巨变。

我国是地震记载最为丰富的国家。公元前25年7月山东省山阴地震时有"火生石中"的记载（《嘉靖山东通志》）。公元293年成都地震时有"欻一夜有火光"的记载。宁夏隆德县志中，也叙述有古人总结出的六条"震兆"，其中之一就是："夜半晦黑，天忽开朗，光明照耀，无异日中，势必地震。"新中国成立后，我国大陆发生二十余次 7 级以上的强震，其中多数震区群众都观测到了地光现象。

1975 年 2 月 4 日，辽宁省海城 7.3 级地震时，震中区出现了强烈的地光，使整个天空都变亮了。1976 年 7 月 28 日，河北省唐山 7.8 级地震共收集到地光现象 230 例。尤其临震前，从北京开往大连的 129 次列车，在驶近震中区的古冶车站时，司机突然发现在漆黑的夜空中闪出三道耀眼的光束，掠空而过，并在空中留下三朵蘑菇状烟雾。地震发生时，只见天边火红一片，像是燃起了一场大火。

地震发光现象在国外也有报道。日本和意大利学者对地光现象进行详细调查，收集了 1000 多例地光资料进行分析，并拍下了地光照片。1969 年 10 月 1 日美国圣·罗萨地震时有较详细的地震发光报告。1971 年 9 月 13 日苏联格罗兹尼地震时，临震前出现"无声的闪电"。

一般说来，地光出现在临震前的瞬间，也有震前几秒钟或几分钟以至 3 天以上或更长时间的。出现地点大多在贴近地面的低层大气中。地光的颜色，蓝、红、橙、黄、白、绿等各色都有，也有银蓝色、绿青色等复合色。一般震前较早出现的地光，主要是大面积发亮，持续时间较长，随着发震时间的逼近，五彩缤纷、各种形态的地光相继出现，并且光度增强，变化激烈，忽隐忽现，发光时间短促。有的蓝里带白；有的红似晚霞；有的像一道彩虹；有的呈现一条光带，划破长空，有的状如光柱，腾空而起；有的则如一团火球，或沿地面翻滚，飘忽不定，或冲天而起。1976 年唐山大地震时，大约 160 千米以外的北京也有人看到地光。

地光现象很容易使人联想到雷雨时的大气电现象。1966 年河北省邢台地震前，人们就注意到收音机突然受到强干扰，后来广东阳江、四川炉霍、河北里坦等地地震大多有这种现象，这表明当时有强烈的电磁场扰动。由大气电学可知，当大气中电场强度达到 104 伏 / 厘米时，空气中离子便可获得很大速度，足以使空气激发而发光。当大气电场达到 103～104 伏 / 厘米的强度时会造成"闪光"状地光。

有人认为"闪光"状地光可能是由于正、负电荷接触放电而形成的，犹如雷电。震前地下岩层受到剧烈的挤压，甚至突然破裂、错动时，释放出大量电荷，地下电荷总是要求分布在地表，并在空中感应出异种电荷，当正、负电荷接触，就会放电，发出闪光。在地表突出部位，如山顶等地方，电荷总是分布得很集中，容易产生地光。1920年海原发生大地震，《固原县志》记载"未震之先，有居山之人，有时夜半看见山中闪火"。

有人根据震区群众"光—声—震"接踵而至的经验推测：在地下岩层破裂过程中，因岩体快速地、强烈地大摩擦，使断裂两壁的原子处于高度激发状态（所谓"电子雪崩"现象），当激发状态的原子返回原来状态时，就发出光子。大量光子又通过光电离过程形成的新的电子雪崩（即"衍生雪崩"），继续形成"流光"。这可能形成片状或柱状地光。

也有人认为，在许多大地震之前，地下高温高压的气体，包括可燃的、高度电离的、含放射性等性质的各种成分气体沿破裂孔隙逸出地表，因其自身的发光（等离子体发光）或燃烧而形成球状或带状地光。

在地壳中的岩石在具有高电阻率的情况下，高频地震波使岩石（如石英晶体）产生高电位压电场并传到地表，会引起低空大气光电异常。震前无线电受强干扰，表明即将发生地震的地区有可变电压讯号产生。唐山大地震前，不少居民家中日光灯自动闪光；唐山北部一个军营里的一堆钢筋迸发出火花，好像有人在那里烧电焊。这些现象可能是由于高频地震波打击空气造成的。

在震中区，地下岩层的剧烈错动、剧烈摩擦产生大量的热，使岩石矿物中许多金属盐类在高温下能通过地裂缝射出各种颜色的光，如硝酸钠和碳酸钠会发生黄光，硝酸锶会发出红光，碳酸铜会发生蓝光，铝粉、铝镁合金粉会发出白光，等等。

地光还会伤害人体和植物。海城地震时，一些人被地光照射后，脸上皮肤火辣辣的，发红发紫，几天后皮肤皲裂、浮肿、起泡，仿佛火烧了似的。唐山地震时，郊区的树木、蔬菜有烧伤的焦斑痕迹，这些又是怎么回事呢？

这些现象，目前还是一个谜。以上对地光成因的分析，也都属于一些推想假说，有待于进一步探索。

13. 海上"光轮"

1948年，在英国的一个科学协会的会议上，有人讲述了航行中遇到的这样一种怪事：一天英国"丘克吉斯"号帆船在印度洋上航行。忽然，船员们看见远处有两个巨大"光轮"贴近海面向这边飞来。当它接近帆船时，大家清楚地看到这是两个一边旋转一边前进的"光轮"，其中一个"光轮"猛然擦船而过，撞倒船上的一根桅杆，并散发出一股浓烈的硫磺味。

船员们被吓得跪下求上帝保佑。当时，大家把这种奇怪的"光轮"叫作"燃烧着的砂轮"。

其实，类似海上"光轮"的奇异现象早已有过记载，1893 年，航行在中国北部海域的不列颠"克罗莱因"号船就发布过一条消息："当时正值 22点，值班官突然发现船和一座山之间，有一些不寻常的光亮。它们一会儿挤成一团，一会儿又散成一条曲线，宛如一串串中国式的灯笼。"

1927 年 12 月和整整两年后，水手们分别在孟加拉湾的东部和北纬 14°、东经 98° 地区，先后两次发现了同一种旋转的光轮。光轮发光的间歇第一次为 0.5 秒，第二次为 2 秒。第一次，光轮转动的方向先按逆时针方向，继而按顺时针方向，最后又是按逆时针方向。改换方向的间隔恰好为 5 分钟。令人称奇的是，"光轮"的转动能改变运动方向，还可以加速或减速，其亮度时强时弱。

美国作家查尔斯·福特生前曾经着力收集这类怪事，他在《死鬼的书》中列举道："1879 年 5 月 15 日，英国'秃鹫'号军舰舰长 J·E·普兰格尔，在波斯湾看到一团奇怪的大光波，以大约 130 千米 / 小时的速度在他们的军舰下边穿过。

"1909 年 6 月 10 日凌晨 3 时，一艘丹麦汽船正航行在马六甲海峡中。突然，船长宾坦看到海面上出现了一个奇怪的现象：一个几乎与海面相平的圆形光轮在高速旋转着。宾坦被惊得目瞪口呆。大约过了一小时，'光轮'才消失。

"1910 年 8 月 12 日夜里，荷兰的'瓦伦廷'号轮船在中国南部海域航行时，船长布雷耶也看到了远处一个巨大的'光轮'。'光轮'旋转速度很快，以至于海面也出现旋转的波纹。'光轮'离该船大约有 500 米，船员们都感到浑身不舒服，还有的呕吐、眩晕，直到'光轮'在海上消失后，大家的感觉才恢复正常。"

1967 年有三艘轮船 5 次在南中国海一带遇到过巨大的"光轮"，其中有一艘是中国"成都"号轮船。船长在一周之内两次看到过"光轮"。第一次是一个，"光轮"四周呈乳白色雾状波浪，这些波浪宽 9 米，彼此相隔 9 米，在离水面 2.5 米的深处，以每秒起伏两次的节律从船下穿过。第二次是两个，"光轮"每秒钟闪光五六次，闪光照亮了附近几百米的海面，亮度可以看清书上的文字。

很多调查人员认为，海上"光轮"是一种"电"的特殊现象。但这究竟是怎样的一种"电"呢？他们说这是由静压放电引起的。但静压放电所产生的电光属于闪电型，其光圈稍纵即逝，不可能持续那样长的时间，因而这种假说不成立。也有人认为"光轮"是球形闪电。由于它是一种带电的发光体，人们接近它时会产生不适感，甚至有被击倒昏迷的。然而，球形闪电一般不会如此巨大，也不会出现在水下。再说，球形闪电的光也不同，那是一种非常刺眼的光。还有人认为，"光轮"是由一种海洋浮游微生物引起的发光现象。有时，两组海浪的相互干扰，会使发光的海洋浮游微生物产生一种运动，这也可能会造成旋转的光圈。这种解释显然不符合事实。因为浮游微生物不可能发生如此强的光，也不可能每秒发射五六次光，更不可能使船桅杆折断和发出硫磺气味，以及似有目的地追随船只而行。

有趣的是，有的人说"光轮"是外星人的飞碟在海上活动造成的。可是，这又如何解释海上"光轮"都发生在印度洋或印度洋的邻近海域，而其他海域却很少发生呢？

为探明这种海上"光轮"，有不少飞机驾驶员试图跟踪它们，但也没有取得什么实质性的进展。海上"光轮"之谜，仍有待于科学家们破解。

（二）神秘之声

1. 奇妙的回音

当你来到北京城南的天坛，从天坛公园北门进入，很快便能看到皇穹宇外面的回音壁。

回音壁是一圈正圆的围墙。它的直径为 61.5 米，周长 193.2 米，墙高 3.72 米，厚 0.9 米。墙壁是磨砖对缝砌成的，墙顶覆盖着琉璃瓦。奇妙的是，围墙的弧度十分规则，墙面极光滑，声音反射能力非常强。站在墙根下不同方向的两人，彼此可以听到对方的说话声。这就是回音。

声学告诉我们，一种声音发出去，声波达到了一个反射面上，被送回来，便形成了回音。它和光线的反射一样，声波的入射角和反射角相等。

如下图所示，如果你站在和城堡同样高度或比城堡更高的地方（C）时，你喊叫的声音会沿着 Ca，Cb 的方向而向着下方传出去，先在地面做了一次或二次的反射，然后又沿 Ca，$a'C$ 或 Cb，$b'C$ 的线而回到你的耳朵。如果你（C）和障碍物（AB）之间的地面有凹下去的地方，这地方就变成像凹面镜的作用一样，能产生更清楚的回声。相反地，C 和 AB 之间的地面若凸起来，回声就会减弱，甚至有时不会回到你的耳朵去。这种凸起来的地方，很像凸面镜的作用一样，会使声波散乱。因此，在不平坦的地方，你站的位置不太靠近障碍物，也就是让声波通过相当长的距离，然后再反射回来，回声比较清楚。否则反射回来的声音太快，会和你发出去的声音一致，这样就听不到回声。声音在大气中的速度约 340 米 / 秒，所以在离开障碍物 85 米的地方喊叫的话，则 0.5 秒之后就可以听到回声了。

当你站在天坛回音壁围墙内的某一墙根下，贴墙低声说话时，其声波沿

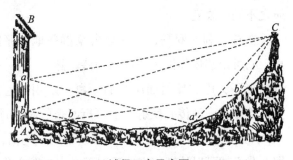

城堡回音示意图

着墙壁传播，碰到墙壁之后再产生反射，运动方向稍往内偏了一些，再继续往前运行，再碰到墙壁后，又进行反射，依次下去，最后到达方向不同的另一处，声音的轨道就像一个多边形一样。由于回音壁这个声波反射面坚硬光滑，对声音的吸收很少，声音在围墙上不断反射前进，所以，一个人站在东面墙根下贴墙低声说话，这时另一个人站在西墙根下附耳于壁便能清楚地听到东面的说话声了。

如果你在城堡的下面（C位置）时，你的喊叫声会沿着 Ca，Cb，Cc 三条线而到达 AB，当声波碰到 AB 这个反射面时，就反射而向上（aa'，bb'，c'c"）了，这时声音就不会再反射回你自己的耳朵。

不会产生回声的示意图

在自然界里，也有不少地方能产生奇妙的回声。我国河北省赞皇县的西南部，有一个名叫嶂石岩的天然回音壁，它直上直下有 100 多米高，形似圆弧，弧度 250°，周长达 300 米。由于圆弧近于 5/7 圆周，因而形成十分良好的回音效果，是一个自然天成的露天音乐厅。从航测地图上可以看出，它呈半封闭的几何圆形，直径约 137 米，如果成为圆形则圆周长会有约 432 米，恰好约为天坛回音壁的 2 倍；壁高上百米，为天坛回音壁的 20 倍。你站在一端面对另一端，用平常速度喊两个字，不但回音清楚，而且声音宏大，充满山谷。如此大型、规整的天然回音壁，在国内属首次发现，在国际上也未见先例，被誉为"世界最大天然回音壁"。回声，它常因声波反射面的远近，以及声音的高低、声音的多寡和性质之不同而改变。

在意大利的罗马，有一处古墓群谷地，那里能发出"谦虚和气"的回声。它可以恭候你读完一首六韵诗，然后一字一字地"背诵"给你听。在这种情形下，声波反射面所在的距离一定相当远，你念那首六韵诗所需的时间，恰好与声波传到反射面上再折回来所需的时间相等。声音在空气中约需3 秒钟走 1000 米，假如我们用 3 秒钟说一句话，而在说完后便听到了回声，那么我们就可以计算出声波反射面一定在距离我们 500 米的地方。

在英国有一个地方，那里的回声对于性别的感觉特别灵敏，它对男低音常常置之不理，若是女高音，便欣然回答。因此英国人称它为"提倡女权者"。这怎样解释呢？我们知道，声波反射面常会吸收某种声波，在上面这种情形中，男低音都被吸收了，女高音便被送回来。这种回声可以叫作"选择"回声。还有一种"和谐"回声，出现在爱尔兰吉拉里湖畔的一个山峡里。假如你在那里吹响军号，便有个回声来伴奏，它恰将你的号音提高8个音阶来和应，显得十分和谐悦耳。因此爱尔兰人传说那个山峡里曾死过一个音乐家。

不少看过哈哈镜的人都知道，镜面的凹凸不平可以将我们的形象或放大或缩小，或者变成畸形。回声也往往有这种情形。我们若在山洞里喊一声，声波到达上面一个弧形的反射面上，然后同时反射回来，这时回声的音量就比原来的声音要大许多倍。地中海的西西里岛有一个山洞名叫"狄阿尼西亚士的耳朵"，是个著名的"耳语室"。洞穴呈水平反S形，总长67米，高22米，宽约10米，越到顶部越窄，顶部仅宽一两米。洞穴一端顶部有一小孔，与一短过道相通，过道内有石阶可达岩顶。人若站在洞顶上可以清晰地听到洞底下人的轻声谈话，甚至呼吸声。而洞底与洞顶的距离足有100英尺呢。据说，公元前430—公元前367年，这个岛上一名暴君狄阿尼西亚士利用这个洞来监禁他的犯人，他们很秘密的耳语都能被洞顶上的人听见。

在英国的乌德斯尔克，能听见17次回声。哈鲁尔斯塔特附近的勒宁布尔克的一个废墟能够听到27次回声，可是自从有一边城墙倒塌之后，这里已经听不到这种回声了。捷克和斯洛伐克阿尔德斯堡附近一座圆山的某处，能够听到7次回声，不过离开此处几步远的地方，即使是枪声，也不会产生回声。

有时候，声波会从一个反射面传到另一个反射面上，同时改变音量、音调及反复的次数。北京天坛皇穹宇台阶前铺有一条石板甬道，甬道由三块石块从北向南铺成，一向称之为"三音石"。当你站在阶前第一块石板上拍一下手，可以听到一次回声，站在第二、第三块石板上拍一下手，可以听到二次和三次回声。它的奇妙在于声波从回音壁折射回来的距离不同，所以才有不同次数的回声。

天坛还有一个圜丘，是个露天的巨型圆平台，完全是用汉白玉整齐紧密组成的，它高约5米，四周有石阶、石栏杆。这平台并非真正的平，而是像中心略高的翻转过来的铁锅。在"锅底"中央鼓一下掌，掌声特响，这里和朋友谈话，声音也比平时响亮得多。这是因为，在"锅底"中央平台发出的声响，一部分"碰"在石栏杆后反射到栏杆附近的后面，再由台面反射到中央。另一部分声音，由台中央传到栏杆附近的台面后传到栏杆上，又由栏杆反射到中央，因为距离很近，经历时间大约不到 0.05 秒，所有这些回声都和原来的声音加在一起，于是听起来要比平时响亮得多。"圜丘""三音石"和回音壁建筑之神奇，充分显示出我国劳动人民丰富的声学成就。

当夜深人静的时候，一个人在小巷里行走，除了脚步声之外，还会听到另一种声音，好像有人在跟着似的，这就是小巷两侧墙壁反射回来的声音。小巷很窄，脚步的回声碰到墙壁后，还会继续发生反射。巷子越窄，反射的次数也越多，这时候可以听到一连串的回声，这叫颤动回声。而在大白天人来人往，人在巷子里行走时，却只能听到单纯的脚步声，这是因为回声被来来往往的行人的身体吸收了，或者被城市里嘈杂的噪声淹没了。

2. 来自水域的隆隆炮声

1997 年冬天，在美国东部大西洋沿岸出现了一阵阵不寻常的隆隆声。这声音恍如巨炮的轰鸣，也犹如地震的声波，使成千上万的居民感到惶恐不安。美国米蒂尔研究中心对这种声音作了研究，结果发现四分之三的声音来自超音速飞机，或其他什么人为的噪声。由于天气晴朗，因而声音传得很远很远。但是，余下的四分之一，说得确切一些，另外 181 次声响，全是自然之声，但来历不明。来自水域的声响，人们称之为"水炮"。

水炮的最早记载出现在 1871 年，其中最著名的"巴里萨尔之炮"，出现在孟加拉湾并一直传到恒河三角洲内陆 300 千米处。

伟大的博物学家查理·达尔文的侄子、牛津大学教授乔治·达尔文于 1895 年 10 月 31 日在英国出版的自然科学杂志《自然》上，第一次对巴里萨尔之炮进行了披露。他还提请人们注意与巴里萨尔之炮十分相似的其他自然现象，这些现象在印度、比利时、苏格兰、澳大利亚、意大利、海地，以及美洲和非洲一些地区，可谓司空见惯，遗憾的是至今同样得不到圆满的解释。

巴里萨尔邻近印度河三角洲，是位于梅格纳河边上的一个地区的首府。

从帕加纳斯经巴贡吉，直到纳赖贡吉和达卡，巴里萨尔之炮在这一地区的许多水域都可以经常听到。在巴贡吉地区听到得更频繁、真切。有一次，地质学家斯柯特亲耳听见了这种炮声，并在他的一篇报道中写道："寂静的夜晚，我们在巴里萨尔附近的河道里停泊，地点是莫雷贡吉及其上游，离村庄和居民点都很远……在这里，时不时地可以听到好似远处炮声一样的低沉的隆隆声，有时是一声单调的声响，有时则是连珠炮式的轰鸣，好像是分隔很远的两军对垒……"

居住在巴里萨尔周围的人们，在每年2月到10月的时候，经常可以听见巴里萨尔之炮的隆隆声，别的日子就显得平静而沉寂了。它的另一个特点是，炮声常常伴随着暴风雨一起出现。但只要亲耳听到巴里萨尔之炮的人，没有一个人认为那是打雷的声音，的的确确就是炮声。

位于美国长岛东部纽约州的塞内卡湖，也时不时传出来一阵阵隆隆的炮声。这炮声时震耳鼓，清晰可闻，曾引起许多科学家的关注。曼彻斯特大学教授费奇尔就曾在当时的《科学》杂志上发表文章，不仅对"偶然的、低沉的、发自远方爆炸的闷声闷气的隆隆声"做了详细的描述，而且试图对这种神秘的在塞内卡湖上盘旋了一个多世纪的炮声进行科学解释。地震学家帕维莱和恩格尔，以及其他数十位科学家都参加了这场讨论或争论。

令人迷惑的是，"塞内卡之炮"大多发生在秋季的白天，方向不定，犹如天空的彩虹那样，没人能找到它的落脚点。当观察者一听到湖水里出现炮声，立刻以最快的速度朝那里赶去时，那炮声都像捉迷藏似的转到另一个地方去了。

据研究，来自海洋或湖泊的声响，往往都发生在沉积岩深处地区。美国康奈尔大学托马斯.戈尔教授认为，这大概是由于沉积岩把人们听力范围内的振动声都吸引过来了；也可能是成千的小震正好发生在应力场内，这样人们就能听到，但感觉不到震动。

印度的劳弗里弗亚湖是一片400平方千米的水域。英国殖民主义者侵入印度后，有一个名字叫史密斯的英国军官，带领军队驻扎在劳弗里弗亚湖边。一天晚上，突然从湖里传出来一阵阵震耳欲聋的炮声，接着一连响了好几天，折腾得史密斯和士兵们寝食不安。一次，7名英国士兵正沿着湖岸巡逻，突然又从湖边传来几声轰隆隆的炮声，他们就立刻倒在地上死去了。

地质学家恩格尔认为，地底砂岩层中聚集的气体，当压力增加到一定程度时，就会向上渗溢，由于被湖底多层紧密的黏土阻挠无法继续上升，随着这些气体压力的进一步增强，最后终于冲开黏土层猛烈膨胀而发生爆炸。这种爆炸发生在水下，爆炸声从湖底传到水面上来，人们听起来就摸不清方向了。爆炸时会释放出一氧化碳、二氧化碳和硫磺的氧化物，人和动物吸入过量的有毒气体后就会中毒死亡。

有的科学家不同意恩格尔的这种说法，认为湖底传出来的炮声和散发出来的毒气，是由于湖底火山突然爆发产生的。也有不少科学家做了好多次实验，提出了各种看法，但都没有真正解开"水炮"之谜。

3. 会唱歌的沙子

在我国内蒙古自治区达拉特旗以南 25 千米的地方，有一座令人神往的半月形沙丘，名叫响沙湾，又叫银肯响沙。

这座沙丘位于库布齐沙漠罕台川西岸，它的坡长 100 余米，相对高度 62 米。人们一走进沙丘坡麓，只见岭端沿坡跌落下来一层沙瀑，薄如轻纱，时断时续，沙沙作响。有的声响好像手风琴拉出的低沉的乐声，如泣如诉；有的又好像叮当作响的银铃，如醉如狂，似乎整个沙漠都在歌唱，令人陶醉。

当人们从响沙湾山脊顺坡下滑时，沙子便发出不绝于耳的响声，这声音似近又远，似远又近，或如淅淅春雨洒林海，或如秋风吹拂丛林梢，或如海潮徐徐涌卷。若人多之时，响声则似飞机擦过天空的轰鸣，或似汽车引擎的鸣响，有震耳欲聋之感。如果用手把沙子使劲一捧，或双手使劲插入沙中，沙子就会像青蛙一样"哇"的一声，冷不防吓人一跳。

会发出声响的沙，人们称之"响沙""鸣沙"或"音乐沙"。

甘肃省敦煌市城南 6 千米处有一座名叫雷音门的鸣沙山。《太平御览》和《大正藏》这两部书里曾记载过它，那时叫神沙山、沙角山。此山东西长 40 千米，南北宽 20 千米，山峰陡峭，势如刀刃，全部由均匀的细沙堆积而成。天气晴朗的时候，人们若从山顶躺着往下滑，随着沙子的倾泻会听到犹如琴弦振动的声音。"琴声"由小而大，慢慢扩散开去，回荡于沙丘之间，好像在演奏音乐一样。一遇起风，沙丘的"音响"犹如隆隆的闷雷，十余里外也能听到。这种奇特的鸣沙现象，被称为敦煌一大奇景——"沙岭晴鸣"。

在新疆维吾尔自治区准噶尔盆地的哈巴河、巴里坤、木垒也各有一处鸣沙山。木垒县东北还有一处鸣沙群。鸣沙群由相互毗连的 5 座赭红色鸣沙山组成。人们上爬下滑时声如飞机轰鸣；手脚插入沙中时声似虫鸣，又像琴弦拨动声，肢端还会产生麻木之感。爬大鸣沙山则声大，爬小鸣沙山则声小。所以当地哈萨克族牧民称之为"艾森库木"，意即"有声音的沙山"。

敦煌鸣沙山

位于木垒县东南大沙漠之中的鸣沙山，风吹沙鸣，经久不息，风大声大，风小声大，风停而鸣声不止。

在巴里坤县东 60 千米处的鸣沙山，游人只要轻轻刨沙或滑动，沙子就会发出声响，或清脆悠扬，或沉闷单调，或澎湃激昂。

哈巴河县的鸣沙山高 100 米，游人从山脊向下滑动时会产生细弱而清润的"扑扑"声、雄浑而厚实的"嗡嗡"声、响亮而绵长的"轰轰"声，声音随着滑动速度的变化而变化。拨沙、挖沙、滑沙、撒沙都能发出声音，玄妙异常。

据说世界上有 100 多个地方有鸣沙。如北美洲大西洋岸边、南美洲的西海岸、大不列颠群岛、夏威夷群岛和西奈半岛沙漠，都有会发出声响的沙子。

波罗的海和里加湾之间有个小岛，当风轻日和的午后之时，如果用手把沙子拢在一起，便会听到有节奏的高昂声响，就像有人在歌唱。

在中亚卡拉库姆沙漠，当阵风吹过沙丘时，无数干沙粒便会发出声响，远远听去，仿佛有人在低声歌唱。人们在美国内华达州沙漠中的沙丘上漫步时，就好像听到一把低音提琴在演奏；如果脚步重一些，又好像有一只熊猫在呼唤。

夏威夷瓦胡岛西北部约 200 千米处的考爱岛中部，有一片长约 800 米、高 18 米的海滨沙丘，沙子是由珊瑚遗体、贝类和熔岩微粒组成的。如果在沙丘轻轻走动或抓一把沙子在手掌中摩擦，就会听到狗叫一样的声音，人们称它"犬吠沙"。

在西奈半岛，有一个名叫"钟山"的鸣沙山。相传，这里在很久很久以前有一座寺院，僧侣们每天都要随着敲响的钟声背诵经文。一天风云突变，被狂风掀起的沙从天而降，顷刻间便把这个寺院埋没了。可是，至今路过这里的牧民和游人，都经常听到一阵阵悠然的钟声，沙粒越干燥声音越大。在潮湿的天气、雨天，沙子通常是寂静无声的。

近几十年来，科学家经实地考察和试验研究，对鸣沙现象提出了不少看法。有人说是沙丘里有一层湿沙层。当沙丘发生崩塌时，由于沙层的流动，形成了波浪形表面，表面干燥的沙层又将震动传给湿沙层，湿沙层就像乐器一样产生一种振动，于是发出声响。又有人说，沙粒和沙粒之间的空隙有空气，构成了一个个"音箱"。沙丘崩塌时，空气在空隙间进进出出，于是产生振动。当振动频率与沙粒间的"音箱"共鸣时，就会发出声响。

还有人认为沙子发出的声响是由沙粒带电产生的。由于摩擦挤压的关系，沙粒带有静电。一遇到外力互相碰撞，就产生放电现象，于是发出了声音。也有人试图用温度的升降理论以及沙丘的不同运动形式来解释鸣沙的奥秘。

鸣沙的奥秘，目前仍待进一步破译。

4. 女神的歌声

位于德国波恩以南 100 多千米处的莱茵河中游峡谷东侧，有一块高约数丈的悬崖，它的名字叫"罗累莱"。这块岩石之上，建造有一尊栩栩如生的少女塑像，这就是"罗累莱女神像"。她披着长长的秀发，含着忧伤的微笑，注视着从远方奔涌而来的莱茵河。这块岩石脚下便是狭窄的莱茵河床，河道暗礁密布，河水注入峡谷时激荡回旋，险象环生，神秘莫测。

传说"罗累莱"是远古时代的一位美丽的女妖，每当旭日东升或夕阳西下之时，罗累莱便坐在这块岩石上，一边用一把金黄色梳子梳头，一边柔声唱着悲切的情歌。

德国 19 世纪的伟大诗人海涅曾被这个古老神话传说所吸引。他在《罗累莱》诗篇中这样深情地写道：

> 不知什么缘故，
>
> 我是这样的悲哀；
>
> 一个古代的神话，
>
> 我总是不能忘怀。
>
> 天色晚，空气清凉，
>
> 莱茵河静静地流，
>
> 落日的光辉，
>
> 照耀着山头。
>
> 那美丽的少女，
>
> 坐在上边，神采焕发。

神话不是事实。世界上根本没有鬼神，当然也没有什么女神歌声。

但是，自古以来，有不少人都反映，在天气不怎么好的早晨或傍晚，有时会听见隐隐约约的"女神的歌声"。这种歌声出现时，鸟群就会"深受感动"，显得不安，乱飞乱叫。

这到底是怎么回事呢？

美国匹兹堡大学教授梅尔文·克赖圣经过长期观察研究，终于对罗累莱女神歌声这一现象作出了科学的解释。他指出，传说的所谓"女神的歌声"，其实就是大气层的振动声与鸟群鸣叫声的混合声。

原来，在黎明或傍晚时，当太阳放射出的电荷微粒子团进入大气层后，大气中的分子和原子受到强烈冲击，使大气层产生一种高能的发光现象，并产生一种低周波的振动声音；当阳光、温度、湿度和地电等自然环境条件适合时，听觉灵敏的人便能听到一部分低周波振动声音。

鸟类对大气层产生的高能发光现象很不适应，又加上大气层产生的低周波振动声波，使它们非常容易受到迷惑和干扰，飞行能力突然失常，就会到处乱飞乱叫，乱作一团。

当大气层振动声与鸟群叫声混成一体时，有些人听到了就觉得它宛如歌声，有迷信思想的人就牵强附会地称它为"女神的歌声"了。

三、雷电和雨

5. 岩石哭泣·石像呻吟

俄罗斯东北部的雅库茨克城市附近，有一个可以看到"岩石哭泣"的地方。这里处于北极地区。悬崖峭壁、连绵起伏，在粗糙的岩石表面上，冰冷而透明的"眼泪"像小溪般流淌着。

这种奇特现象引起了当地学者的注意。他们经过观察和研究发现，这些沿着峭壁下泻的小溪，是由于空气中水汽冷凝产生的。当夏季高温时，这里的空气中充满水汽，每立方米含量达 10 克。由于峭壁上的石头长满了一层厚厚的青苔，热空气在透过青苔时与上冻的山地植物接触骤然变冷，就形成了水珠。然后，大量的水珠汇成涓涓细流，沿陡峭的斜坡流下，于是岩石就"哭泣"了。

在西班牙境内的比利牛斯山顶上，有一块会"哭泣"的岩石。这块岩石的高度不足 30 米，其哭泣声像女人低声饮泣一样，"呜……呼""呜……呼"，听来令人十分伤感。奇怪的是，这块岩石并不是什么时候都"哭泣"，只有在天气晴朗的傍晚时才"哭泣"，而且时间只有 1 分钟，所以，每当它"哭泣"之前，它的四周总有人山人海在等待着，以期待能一听它那奇妙的啜泣声，以饱耳福。

居住在南美洲俄利诺科河沿岸的印第安人，深信当地悬崖峭壁上的洞穴，是死人灵魂定居的地方。他们说，在这里夜间听到的哼叫声正是"死人灵魂的呻吟"。德国著名科学家兼旅行家古姆鲍里发现，那里的岩石上有很多又窄又深的裂隙，裂隙壁覆盖着很多极薄的云母片。到了夜间，岩石外面变冷，而石隙里则仍保持着白天晒暖的空气，当裂隙内外冷暖空气交流时，便会掀动云母薄片而发出啸声。因此，悬崖峭壁总是在夜间哼叫，听来令人心悸。

更令人吃惊的怪事是石雕像的呻吟。这件事说来话长。大约在 4000 年前，埃及法老阿门霍得甫三世，下令为自己的父王阿蒙雕刻出两尊巨大的石雕像。这两尊石雕像，默默地站立了大约 2000 年，然而，有一天突然发生了地震，有一尊石雕像被震裂成两半，从那以后，它就喋喋不休地开始"说话"了。

这种怪事很快传遍了世界。据说，每天早上，初升的太阳一晒热断裂的石雕像，它就发出缓慢而怨恨的呻吟声，似乎在向太阳神诉说自己悲惨的命运。许多前来观赏的人都感到惊叹。有一位名叫阿里的罗马人，在石雕像的基座上刻了几行字："至高无上的主啊，我亲眼看见了多么令人吃惊的奇事。这是您的化身，您让人群来到您的身边，聆听您的声音。凡人是绝对创造不出这样的奇事的。"

古代著名的希腊地理学家希特拉波（约公元前63—约公元20年），曾来埃及考察过这尊石像，他写道："据说，从石雕像中，每天能听到一次独特的声音，很像是微弱的撞击所发出的声音。这声音是从底座连在一起的那半个石雕像上发出的。我与其他目睹者一样，访问了这个地方。大约1点钟，我们确实听见了某种响声。"在一定条件下，如用多孔的石头雕刻的这座石像，是能够发出声音的，这里没有任何超自然的东西。

有一天，罗马统帅谢普基米依·谢维尔也来听石雕像的声音。然而，他很不走运，雕像竟然沉默不语。谢普基米依并不生气。他说："可能上帝对雕像支离破碎地躺在那里很不满意，应该赶快修复它，以表示对上帝虔诚的信仰。"可是，当石雕像修复后，它便永远沉默了。这是因为，雕像修复后，失去了"多孔的石头"的特性，没有孔洞供空气进进出出，自然发不出声音了。

6. 神奇的有声建筑

风声、雨声、雷声、海涛声等，都是大自然的天然的声音，人们习以为常。神奇的是人工制造的有声建筑。它们发音的能源大都借助自然风力，也有通过人工的敲打而发出美妙声响的。

河北遵化清代东陵顺治皇帝的孝陵神道上，有一座"五音桥"，桥长110米，宽9米，7孔。桥两边嵌着116片石栏板。奇妙的是，当人敲打栏板时，它就发出十分悦耳的叮叮咚咚的乐声。有的清脆，有的低沉，其音响按我国古人的宫、商、角、徵、羽五个音阶设计。因此当地人称此桥为"五音桥"。此桥材料系用当地一种含铁质的方解石经建筑师精心制作而成。

嘉峪关被誉为"天下第一关"。位于城内东北和西北拐角处的燕鸣城墙，每到此处旅游观光的人，捡石子击打城墙时，墙便发出婉转悦耳的动人的燕鸣声。

山西永济县城西北12.5千米处的普救寺内，有一座高36.76米、共13

三、雷电和雨

层的舍利塔，又称莺莺塔。游人在塔前的不同方位处敲石或击掌，可以听到从塔的不同部位传来咯咯声，很像蛙鸣。人们在离塔 10 米处敲石、拍手，离塔几十米远处听去好似蛙鸣声；在离塔 15 米处击掌、敲石，听去好似从塔底传来"咯哇、咯哇"的叫声；而在离塔 25 米以外处敲石或击掌，从离塔 4～100 米远处，都能听到由塔顶传来的蛙鸣声。在塔的侧面拍手或击掌，即在中轴线对称位置 24.5 米处能听到蛙鸣声，而其他地方都听不到。

在莺莺塔西南 150 米处的西厢村，鸡鸣狗叫，人们说的悄悄话，甚至办喜事时说："快点，客人来啦！"站在塔西南的三佛洞台阶处，也听得清清楚楚。另外，在塔的西南方，当晚上人静时拍手或击石，由远及近能听到从高到低连续三声蛙叫声，而白天只有一声。人们上至塔的第九层上说话，好像是从第一层传出的声音。

莺莺塔为什么能发出蛙声呢？

据传说，在唐朝的时候，当地有师徒二人，都是建筑行业的高手。有一次，徒弟在永济城南风景宜人的山上，建成了一座气魄宏伟、造型精美的寺院——万国寺。它大大超过了师傅以往的建筑成就。师傅不甘落后，就在万国寺北边，建了这座莺莺塔。这塔的建造技巧不如万国寺，但师傅使了一个绝技：在塔里埋了两只金蛤蟆，然后设了一个写着"击石处"的木牌（在塔基南面 10 米处），在这里叩击地面，就能听到从塔顶传来阵阵蛙声。

其实，莺莺塔"蛙鸣"，是由于塔的特殊声学效应的缘故。首先是塔所在地的地形，三面临坡，一面空旷平坦，能单向接收远处传来的声波，形成一个"回音器"。其次是塔形结构。它是一座四方形空筒式砖塔，塔檐叠砌挑出部分呈内凹反曲线，每层塔檐宽度与伸出塔身外的深度，以及每层檐砖的叠层数各不相同，且每层塔檐青砖叠砌也不均衡。这种塔檐结构对声波具有良好的反射作用。而且塔身塔檐由结构致密的大块青砖叠砌而成，这对声波传播是良好的反射体，并起着谐振腔的作用。

古代有声建筑的出现给建筑增加了生气和活力，犹如注入了生命的情感，达到了情景交融的境界。现代科技的发展为有声建筑注入了一种新的生机，五光十色的音乐建筑在世界各地悄然兴起。

1987 年 3 月，法国马赛市一个地铁站内建成一堵神奇的绿色音乐墙。当人们经过墙前时，随着人们的脚步节奏会发出阵阵悠扬乐曲。

在巴黎市郊的一片秀丽的园林中，有一座精巧的音乐亭子。当人们步入亭内，脚踩不同部分的地面时，会发出美妙清晰的音乐。如果你按一定曲谱前后来回踩跳，就立刻奏出你心中想哼的旋律，为此游人络绎不绝。

在日本爱知县的本田市有一座长仅31米、宽2.5米的音乐桥，其造型独特别致，桥两侧栏杆下装有109块不同规格的音阶栏板。过往行人用木板敲击左侧，就会奏出一首法国名曲《在桥上》。回来时，敲打桥的另一侧，会奏出脍炙人口的日本民歌《故乡》。

美国芝加哥石油公司总部大厦前的广场上竖着一组音乐雕塑。这组雕塑是用几组长短粗细不一的铜柱组成密密麻麻的"树林"，它们连接着音箱底座，建在喷水池中。这些金属"树林"受风吹互相撞击奏出乐声，并由水体、音箱加强音响，在不同风力、水压的作用下产生不同的奇妙音乐，使建筑环境更加富于艺术情趣。

在印度首都新德里的一座7层楼房里，它的楼梯是用花岗石按琴音阶定位砌成的。人每踏上花岗石一阶，就像手按在琴键上，奏出动听的旋律来。

随着现代科学的发展，有声建筑越来越神奇，有的国家将太阳能光学仪器作用于电脑，操纵音响系统，能奏出优美的电子音乐。如挪威南部的一座音乐纪念碑便是利用这个原理设计的。只要太阳一出山，它就不停地奏起优美的音乐来。

三、雷电和雨

（三）八方怪雨

1. 喊雨·报时雨·夜雨

我国台湾屏东县与台东县交界的崇山峻岭之间有一个湖泊，当地人称它为"巴油池"。人们来到湖边，只要对着湖泊高喊一声，不管当时的天多么晴朗，甚至烈日当空，云雾也会立即从东、西两个方向汇拢过来，笼罩山谷，盖住湖面，并带来一阵小雨，有人形象地称之为"喊雨"。但不久就云散雨止，太阳又露出笑脸。有人认为，这里处于高山地区，气流不稳定，加之东、西两岸的气流不断侵入，空中水汽十分充沛，受声浪激荡后，上下层气流对流加剧，水汽迅速达到饱和点，因此云起雨落。

在云南高黎贡山中的一些湖泊，也会产生喊雨现象。不论是谁，只要站在湖边大声呼喊，就会使本来晴朗的天空，瞬时变得乌云密布，狂风呼啸，大雨滂沱。1978 年 6 月的一天上午，中国科学院昆明动物研究所一行十几人，来到云南碧罗山上的子里湖畔采集标本。临近中午，晴空万里，骄阳似火，大家汗流浃背。忽见草丛中跑出一只麂子，"砰！"有人开了一枪，麂子应声倒地。当他们扛着麂子在山坡上行走时，霎时大雾迎头罩来，蓝天变得昏暗了，地面咫尺莫辨，接着就是狂风呼啸、大雨倾盆。大家急忙往营地奔跑，结果却迷了路，直到 16 时左右才陆续找到了驻地。

碧罗山海拔 3500～4000 米，山上有大小不等的湖泊几十个。这里四季界限不明显，只有干季和湿季之分，每年 11 月至第二年 4 月为干季，5—10 月为湿季。枪声引来大雾、大风和暴雨的现象就发生在湿季。据当地人介绍，在干季，即使枪声震天，也招不来大雾、大风和大雨。

科学家对这些能"呼风唤雨"的湖泊进行了研究，认为这种现象与当地的地形和气候条件有关。湖区湿季里高温高湿，但湖水却源自山顶雪水，温度极低，从而在湖面上保持了一个低温层。由于这些湖泊处于山谷洼地，平时很少有风，这使湖面的低温层与上空的高温高湿空气层能保持极不稳定的平衡，一旦有外界的声浪冲击，就会导致上下空气层的剧烈对流，造成猛烈的狂风。同时，湿度大的空气遇到冷空气又迅速凝结成水滴，于是顿时云起雨落了。

"报时雨"主要出现在一些赤道地区。巴西的巴拉市每天都要下几场雨，每一场都在固定时间下。市民们便把这种准时的降雨当作"报时钟"。这里气候炎热湿润，一天内的天气变化也很有规律。清晨，海面湿度和气温都比较低，海水蒸发微弱，空气中水汽稀少，所以天空万里无云，霞光灿烂。此后海面温度不断增高，蒸发随之增强，使低层空气变得又暖又湿，源源不断地往上升腾，在空中冷却凝结成大块的积雨云。到 12 时左右，积雨云发展得又浓又密，空中有大量水汽，天气变得又闷又热。随着云中水汽的翻滚对流，小水滴变成大水滴，到 14—15 时，在重力作用下落到地面，大雨也就下开了。一场倾盆大雨过后，空气中的水汽大大减少，乌云飞散，到 16—17 时后天空放晴，凉风送爽，空气显得格外清新。到了夜晚，海面温度和低层空气温度降低，空气对流运动减弱，云也就难以形成，此时碧空如洗，繁星满天，明月高照，微风阵阵，令人心旷神怡。这就是靠近赤道的一些地区的天气变化规律，也是奇怪的报时雨形成的原因。

至于"夜雨"这种降水现象，也有规律可循。陆上降水资料统计表明，在我国东部平原地区，日雨（每天 8 时至 20 时）多于夜雨。而在西部山区，虽然山脉上部仍以日雨为主，但在河谷、盆地中却是夜雨比日雨多。在青藏高原上，拉萨位于拉萨河河谷中，日喀则位于年楚河河谷中，还有河口位于元江河谷中，敦煌一带位于河西走廊西部，夜雨都占年降雨量的 80% 以上。青海柴达木盆地和湟水河河谷等地，夜雨也超过了 70%。

这些地方地处青藏高原，海拔都在数千米以上。当太阳快下山时，河谷、盆地的地面就开始降温了，山坡上的空气温度随之冷却，冷空气密度大，必然沿山坡下沉谷底，慢慢地把河谷中原来密度比较小的暖湿空气抬升向上，当抬升到一定高度，其中的水汽凝结成云。云层形成后，云顶的辐射冷却又促进河谷中上下对流，夜雨便在这样特殊的地形影响下形成了。云层以外的高山顶部和远处的平原，此时天空依然沐浴在溶溶月光之中。

我国四川、重庆、贵州、云南、陕西等省（市），有许多河谷、盆地多夜雨，也同山上日雨一样，是受地形的影响而形成的。尤其是四川各地的夜雨要占年降雨量的 60% 以上，四川盆地西部和西南部的边缘地区夜雨更多，如雅安、峨眉山、乐山等地夜雨量超过年降雨量的 70%，荥经的夜雨则超过 80%。四川西接青藏高原，盆地四周又为群山所环抱，地形闭塞、气流不畅、空气较潮湿、云多雾重，云层挡住了部分太阳辐射，白天云下气温不易升高，对流较弱。而入夜后，云层吸收来自地面辐射的能量，并把热量输送给地面，因此使夜间云下气温不致过低。而云层上部却迅速辐射冷却，易使水汽凝结。这种上冷下暖的不稳定气层结构，利于夜雨的产生。尤其是川西紧靠高原，高空盛行西风，夜间高原上经由地面辐射冷却的冷空气流向该区上空，而低层原有的空气较暖，上下温差较大，容易产生对流，促成降水。所以四川盆地西部的夜雨特别多。唐代诗人李商隐在《夜雨寄北》诗中这样两次提到了巴山夜雨："君问归期未有期，巴山夜雨涨秋池。何当共剪西窗烛，却话巴山夜雨时。"大巴山地处四川盆地东北部，夜雨占年降雨量50%左右，并不算高，但这里却是四川秋雨最多的地方。资料统计，巴山总雨量接近400毫米，若按夜雨率折算，秋季也有200毫米的夜雨量。加上这里9月份暴雨较多，一场较大暴雨后，"池"会"涨"起来的。

2. 五彩雨

从天上降下的雨，大都是无色、透明的，然而在有些地方，天上却下过红雨、黄雨、黑雨及其他颜色的雨哩！

1608年的一天，法国普罗旺斯城的天空中，密布着深红色的云彩，很快就落下了一阵血红色的雨，引起全城居民的恐慌。后来，人们发现这是由于来自大西洋的庞大气旋，从北非沙漠把大量微红色和赭石色的尘土带到空中，并同云中的水滴凝聚在一起，被带到普罗旺斯城上空，落了下来便成为红雨。

由于红雨的颜色多呈血红，所以人们又叫它血雨。1813年，意大利的曾费城下过一场血雨。当时有人曾这样写道："居民们看见了从大海那边飘来了稠密的乌云。到中午时分，乌云遮盖了附近的山麓，并开始遮住了太阳；乌云起先是浅红色，后来变成了火红色。忽然间，黑暗笼罩了城市，以至坐在屋里不得不点灯……黑暗继续加深，而整个天空仿佛像一块烧红了的烙铁。雷声隆隆，大颗粒的微红色的雨滴开始落下来。这些雨滴，有人把它看做是鲜血，也有人看作是熔化了的铁水。"其实这场血雨是龙卷风捣的鬼。它把附近铁矿山上的红色铁矿粉（氧化铁）卷到空中，空气里的水汽以这些铁矿粉作为凝结核，凝成雨滴降落下来，于是便成了血雨。

1903年2月21日至23日，在欧洲大陆的许多国家，以及英格兰南部和威尔士等地，连续几天闷热，能见度极差，接着遭到了红雨的袭击。这种红雨实际上就是颜色有些发红的灰尘。仅对英格兰和威尔士的估计，从天上倾泻下来的灰尘量至少有1000万吨。据研究，这些灰尘来自非洲摩洛哥。受欧洲西南部反气旋的影响，细尘沿反气旋西侧的气流冲向北方，使英国等地降了一场红雨。

1983年6月6日，我国云南省红河南岸的绿春县，先后两次天降深红色阵雨。雨到之处，地面上一切东西都被涂上一层血红色。据气象部门分析，这是由于6月4日至5日，孟加拉湾到缅甸一带有一个低气压发展，使大片积雨云在气流吹动下向滇南移动；5日夜间，广西西部的冷空气南下，影响到滇南红河南岸一带，与来自孟加拉湾的低气压汇合，形成尘卷风，将大量的松散红尘卷到空中，溶化于雨水，降至绿春县境内，形成了这场罕见的红雨。

天降黄雨的现象，在我国一些地方比较常见。据科学家分析鉴定，发现黄雨主要是由于植物的花粉组成的，所以气象学上也叫它花粉雨。东北大、小兴安岭地区，每年5—6月间常会出现黄雨。这是红松树的松针花粉染色的结果。因为这时松针花粉盛传，那浩瀚林海上空的黄色花粉和大气里的水汽粘在一起，凝成雨滴落下来，就成为纷纷的黄雨了。

1976年8—9月间，我国江苏如皋、海安、靖安等县，以及长江南岸的沙州县都发现过黄雨。黄雨降落时呈液态或糊状，常掉落在植物的叶子、屋顶和田地上，降落到地面后即成扁平状，如半瓣黄豆样，呈淡黄色或褐黄色。一般持续降落数分钟至十几分钟，下落范围有几亩至上百亩。有关方面分析研究证明，上述黄雨中的黄色物质是由榆属、禾本科和菊科等植物的花粉组成的。奇怪的是，它与蜜蜂粪便的成分一样。原因是当地有很多养蜂场，大量的工蜂群远飞采花，归途中，在几百米的高空遇到了较坏的气象条件，为了减轻体重便排出粪便，从空中落下，形成了黄雨。

1962年6月26日下午，马来西亚丰盛港突然降了一阵黑雨。雨落下时好像一颗颗黑色的玻璃珠在地面上跳动着。大雨过后，那里的河水都变成了黑色。经分析研究发现，原来是大风把马来西亚的黑土层表面细土卷到空中，黑土便伴随着雨水一起降落下来形成黑雨了。

1986年4月24日早晨，伊朗德黑兰上空阴云密布，居民们在家里都开了电灯。中午，连续降了半小时的黑雨。街道、汽车和建筑物都被浇黑，雨中行人的衣服上布满了黑色斑点或黑色条纹。降雨期间天空如墨，人们只得用灯光照明。30分钟后，又下了一场大雨，才把大部分黑色污染物冲洗干净。经化验，雨水中有磷和硫磺。科学家说，德黑兰南部几天前曾发生一次大火，黑雨和那场大火有关。

1994年1月6日到7日，重庆市6个区县的约120平方千米的范围内下了黑雨。这是重庆地区大气污染造成的。飘浮在空中的煤烟、汽车尾气等污染物与雨结合后，雨水就变得混浊发黑。

在世界上，有些地方还曾下过蓝雨、绿雨和白雨。这些怪雨的形成原因相似。1954年春季，美国达文波特城下过一场蓝雨。据分析，这种雨水含有白杨和榆树的尚未成熟的花粉，花粉中色素一溶于水很快就变为天蓝色，是龙卷风把这些花粉带到高空的。

1960年6月初，苏联的高加索州、莫斯科州，以及伯绍拉、科米和切利亚宾州等许多地区，都下过绿色的大雨。雨后地面上留下一种深绿色的沉淀粉末。雨水一干，这些绿色的尘末就飞扬起来了。苏联科学院总植物园对雨后地面上留下的绿色粉末进行了分析研究，证实这些粉末是针叶树（大多是松树）的花粉。暴风把针叶林中的大量花粉刮起，与云中水滴混合起来落到地面，成了罕见的绿雨。

1980年11月4日，在久旱无雨的印度尼西亚巴厘岛的一个村子里，突然下了一场白颜色的瓢泼大雨。这场白雨几乎全部落在只有5平方米的一块土地上。一连三天连续下个不停。村子周围数里外的人们纷纷闻讯赶去观赏这一奇景。当时，印尼有关部门立即派人提取白雨样品进行了研究，发现是由于旋风经过产石灰的地方时，将石灰卷上高空，混在雨水中落下而形成了白雨。

3. 蛙雨、鱼雨、鸭雨……

1863年10月24日，英国作家约翰·克林杰斯在一封信中写道："不久前在诺福克的小乡村埃克尔降下过小蛤蟆。蛤蟆多得都爬进屋里，当地小饭馆的老板不得不满簸箕满簸箕地把小蛤蟆扔到火堆里，或者把它们扔到后院去。第二天蛤蟆消失得那么突然，就像出现时一样。"

1960 年 3 月 1 日下午，法国南部地中海沿岸的土伦地区，随着乌云翻滚，惊天霹雳，无数只青蛙从灰暗的天空"飞"降至地面，有的被摔得头破血流，有的还在呱呱地叫哩！

在我国，1983 年 5 月 11 日 14 时许，河南省桐柏县彭庄村伴着 7 级风普降大雷雨。10 分钟内，大约 1 平方千米的小山坳里，随着雨水落下无数只黑褐色的蛤蟆。据估计，"蛤蟆雨"中心的稠密地带每平方米落蛤蟆约 100 只。这些蛤蟆只有一截指头大小。雷雨过后，这些蛤蟆跳跃不停，并迅速向附近坑塘及水沟方向移动。

我国古籍中有不少关于鱼雨的记载。清代褚人获《坚瓠集》一书中曾大量引述"雨鱼"之事："《汉书》：鸿嘉四年（公元前 17 年）雨鱼于信都，长五寸许。《唐书》：元和十四年（公元 819 年）二月，昼有鱼陨于郓州。《述异记》：雍州雨鱼，长八寸许。《庚申外史》：至正二十五年（公元 1365 年）六月，大都雨鱼，长尺许，人皆取食之。明嘉靖壬戌（公元 1562 年）三月二十三日，山东德州雨鱼三日。《辍耕录志》：天雨鱼，人民失所之象。《天都载》：万历丁酉（公元 1597 年），楚王府后有长春寺，绕以澄湖，湖与外河通，寺前莲台忽龙起，莲叶间雨如倾，鱼皆乘水上升，从云中散落百里内，家家获鱼。少陵诗'骤雨落河鱼'，此诚理所有者，但正史所载天雨鱼甚多，未可概视为河鱼散落也。"

国外有关鱼雨的记录也很多。例如 1861 年 2 月新加坡曾连降几天大暴雨。雨后，人们发现在约 4000 平方米的土地上，到处都是鱼。当地居民证实，鱼是从天上掉下来的。

1918 年 8 月 24 日 15 时前后，英国散杰连德南部亨唐的不大一块土地上，佃农在躲大雷雨时，突然看到天上往下掉小鱼。鱼只落在三条小路上以及这三条小路之间的小花园里。雨水把小鱼冲进沟里，然后从沟沿顺着排水管掉下来。当地报纸报道了这件事，并认为当

鱼雨

三、雷电和雨

时降下来的是大量的小青鱼。

有时天上还会降下泥鳅雨、螃蟹雨、海虾雨、海蜇雨呢。1984 年 8 月 6 日 14 时许，黑龙江省逊克县干岔子乡东升村西北就下了一场泥鳅雨，一时把村里的人惊呆了。这天东升村刚下过一场暴雨，随之刮起了 5～6 级的风。1 小时后雨势越来越大，紧接着开始下起冰雹。这时随着冰雹从天上降下难以计数的泥鳅来，泥鳅落地后活蹦乱跳，小孩子们纷纷用脸盆来装，鸡鸭也赶来争食。

其实，天降蛙雨、鱼雨，都是有来头的。据科学家验证，这类怪雨常常发生在大雷雨时，或者发生在离雷雨几百千米的地方，这表明它是由龙卷风或大风暴引起的。1960 年法国土伦地区下的蛙雨，就是龙卷风把别处池塘中的水和青蛙卷入天空，带到这一带落下来的。1949 年新西兰下的鱼雨也是龙卷风把海里的鱼吸到空中造成的。

奇妙的是，在有些地方，天上还降过鸟雨！1962 年湖南省安化县梅城镇落了一场麻雀雨，几万只麻雀从天上降落下来，雨过之后人们在城内一个中学的操场上拾起六箩筐多的麻雀。1977 年 9 月，美国加利福尼亚州的路易斯奥比斯堡，突然从空中降下了 500 多只死的或半死不活的乌鸦和鸽子。1978 年 1 月 3 日，在英国诺福克郡有 136 只鹅从天而降。只是落到地面前都已被冻得僵硬了。

1990 年 7 月 29 日 15 时许，在我国洞庭湖区南县沙港乡八一村 14 组地方，突然乌云密布，风驰电掣，倾盆大雨，当地居民忽见豆大的雨滴中夹着许多只鸭子从空中降落地面。有的落到地面乱滚几下，竟站起来抖抖翅膀呱呱地乱叫起来，有的随着强风斜雨扑打在一家村民房屋的墙壁上，由于风力的顶托，在墙上贴了五六分钟之后滚落到地上。

这种鸭雨及类似的鸟雨也是龙卷风造成的。原来，7 月 29 日这天下午，在大通湖湖面形成了一个龙卷风，不久即登上陆地袭击了靠湖畔的沙港乡等三个乡，而正在湖汊港圳中牧放鸭子的村民吴克郁还未来得及把鸭群赶回港，一百多只鸭子竟被龙卷风吸卷上天空，从而形成了这次罕见的鸭雨。

4. 天降人造物

听说过天上掉钱币的怪事吗？1940 年 6 月 15 日下午，苏联高尔基州巴甫洛区米西里村，突然下了一阵带有许多银币的大雨，上面的俄文字母标明，这是伊凡五世时代的银币。人们拾到这种银币数千枚。

天降金钱的怪事，在我国史书中早有记录。据《史记》载："晋惠公二年（公元前 649 年），雨金。"南北朝时期的任昉在《述异记》中又写道："周成王（公元前 10 世纪）时咸阳雨金。""王莽时（公元前 9—公元 24 年），未央宫中雨黄金、黑锡。""汉世，翁仲儒家贫力作，居渭川，一旦天雨金十斛于其家。"《坚瓠集》引《漱石闲谈》："嘉靖六年（公元 1527 年）六月十九日，京师雨钱，惟军职官屋上为多。成化丁酉（公元 1477 年）六月九日，京师大雨，雨中往往得钱，钱皆侧倚瓦际。"明代官修《实录》与私家笔记《邢戒庵老人漫笔》等记述，明成化十三年六月十七日（公元 1477 年 7 月 26 日），北京大风雨过后，正阳门内一居民李学等家的房顶上，发现随雨降落的铜钱八十四文，时人皆诧为奇事，当即报官，转奏朝廷。举朝上下对空中"雨钱"无不惊异。诗人王鏊为此曾赋诗道："苍天似悯斯人困，故向云中撒雨钱。钱若了时民又困，何如只赐予丰年？"（《震泽先生集》卷一）后人推测，这可能是大风将某处行人的钱袋或钱串刮起，随风散落于民房上。

印度中部门德拉地区的比乔里村，差不多在 100 年间，只要一降雨，天上就会降下大大小小各种颜色的珠粒，珠粒上还有正好可以穿绳纽的孔。当地居民将这些珠粒收集起来，穿上绳子，当作项链，称为"斯拉依曼达"（即所罗门王的念珠）。可是，这些念珠玉石是哪里来的，虽进行过多次调查，迄今为止仍未搞清楚。

有些地方，有时连续降落同一种东西。1888 年 10 月 12 日，美国得克萨斯州夜空撒下不少铁钉子，第二天夜里又重复"下"了一次。1924 年 1 月 25 日苏联奥连堡降落了生锈的铁块，过了 4 个月，又"下"了铁块。据报道，1968 年在古巴，老天爷给当地居民扔了四次垃圾和砖头瓦块。

对于天空落物，科学家的解释是龙卷风把人造物或自然物带到空中，当风势减弱落到地面上来的。1940 年苏联米西里落下银币就是龙卷风玩的把戏。科学家考察发现米西里村附近的地下，有远古时代贵族们埋藏起来的大量银币。经过多年暴雨的冲刷，这些银币上所覆盖的土被冲掉了，强大的龙卷风把它们卷到高高的天空，风力变小时，银币便纷纷随雨落下，成了罕见的"银币雨"。

1979 年 6 月 3 日 17 时左右，英国的戴维斯城上空，天气晴朗，万里无云。突然，天空出现了一大片由稻草组成的云朵，接着便从天上降落了大把大把的稻草。这也是龙卷风的恶作剧。

除了龙卷风，还有尘卷风，它的风力虽然小于龙卷风，但有时也会形成一种晴空降雨。1890 年，俄罗斯曾下过布雨。在一个风和日丽的早晨，一些农妇在草地上晒着几十块亚麻布。霎时，街上刮起了灰尘，随即卷走了亚麻布，农妇们追了 5 俄里（1 俄里 ≈1068 米），在一个村子里找到了正要被瓜分的"上帝恩赐"的亚麻布。

台风也会开这种玩笑。1985 年 5 月 2 日，乌拉圭的梅里谢杰斯城的居民在天亮后大吃一惊，因为破晓时从天上降下了纸币雨。当地警察证实，城里的中央大街上铺满了数千真正的比索。警察确认，钱是一位城市居民的。他由于不信任银行，把钱藏在自家房子的阁楼上。谁知袭击了这个城市的台风（飓风）刮掉了他家的房顶，并和这位居民开了这个可恶的玩笑。

5. 土雨、泥浆雨和沙雨

土雨指的是从天上降下的大量的干土。1958 年 3 月 20 至 24 日，北京城下过一场土雨。降土时天昏地暗，隔不多远便看不见人，街上行人一会儿便成了"黄土人"，街道、建筑物都蒙上了一层干土。

1979 年 4 月，新疆若羌县曾连降三天干土，地面浮土 30 毫米厚。据统计，每平方千米降土达 2.3 万吨。1983 年 4 月 2 日午后，宁夏石嘴山市下了一场土雨，在行人的身上和露天的物体上留下了点点黄色的斑点。土雨降落时，狂风骤起，沙尘翻滚，天昏地暗，橙黄色的光线显得微弱无力。当地气象部门记载，当天平均风力达 7~8 级，阵风 10 级以上。据估算，石嘴山市 5323 平方千米的地面上，落土 14 万吨以上。

1984 年 4 月 26 日，位于兰州以北 60 千米的祁连山东南脚下，下了一场特殊的土雨。由于沙尘暴和浮尘的影响，当地能见度低于 1000 米，上午 9 时，天空飘下许多似雨似雪的细小物体。经观测全是松散的土粒。观测者走出室外，衣服上很快就落了薄薄的一层细土。原来，这是空中较大的雨滴在下落中粘并了大量干燥的浮尘，且雨滴水分被浮尘吸附尽净，于是便出现了土雨现象。

据研究，我国的土雨与黄土高原有密切关系。黄土高原表面覆盖着几米乃至一二百米厚的黄土，每遇大风，黄土被卷入高空随风浮游，形成黄土云，云中黄土聚集多了，所受重力超过空气的浮力，落下来便是土雨了。另外，在我国大西北，气候干燥少雨，有的地方植被遭到破坏，土壤严重风蚀。大风一来，浮土被卷上空中，后又降下来，也是土雨的成因之一。

我国华北平原，春天多风，气候干燥，大风极易刮起地面的尘土。当风从西北或西方吹来，经过黄土高原时，把细土颗粒扬起，带到华北平原上空，致使空气中的沙土含量大大增加，并与低空的积雨云混在一起。这种云层与冷空气相遇，凝成雨滴落下，便成了泥浆雨。1978年春天的一个晚上，华北平原某地就下了一阵泥浆雨，时间虽然不长，却到处洒满了泥点。

非洲毛里塔尼亚首都努瓦克肖特，1977年8月14日下了一场可怕的沙雨。那天，天气本来格外晴朗，烈日炎炎，万里无云。突然间，太阳昏暗起来，最后不见了，整个首都伸手不见五指。三分钟以后，空气干燥得几乎令人窒息。居民们吓坏了，纷纷躲避起来。几小时后，黑暗渐渐消除，人们一推开家门惊讶地瞪大了眼：房上、街上到处覆盖着一层黄沙，原来刚才下了一场不小的沙雨！据分析，这场沙雨是狂风和撒哈拉沙漠合起来搞的"恶作剧"：狂风把大量的尘沙从努瓦克肖特东部的撒哈拉沙漠上卷入天空，形成一片厚约400米，长宽各约15千米的沙云。沙云遮住了太阳，才搞得努瓦克肖特天昏地暗。待风速减弱后，沙云又飘落下来，变成了沙雨。据估计，这次下的尘沙达900万吨。

6. 谷雨、豆雨……

《汉书》记载，东汉建武三十一年（55年），有一天傍晚，陈留郡（今河南开封一带）突然乌云密布，狂风大作，暴雨倾盆，降下来的雨水中混有大量黑色的谷子。人们奔走相告，百姓说这是"世道要变"的征兆，统治者则散布谣言，说这是"上天降祥瑞于大汉"。对此，唯物主义哲学家王充在《论衡》中做了科学的解释。他说："此谷生于草野之中，成熟垂委于地，遭疾风暴起吹扬，与之俱飞，风衰谷集，坠于中国，中国见之，谓之雨谷。"这是有史以来最早对"谷雨"作出的科学解释。

我国古代关于"雨谷"之事屡有记载。《太平御览》卷八四零引《春秋潜潭巴》曰："天雨粟。"《逸周书》说："神农之时，天雨粟。"《风俗通》也记载："燕太子丹仰叹，天为雨粟。"《清史稿·灾异二》载："顺治十二年（公元 1655 年）二月，渭南天雨米粟，平乐天雨荞麦。二月，凤阳、西安天雨莜麦、豌豆。五月，临潼、咸阳雨莜麦、豌豆。"

《宋史》载："元祐三年（1088 年）六月，临江县涂井镇雨白黍，七月又雨黑黍。"黍即糜子。

1840 年的一天，欧洲伊比利亚半岛的西班牙海岸上，突然乌云蔽日，天上下起了"麦雨"，大量小麦和雨水一起从空中倒了下来。雨后，猪、狗、鸡、鸭等饱餐了一顿，人们纷纷提着口袋去收集小麦。原来，在此两个多月前的一天，从摩洛哥天空乌云中产生了巨大的旋风，把那里的一个大粮仓中的小麦卷走了，挟持到高空，穿过直布罗陀海峡，又"恩赐"给了西班牙人。

天降豆雨的记录也有不少。崔豹《古今注》说："宣帝元康四年（公元前 62 年），南阳雨豆。"《宋史》载："元丰二年（1079 年）六月，惠州雨豆；七月甲午，南宾县雨豆。"《清史稿》载："嘉庆十二年（1807 年）春，黄陂雨豆。"

世界其他地方历史上也发生过类似天降豆雨的事情。

1897 年的一天，正当夕阳西下的时候，意大利曼斯诺达被一片通红的云朵给遮住了。大约一小时后，从天上降下了大批紫荆树种子，下了足有半寸厚。这些种子只有中东和亚洲才有，是被旋风带到意大利并丢下的。

1971 年，巴西的巴拉比州下了一场小的豆雨。当地农业专家说，这是一场暴风把西非的一大堆豆子刮上高空，然后降到了这里。

1979 年春节期间，江苏阜宁、盐城、射阳等局部地区，下了一场大面积的黑豆雨。当时雷雨交加，狂风大作，同时有许多黑豆从天而降。阜宁县硕集公社有人捡到黑豆十几千克，盐城有的人家捡到五十多千克。

1989 年 1 月 8 日 11 时至 12 时许，浙江瑞安市西北部的瑶庄乡各村骤降一场红豆雨。据当地村民报告，这场雨持续时间长、雨点密，仔细观察，原来是一种形似红豆的植物果实从天而降。

1981 年 2 月 28 日和 3 月 10 日，我国广西平南县丹竹镇梅岭村，下了两场前所未有的怪雨。2 月 28 日，这里气温降到 8～9℃，北风 1～2 级。当晚 10 时许，下了一场呈乳白色糊状的"雨"。3 月 10 日早上下的雨中，乳白色更浓重，白色雨点水分蒸发后留下一种粉末，可用火点燃，且有白烟。

这是怎么回事呢？

经广西化学工业研究所化验鉴定，雨水中的白色物质为木薯粉。这些木薯粉来自地面，可能是由龙卷风卷到空中后又随雨水落下来的，或是由于某淀粉加工厂的粉尘随风吹到高空，然后混合雨滴落下来。

此外，天上还曾下过饲料雨、药丸雨、蛋雨和肉雨呢！

距离西欧较近的一些国家和地区沙漠地带的居民，曾得到过从天上降下的食物，他们把食物做成烤饼，或者当作马和骆驼的饲料。原来，在西亚、南亚和北非的沙漠里或者是干旱的草地上，生长着一种可吃的地衣。它覆盖在岩石上，外表像赭石色的多皱的皮状物，断面洁白。成熟的地衣会龟裂，缩成粒状，从石头上剥落下来。这种地衣很轻，能随风飘扬。有时飓风把它们吹到很远的地方，落成一堆，就成了饲料雨。

1972年澳大利亚悉尼市郊外降下了许多金黄色的小蛋。小蛋里面全是没有消化的花粉。当时的澳大利亚卫生部长杰克说，这些小蛋是蜜蜂的排泄物。

1976年3月3日，美国肯塔基州巴斯县下了一场著名的"肉雨"。大雪片一样的肉块从空中唰唰地落了下来。有两个曾尝过这种肉的人说，其味道既不是羊肉，也不是什么野味。有人解释说，这是一大群鵟（kuáng，鸱鹰的一种）在飞过这里时，同时吐出了它们肚里的食物。

在我国清代，光绪四年（1878年）三月初九日中午，广州西樵山曾随雨降下许多药丸。此事轰动一时，人称"天赐良药"。

7. 火雨、闪电雨、石雨

火雨又叫"干雨"，很早就被人们发现了，不过极为罕见。近些年来，它出现的次数正日益频繁。

大约一百多年前，火雨毁灭了亚速尔群岛地区整整一支舰队。而在得克萨斯，火雨引起了特大的草原火灾。1889年，非洲的萨凡纳又成了火雨的战利品。

火雨产生的火灾很难扑灭，因为发生这种火灾时，不仅要扑灭燃烧着的物质，还要额外对付高达2000℃的雨热，即所谓的瀑布式倾热。对这种雨热来说，水只是一种"清凉剂"，解决不了实际问题。为此，扑灭这种火灾时除使用水外，还要使用特殊的硅质粉，隔断热源同氧气的接触。

对于火雨的成因，一种观点认为是由于彗星散落，散落后的物质有些落入地球，于是产生火雨现象。从彗星散落到出现火雨，应有 2～6 年的间距。由于天体物理学家观察到越来越多的彗星散落现象，所以最近几十年内非常有可能出现一些火雨，火雨火灾的数量将达每年 8 起，而 50 年后将达每年 30 起。

另一种观点认为，火雨现象是我们尚未认识的一种文明的破坏活动。持这种观点的人认为，如果火雨现象来源于宇宙，是彗星散落的产物，那么化学家通过光谱分析会发现彗星化学成分的痕迹。但迄今为止，化学家在这方面的研究结果是否定的，火也不可能消灭所有物质成分。两种说法孰是孰非，尚待科学家的进一步研究。

1892 年 8 月 4 日，西班牙的科尔多瓦城下了次闪电雨。雨滴落到地面上时，闪耀着电火花。该城的一位电气工程师目击并记录了当时的情景。这一天，宁静无风，很暖和，不久，天空突然阴云密布，大约 8 点钟开始闪电，然后不断地落下带电的雨滴。每当雨滴接触地面、墙壁、树叶时，便产生微弱的噼啪声，并闪耀出电火花。不过，这种现象只持续几秒钟就消失了。

更为离奇的是天降石雨。1922 年 5 月 29 日，南非约翰内斯堡《边区每日邮报》发表消息说，一连几个月，石头落在一家药铺上，好像要袭击在那里工作的一个姑娘。警察包围了药铺的花园，并把那位姑娘转移到商店。可是当她走在路上时，她的周围又落下了许多石头。经过几星期连续观察，石头确实总落在姑娘出现的地方。警察搜索了整个街区，也没有发现可疑的人。

1906 年 3 月，荷兰探险家德尔特勒西特·库罗汀迪克在苏门答腊森林地区考察，他住在用棕榈作屋顶的房子里。一天深夜，他正躺在睡袋里休息，一种物体碰撞在地板上的声响把他惊醒了。他起身一看，发现有一个从未见过的黑色小石子掉在地板上。过了一会儿，只听得"啪"地一声，又掉下一个小石子。小石子好像是从屋顶上不断"漏"下来的。

库罗汀迪克以为有人在屋顶上捣鬼，便叫马来人向导到房子外面去察看。一会儿，向导回来报告说，房子上没有人，周围也没有发现任何异常情况。然而小石子仍然像下雨般不停地从屋顶上掉落下来。

第二天天亮，库罗汀迪克仔细观察了屋顶内外，奇怪的是，看不到一点石子穿透过的痕迹。到了晚上，黑色的小石子又下雨般地穿过屋顶落下来。库罗沃迪克又惊异又纳闷儿。为了弄明真相，他收集了一些小石子，带回荷兰，请专家们鉴定。地质学家和珠宝商人都没有见过这种石子，大家感到莫名其妙，无法解释。

1973 年 10 月 27 日晚上，两个男人在离纽约州斯卡尼特小城不远的湖上坐着钓鱼，突然一块大石头从他们的旁边落入水中，然后又有更大的两块落到了水中。他们拿着火炬察看了现场，但什么人也没找到，而接着是一阵小石子从天而降，他们赶快奔回汽车，没想到石雨一直追着他们的汽车。停车换衣服时，石子又纷纷落下。他们只好到酒吧间躲避，走出酒吧间，落石又来了。当他们分手时，又遇到一阵更大的石雨的袭击。

8. 游荡在空中的死神

1971 年 9 月 23 日傍晚，在日本东京代代木火车站附近，天正下着毛毛细雨。这雨跟正常的雨不同，飘进眼睛会使人眼感到火辣辣的刺痛，吸气时咽喉也有刺痛的感觉，又好像要咳嗽一样。科学家经过采样化验发现，原来这积雨水里含有某些刺激性物质，呈酸性，"酸"同大气污染有关。

其实，早在 1852 年，英国一位化学家就发现，由于受燃煤和有机分解的影响，曼彻斯特地区下的雨有时含有硫酸和酸性硫酸盐，他首次把这种变酸了的雨水称为酸雨。

自 19 世纪 80 年代到 20 世纪中期，酸雨由北欧地区扩展到比利时、卢森堡和荷兰，蔓延到德国、法国和英国。进入 20 世纪 80 年代，酸雨成了欧洲的一种大范围的现象。后来，美国东北部工业区和加拿大的部分地区也出现了天降酸雨的现象。1972 年，在斯德哥尔摩召开的第一次人类环境会议上，瑞典人本特·伯林在《跨越国境的空气污染——空气和降水中的硫对环境的影响》报告中指出："湖泊受到酸雨的污染，严重威胁生态平衡，将会对环境造成灾难性影响。"从此，人们开始对酸雨的危害有所警觉了。

环境监测表明，如果大气受到酸性物质的污染，雨水的 pH 值就会降低。pH 值是判断水是否为酸性的指标。一般将 pH 值低于 5.6 的雨水称为酸雨。人们常说的酸雨还包括雨、雪、雹、霰、雾等各种降水形式，所以更科学地讲是酸性沉降[①]。大气中的二氧化硫和氮氧化物是形成酸雨的主要物质。美国测定的酸雨成分中，硫酸占 60%，硝酸占 32%，盐酸占 6%，其余是碳酸和少量有机酸。大气中的二氧化硫和二氧化氮主要来源于煤和石油的燃烧，它们在空气中氧化剂的作用下形成溶解于雨水的种种酸。据统计，全球每年排放到大气中的二氧化硫约 1 亿吨，二氧化氮约 5000 万吨，可见，酸雨主要是人类活动所造成的。

以德、法、英等国为中心波及大半个欧洲的北欧酸雨区，和包括美国和加拿大在内的北美酸雨区，一直被认为是世界上两个酸雨重灾区，而现在亚太地区也已出现这一问题。据估计，1990 年亚洲的 22 个国家排放了 3800 万吨二氧化硫，比北美多 56%。亚洲酸雨和减排项目研究显示，1990 年酸雨浓度大大超标的地区位于中国东南部、印度东北部、泰国部分地区和日本、韩国的南部。20 世纪 80 年代，我国酸雨仅限于局部地区，以西南和华南较严重；90 年代已扩展到华东、华中及华北地区，酸雨影响面积已占国土陆地面积的 30%。酸雨频率和降水酸度均呈逐年上升趋势，出现了一批降水 pH 值小于 4 的世界上降水最酸的地区。西南、华中以及华东沿海是我国目前的三大酸雨区。其中，西南酸雨区是仅次于华中酸雨区的降水污染严重区域，四川、重庆、贵州和广西一带已成为与欧洲和北美并列的世界三大酸雨区之一。华中酸雨区已成为全国酸雨污染范围最大、中心强度最高的酸雨污染区。相对而言，华东沿海酸雨区的污染强度略低。

据大量环境监测资料分析，由于大气层中的酸性物质增加，地球大部分地区上空的云水都在变酸，酸雨区的面积在继续扩大，给地球生态环境和人类社会经济带来的影响和破坏也在与日俱增。

酸雨引起的湖泊酸化在北欧和北美尤其严重。大部分的鱼、贝类对酸较敏感，不能生存于酸性湖泊中。外壳为碳酸钙的螺在 pH 值降至 6.0 时开始减少，当 pH 值为 5.2 以下时就不能生存。湖泊酸化，藻类和水生维管束植物将减少、消失，而泥炭藓植物分布有扩大的倾向。湖泊酸化对物质代谢也有影响。瑞典 14000 个湖泊的水生生物已不能生存繁衍，2200 个湖泊几

---

① 酸雨的正式名称是酸性沉降，它可分为"湿沉降"与"干沉降"两类：前者指的是所有气状污染物或粒状污染物，随着雨、雪、雾或霰等降水形态而落到地面的；后者则是指在不下雨的日子，从空中降下来的落尘所带的酸性物质。

乎无生物。挪威南部 5000 个湖泊中有 1500 种鱼类已经绝迹。美国 75% 的湖泊和大约一半的河流酸化。加拿大安大略湖区的 4000 个"酸湖"，一眼望去虽然湖水清澈见底，但却见不到原来遨游水中的鳟鱼、鲈鱼等珍贵鱼类了。

森林也受到酸雨危害。由于酸雨淋洗植物表面，土壤中养分被侵蚀，钙和铝等元素平衡发生改变，在最初阶段树木停止生长，接着出现树枝枯萎、叶片枯死，由树冠发展到整个树身，树就死亡了。森林里的低等植物也随之消失。北美酸雨区已发现大片森林死于酸雨。德国、法国、瑞典、丹麦等国已有超过 700 万公顷的森林正在衰亡。我国四川省、广西壮族自治区大约有10 万公顷森林也正在枯死、衰亡。

酸雨沉降到田野里，会抑制土壤中有机物的分解和固氮，淋洗掉与土壤粒子相结合的钙、镁、钾等营养元素，毒害作物根系，甚至损害植物地上部分的组织，影响光合作用，造成大面积农作物减产。一般可使农作物减产30% 以上。

酸雨对古迹和建筑材料的损害尤其明显。那些精美的文化古迹和碑刻石雕，经受了许多世纪的风化考验，如今却难以抵挡酸雨的袭击。中国故宫的汉白玉雕蟠龙、雅典巴台农神殿和古罗马图拉真凯旋柱等古迹，都在酸雨的淋蚀下斑驳脱落，失去了神韵。从柬埔寨的吴哥古迹到意大利的威尼斯，从印度的泰姬陵到英国的圣保罗大教堂，这些东西方珍贵的古建筑，以及许多用于建筑结构、桥梁、水坝、工业装备、供水管网、地下贮罐、水轮发电机、动力和通讯电缆的材料，都在酸雨的袭击下加速腐蚀。

1998 年 4 月，我国南极长城站曾先后观测到酸雨，其中最低 pH 值只有 4.5。长城站的铁质房屋和塔台，为减缓受到酸雨严重腐蚀而剥落的速度，每年要刷油漆 2～3 次。

酸雨还危害人类健康。它使地面水和地下水变酸，水中金属含量也随之增高，饮用这种水或食用酸性河水、湖水中的鱼类，会对人体健康产生很大危害。不少国家由于酸雨影响，地下水中的铅、铜、锌、镉的浓度比正常值上升了 10～100 倍！近年来，德国、英国每年死于酸雨危害的老年人和儿童达到数千人之多，而美国则达 15000～25000 人。由于酸雨引起的眼疾、结肠癌、老年性痴呆症以及其他疾病患者的数量就更多了。

遭受酸雨袭击的石雕

　　酸雨犹如空中死神一般在世界各地游荡，把灾难洒向人间，而人类也在研究如何对付酸雨。减少二氧化碳和氮氧化物的人为排放量是控制酸雨的有效途径。对高硫原煤进行洗选加工，配合煤气脱硫，可以使发电厂、钢铁厂、化肥厂的二氧化硫排放量降至最低水平。改变燃烧方式，如在燃烧时加入某些添加剂，并改进燃烧器结构，以及降低炉温等，可以控制硫化物和氮氧化物排放。发展煤制气和集中供热，可以使一般工厂和民用炉灶的硫氧化物排放量大大减少。另外，积极开发无污染或少污染的能源如风能、核能、太阳能、水电能、地热能等，也是减少酸雨危害的一条重要措施。

（四）气象树·晴雨石·印天池

1.气象树

广西忻城县马泗乡龙顶上村，有一棵能预测晴雨的"气象树"。这是一棵青冈栎树，高约 22 米，直径 70 厘米，有 180 多年树龄了。

青冈栎树是一种常绿乔木，在我国长江以南各地普遍生长。但忻城的这一棵与众不同，它的叶子颜色会根据天气变化而呈现出规律性的变化。晴天时，树叶呈现深绿色；下雨前两三天，树叶变成红色；雨过天晴，树叶又重新变绿。多年来，当地群众以此预测晴雨，安排农活。

当地科研部门就这棵树能预测晴雨这一现象进行了研究分析，认为这棵树对天气变化很敏感，主要是由于树叶内的叶绿素、叶黄素和花青素互相转换所引起的生理现象。当久旱将要下雨前，光照强、干旱、闷热，叶绿素的合成受到抑制，花青素占了优势，因而叶色变红；当雨后转晴时，叶绿素的合成又占了优势，树叶又变回绿色了。

在安徽和县高关乡高滕村有一棵能预报当年旱涝的朴树（榆树的一种）。树高约 10 米，主干粗矮，树围 3 米多，伞状树冠。树龄已在 400 年以上。这棵树在谷雨前发芽，芽多叶茂，当年将是雨多水大，易成涝灾。它若和其他朴树一样，按时令发芽，树叶有疏有密，当年基本上风调雨顺；若推迟发芽，叶又少，当年将有旱情，发芽越迟，旱情越重。人们就根据这棵树发芽的迟早和树叶的疏密程度，推断当年旱涝与雨水的情况。但原因不明。

有趣的是，湖南省衡阳柏树湾的田埂上有一棵古柏，高 15 米，直径 1.3 米，裸露在地面的根延伸达 200 多米，据说已有 700 多年的历史了。它在久晴不雨时，冒青烟，人们知道要下雨了；久雨不晴时，它也冒青烟，人们知道该晴天了。人们都说它有预报天气的功能。可是，柏树有两种相反的晴雨状态的反应，至今尚难以解释。

在浙江省云和县云丰村小学门口的一棵百年黄檀树，在烈日下会自动降雨。1985 年夏天，当地天气干旱，很少下雨。可是以当年 7 月初开始，这棵树便降"雨"了：中午时分，树上落下绿豆大小的"雨豆"，三五分钟能将人的全身淋湿。奇怪的是，天气越晴朗，阳光越强烈，"雨"下得越大；天气变阴、变凉，它马上就不下了。经观察，这"雨"是来自树枝和绿叶。人们不禁产生许多的疑问：为什么以前不下"雨"？为什么别的黄檀树不下"雨"？为什么它对于阳光照射如此敏感？至今没有谜底。

我国西双版纳生长着一种奇妙的花，当暴风雨将要来临时，便开出许多花朵，根据它的这一特性，人们可以预先知道天气的变化，因此大家叫它"风雨花"。风雨花贮藏养料的鳞茎中，有一种控制开花的激素。当暴风雨来临时，由于气温高、气压低，这种刺激使花激素猛增，促使它绽放出许多花朵。

2. 晴雨石

在江西省弋阳著名风景疗养胜地圭峰，有一大石峰拔地而起，修长峻峭。它在长年的风蚀雨削下，被塑造成一只栩栩如生的蟾蜍形象，高踞圭峰之巅，张口向天。令人不解的是，每逢天气由晴转雨，蟾蜍石峰周围便云雾缭绕，接着就会下雨。如果云雾逐渐变薄，则天气将转晴好。当地群众根据"石蟾蜍能纳云气，以占晴雨"，因此称它为"晴雨石"。

四川省石柱土家族自治县马武乡安田地也有一块神奇的石头。这块石头能准确预告方圆几十里地的天气变化情况，因此当地土家族农民称它为"气象石"。

这块"气象石"一会儿干，一会儿湿，与附近石头完全两样。据当地群众说：当水珠汇集于该石表面的某一方时，预示那一方向将要下雨；当水珠汇集在石头中部时，预示当地即将下阵雨；当水珠布满该石整个表面时，预示着四面八方都将下大雨。

每当这块石头表面潮湿变黑，预报是阴雨连绵天气，如石头表面由湿转干发白，就告诉人们久雨不晴的天气结束，晴天即将来临。

有关人士认为，这块"气象石"为什么能预报晴雨天气，目前还是个谜。由于它在气象、土壤、地质等方面有一定研究价值，已受到当地政府和人民的保护。

在贵州省三都水族自治县板甲乡有一块巨石，当地水族群众称它为"丁窦"，意为"影石"。因为它也能预报天气，故又称"晴雨石"。

这块晴雨石坐落在甲才村姑又寨附近的一座名叫又甲的山腰。这里山峦起伏，原始森林葱茏，沟壑溪流纵横。巨石犹如一架加盖的挞谷斗屹立在45°斜坡上。它高约 5 米，宽约 4 米，厚 3 米，前方正中是一块 3 米见方、与坡垂直的平面，酷似一面电视屏幕。更奇特的是，巨石的上方前沿，有一宽厚约 30 厘米的石檐，它恰好将巨石的屏幕罩住，免受雨水的冲击，鬼斧神工，令人赞叹。

长期以来，巨石周围 10 多千米内大小五六个寨子的水族农民，大凡耕种劳作、翻晒米禾、外出赶场、走亲串门，都要观看巨石的"脸色"：石头表面呈现白色即预告天气晴朗，色暗就预示风雨将临，久雨中如出现黑转白，必定雨转晴，预报十分准确。巨石的这一特异功能，深受水族群众尊崇。

有人通过实地观察研究认为，这块巨石为硅质岩，石面"屏幕"上长满一种低等植物——地衣。地衣从空气中获取水分，并通过叶绿素的光合作用制造养分。地衣在上述活动中经常分泌出一种地衣酸，它是地衣表面呈现各种颜色的基础物质。天气变化引起空气中水分含量的变化以及阳光的作用，就会使晴雨石表面的地衣呈现出不同的颜色。这就是晴雨石预报天气的原因。

3. 印天池

广西扶绥县东门乡板包村与上思县交界处的群山峻岭中，有一座海拔500 余米的山峰。山峰的顶部有一个似火山口的圆形水潭。据当地人传说，这是当年圣天玉帝修造地球时封官许愿盖章用的印池，后来积集了雨水，成为天将仙女们下凡洗澡的地方，所以称它为印天池。

印天池水面面积只有十亩左右，池边水清透彻，池中水色深蓝，望不见底。有人乘木排去池中，连接十条牛绳也放不到底。池中生活着一种黑色小鱼，头大身小，如同金鱼一般。印天池有一个奇怪的现象，每当雨季到来之时，池里水位就下降，雨量越多，水位下降得越多。每当旱季到来以后，池里水位就往上涨，天越旱，水位上涨越高，甚至溢出池口。当然，溢出池口的现象较少，据说百年内仅有两三次。

对于印天池的反常现象，自古以来一直引起人们的注意，许多有志于揭秘者不畏艰难困苦，翻山越岭亲临其境进行考察，可始终未能揭开其中的奥秘。有人认为，印天池下面和周围的地壳是一种类似于海绵的物质构成的。这种"海绵"物质具有"湿涨干缩"的性质。雨季时，地壳受湿，被水浸透，大大地"膨胀"，使池水大量地渗入地下，而且雨量越大，渗得也越厉害。旱季时，地壳因失水而收缩，因此把原先渗入的地下水又重新"挤"入池中，干得越厉害，"海绵"收缩得越紧密，"挤"入池中的水也就越多。

（五）动物知晴雨

你注意观察过吗？每当天气骤变时，某些动物就会有敏感反应。它们颇像无形的"晴雨计"，及时地预报天气形势。

1. 燕子低飞，蛇过道

"燕子低飞，蛇过道"，这是天将下雨的预兆。因为天将变时，高空风大，空气潮湿，水汽很容易在昆虫翅膀上凝结起来，迫使它们贴地飞行。燕子为了觅食，自然会低飞捕捉小虫。

下雨前，气压下降，温度升高，地面非常闷热，导致躲在阴暗处或草丛里的小动物到处乱窜，蛇就趁此机会出洞捕食。同时，蛇在洞里，也感到气闷，它也想到地面上来舒畅一下。

2. 青蛙吵叫，泥鳅跳

青蛙的皮肤对天气变化的感觉特别敏锐。在春、夏久旱后，若气压突然下降，湿度大，高温闷热，青蛙就会跳出水面呼吸，吵叫不停，叫声大而密，不久就会下雨。雨刚停，气温恢复正常时，青蛙的叫声疏而清脆，预兆天气转晴。

晴天，泥鳅潜伏在水底的泥浆里，靠呼吸水中少许的氧气生活。如果天气反常，气压变低，温度增高，水中氧气减少，泥鳅只好升到水面上吸取氧气；它长时间移动，烦躁不安，甚至跳出水面，便预示不久将下雨。当它的身体漂在水面，或头朝上浮于水面，长时间不沉下去，就表示暴雨将临；当它的身体竖起，游动剧烈，头不时伸出水面吸气，并且很快由肛门将气体再排出时，这就是大风将临的先兆。

3. 蚂蚁搬家，鸡宿迟

成群的蚂蚁出洞，有的搬家，有的垒窝，也是因为气温高、湿度大，洞内生存条件不适合。据观察，在夏秋季节，长脚蚂蚁在天将转久雨时，一部分工蚁出洞寻找食物，非常忙碌，爬行很快，另一部分工蚁则扩大巢穴，向上搬土到洞周围（即垒窝）。窝垒得越高，雨会越大；在雨前三四个小时，洞口封闭，另开一斜口通气，雨后由工蚁打开原来洞口。黄丝蚂蚁雨前很少垒窝，多是搬家，如由低处往高处搬，或堆成线，预兆未来一两天内有大雨、久雨。

天将下雨时，空气湿度增大，气压降低，昆虫翅膀因潮湿被迫贴着地面飞，鸡为了觅食往往不愿意入笼。又由于鸡的全身是羽毛，这时的笼里又闷又热，笼里鸡屎腐烂加快，臭气很重，这也是鸡迟迟不愿进笼的原因。即便进了笼，仍会听到它们不停地叫，所以有"鸡宿迟，雨淋淋"的说法。相反，久雨转晴时，空气里的水汽减少，气压回升，鸡活跃，满地跑，而且鸡笼里鸡屎比较干燥，不易腐烂，散发出的臭气也少，傍晚鸡进笼就比较早了。

4. 蜘蛛收网，狗洗澡

久雨转晴时，气压上升，湿度减少，昆虫高飞，蜘蛛就张网捕捉食物。而当天气转雨时，气压下降，湿度增大，昆虫低飞，蜘蛛无法捕得食物，同时雨会把网打坏，它就收网了。

狗靠张开嘴巴散热，当夏秋季节雷阵雨前、天气闷热时，狗的嘴巴张得再大也来不及散热，于是跑到沟河或水塘边去洗澡，以帮助散热。有时由于温度高，汗水和口水流得多，身体缺水，所以跑到水边饮水，或吃些青草解渴，这都是有雨的征兆。

（六）冰雹奇趣

1. 天河水吼冰雹来

2012 年 3 月 27 日，夏威夷瓦胡岛出现了一场罕见的雷暴现象，在这场暴雷中降落的冰雹足有葡萄柚大小，直径突破 1 英寸[①] 的历史纪录，是夏威夷冰雹历史纪录中"个头"最大的。当地一位居民亲眼见证了这场惊人的雷暴，据他描述，这场雷暴带来的冰雹，直径肯定要大于 3 英寸。

较热的季节里，午后骄阳似火，闷热异常。突然，西北边乌云滚滚而来，刹那间布满天空，电光横闪，霹雳阵阵，狂风骤起，大雨滂沱，常会有冰球猛砸下来。这种冰球，群众称它为雹子、冷子、冷蛋，气象学上则称它为冰雹。

冰雹诞生在强盛的雷雨云中。这种云又叫雹云。雹云的云层很厚，云内水汽丰富，上下对流强烈，云顶伸至 10000 米以上的高空，那里非常寒冷，温度常在 −40～−20℃。云体下部离地 1000 米左右，温度在 0℃以上，大多是水滴；云体的中上部，主要由冰晶、雪花和过冷水滴混合组成。

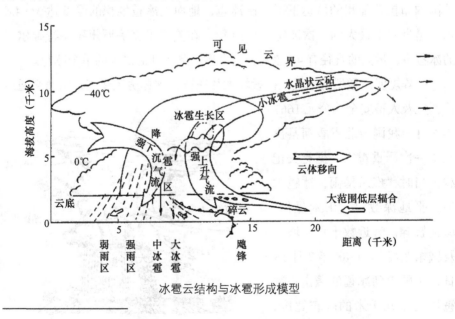

冰雹云结构与冰雹形成模型

① 1 英寸 ≈0.0254 米，下同。

在雹云中，上升气流时强时弱，变化无常。当上升气流比较强时，它把云的下部水滴带到云的中上层去，水滴很快变冷立即凝华成小冰晶。小冰晶下降过程中，跟过冷水滴碰撞后，就在小冰晶身上冻结成一层不透明的冰核，这就形成了冰雹胚胎——霰。如果这时霰又遇到一股强的上升气流，就会再次被推回雹云的中上层，再一次在它的表面粘上一些冰晶、雪花，往下沉时，过冷水滴又在它的身上包上了一层冰，形成了冰丸。雹云中气流的升降变化很剧烈，冰雹胚胎也就这样一次又一次地在空中上下翻滚着，与更多的过冷水滴碰撞合并，好像"滚雪球"似的，很快滚成大冰雹。一旦云中上升气流托不住时，冰雹就坠落地面了。

切开冰雹，可以看见里面有许多层次。冰雹中间是一个白色不透明的核，那就是冰雹胚胎。它主要由霰（直径2～5毫米的颗粒）或软雹（呈海绵状）构成，但也有由大水滴缓慢冻结而成的透明的冰核。

胚胎外面紧裹着一层又一层透明和不透明交替出现的冰层，一般3～5层，多的可达三十多层哩！在冰层中还夹杂着大小不同的气泡。只要数一数有多少层次，就可以知道，冰雹在气流中上下升降过多少次。

冰雹的形状，一般为圆形或椭圆形，也有锥形和其他不规则的形状，小的如米粒、豌豆，大的像核桃、鸡蛋、拳头，或更大些。1928年7月6日，美国内布拉斯加州的博达下了一次冰雹，地面上冰雹堆积的厚度达3～4.6米，是世界上最大的一次冰雹。1970年，在美国得克萨斯州科菲特维尔下的冰雹中，最大的直径有44厘米，是世界上测量到的最大的单个冰雹。

一阵短促而猛烈的冰雹往往毁坏大片庄稼，破坏房屋建筑，阻塞交通运输，危及人畜安全。公元1667年6月，我国河北省香河县出现了一次严重雹灾，据有关记载，当时"疾风暴雨，冰雹大注，平地深数尺，田禾尽伤，屋瓦皆碎，远近数十里，城内及城东尤甚"。1788年7月13日，法国遭到冰雹的袭击，冰雹以约十几千米的降雹宽度，70千米/小时的速度，先后两

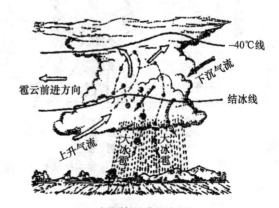

冰雹的形成示意图

次从西南向东北席卷整个法国。受灾面积约 20000 平方千米，冰雹的总体积超过 4000000 立方米。道路上积了数十厘米厚的雹块，交通被阻塞。冰雹所经之处，树枝被砸断，庄稼被毁，家禽被击毙，林中走兽灭迹。

1972 年 4 月 15 日至 20 日，我国北起东北三省，南至粤桂山地，西自陕西、四川盆地，东到黄海东海之滨的 300 万平方千米大地上，先后发生百年罕见的影响 18 个省（自治区、直辖市）的降雹天气（东北三省没有灾情报告）。每次降雹持续时间一般为 10～15 分钟，最长达 30 分钟（如江苏昆山）。雹块直径最大达 20 厘米，重 3～5 千克，更有"形如水桶，重 25 千克"者，地面积雹厚度一般有 5～10 厘米。不少地方降雹同时伴随狂风或龙卷风、暴雨，使得灾上加灾。据除了京、津、沪、冀外的 14 个省（自治区、直辖市）的不完全统计，这次大范围连续降雹天气波及 322 个市（县），造成 336 人死亡，3000 多人受伤，受灾农田 720 多万亩，毁房 50 多万间。其他直接经济损失无法估算。

我国是个多雹的国家。冰雹最多的地区为青藏高原和祁连山区。除台湾、广东、广西、湖南和湖北平原地区少见冰雹外，其他地区均有冰雹危害。如西藏的黑河地区，年平均降雹日达 35.9 天，为全国之冠。阴山、天山、长白山、太行山和云贵高原等地区，也是冰雹较多的地方。冰雹多数在 2—10 月出现，各地冰雹多发期大多是在主汛期前的 1～2 个月，在淮河以南地区降雹主要集中在 2～5 月，黄淮海地区集中在 4—7 月，黄河以北地区集中在 5—10 月，青藏高原和其他高山地区则在 6—9 月。

冰雹是一种局地灾害性天气。在雷雨云里，只有上升气流最猛烈（空气上升速度在 15 米／秒以上），而且是时强时弱的那些部分，才有可能形成冰雹。真正下冰雹的部分，宽度通常有 3～5 千米，甚至更窄。但是雹云可以移动几十到几百千米，所以降雹地区常常呈条带状。故此，人们总结的经验是"雹打一条线"。

一些多雹的地区，劳动人民从长期实践中总结出了不少看雹云的经验。例如"天黄闷热乌云翻，天河水吼防冰蛋""午后黑云滚成团，风雨冰雹一起来""不怕云墨黑，就怕云里黑加红，更怕黄云底下长白虫""黄云到，冰雹掉"等。红黄色是云中较大水滴对阳光进行选择性反射形成的，黑色是阳光透不过云体所造成的。又由于云内对流很强，空气扰动剧烈，卷进去不少尘土，使天色、云色混浊发黄。当出现黄色雹云，在一种断根云的底部同时伴有白色光带现象时，最易降雹，而且往往很强。另外，"伏天早晚凉飕飕，午后冰雹打破头""不刮东风天不潮，不刮南风不下雹""牛羊中午不卧梁，下午雹子要提防""磨儿雷（雷声沉闷而连续，像推磨一样），雹成堆"等天气谚语，也都有预报冰雹的作用。

随着气象科学的发展，我国现在普遍应用气象雷达跟踪探测冰雹，总结出一些造成冰雹等强对流天气的天气模式，应用计算机快速处理各种气象资料，进一步提高了预测冰雹的水平。植树种草、兴修水利，缩小区间温度差异，可以缓和热对流发展，从根本上减轻雹害。小范围防雹，可用高炮和小火箭向冰雹云发射碘化银等催化剂，以阻止其发展，达到消雹的目的。在冰雹多发地区要调整作物布局，以便减轻损失。

2. 龟雹·雪心冰雹·陨冰

世界上冰雹最多的地方是非洲肯尼亚的克里省和南蒂地区，一年中有130天下冰雹。在唐古拉山的黑河一带，平均每年约36天下冰雹，是我国冰雹最多的地方。

在英国东部巴顿地区的林肯郡，那里有一块奇特的纪念碑，记载着一场猛烈的冰雹。铭文写着："立此以铭记1883年7月3日晚10：30至11：00巴顿地区的雹暴。冰块长5英寸，宽3英寸，重2.5盎司。15吨玻璃被击碎。""冰块"指的是当时所降的最大的冰雹。纪念碑用新制成的、在雹暴时还处于硬化过程中的砖块砌成。在它的上面留着雹块打下的凹痕。

一些十分古怪的冰雹也令人惊奇不已。1894年5月11日下午，美国密西西比州维克斯堡降落了一次冰雹，不仅冰雹个头大，而且所有的冰雹核都是石膏块。同一时间，在维克斯堡以东13千米处的博文纳也降落一场冰雹，其中一个冰雹特别大，直径为15.2~20.3厘米，人们打开这个冰雹一看，发现里面竟藏着一只大乌龟。这是因为那天博文纳正刮着强烈的旋风，这只乌龟被旋风卷上天空，在翻腾的云海里，它被当成冰雹核而被层层冰雪所包裹，越来越大，等到上升气流再也托不住它时，就成为"龟雹"降落到地面了。

令人毛骨悚然的是，在俄罗斯的西伯利亚某地还降落过一个"人雹"。经查明，这是苏联伞兵在西伯利亚某地进行跳伞时，一名跳伞员离开飞机后，被一股强大气流带进了浓积云里，云中强烈的升降气流不断地将他上下抛掷，使他身上的冰层越裹越厚，直到上升气流无法托住他时，才变成"人雹"而落到了地面上。德国也发生过这类怪事。1930年，五名德国滑翔机驾驶员在罗欧山脉上空被卷入到一块有雷电的乌云中，他们都弃机跳了伞。恰在此时，一股强大的上升气流把他们带入过冷水汽区，五个人分别变成了巨大冰雹的核心。他们身上包着层层的冰，落到地上，全给冻结了。其中只有一名叫盖伊·默奇的驾驶员获救存活。

1886年10月3日，在美国亚利桑那州的尤马，出现了一次罕见的"雪心冰雹"现象。这天大约从上午10：58时开始，下了一场冰雹，历时7分钟。奇怪的是，大冰块的内核是压紧的雪，外面有一层厚厚的冰壳。因为一般的冰雹核心是霰而不是雪，于是人们给它起了一个"雪心冰雹"的名字。

1983年4月11日，有一块巨冰从天而降。坠落在江苏省无锡市热闹的东门附近。它斜插着一根水泥电线杆轰然落地，把近旁的一个老太太吓得呆若木鸡，飞溅而起的碎冰还擦破了她的脸。满地的碎冰多数大小如拳，最大的则有10厘米（直径），灰白相间，有人咬了一口，但又立即吐了出来，连连叫涩！这奇怪的巨冰是从哪里来的呢？是冰雹吗？不！那天无锡市上空无升降气流很大的积雨云，不具备产生冰雹的条件。是人为的吗？不！落点25米范围内并没有高层的建筑物，不可能是人抛出的冰块。而且已经调查了当天飞越无锡上空的飞机也没有掉过冰块。排除了冰雹和人为的因素，巨冰天降的最大可能来源便是太空了。在太空中遨游的众多的彗星和其他一些小天体，除石质、铁质的之外，还有冰块。早在1949年就有科学家提出，彗星的彗核是由冰块和尘粒构成的。当某彗星核表层的冰块脱离母体，遨游于太空之间，有可能一度很接近地球时，冰块受地球的吸引而坠入大地，经过大气层后残留了一小部分，就成为陨冰了。

1955年，一个偶然的机会使科学家证实了陨冰的存在。那年的8月30日，在美国威斯康星州的卡什顿城附近，一块重达3千克的大冰块落在一个15岁的男孩附近，摔成两块。他抬头望望天空，晴空万里，没有下冰雹；他环顾四方，没有飞机经过，附近也无人在跟他开玩笑。他好奇地把冰块拾起来，放在一个瓶子里。后来，他把这块冰化成的水送给加利福尼亚州科学家化验鉴定。分析结果表明，这块冰的确与冰雹有明显不同的化学组成。冰雹由气水凝结而成，具有地球水的共同特征，含有钠、石灰质、镁等成分，并有很弱的酸性反应；而这块冰很少含这些成分，且有碱性反应，还含有较多的陨石中常见的铁、镍等成分，以及氰和氨。后两种化合物，一般认为在雨水中是不可能存在的，但在彗星或陨石中则常有。可见，这块冰是地球的"外宾"。

在我国被疑为陨冰的有关记录不少。例如，1973 年 6 月 13 日，甘肃省华池县山庄桥发现一块巨冰，高十多米，相当于三层楼那么高。又如，1975 年 7 月 25 日，内蒙古林西县十二吐公社在遭到一次强冰雹袭击后，也曾发现有一块重约 30 千克的大"冰雹"。诸如此类的例子，虽然在有关记录中被认为是"冰雹"，但根据冰雹形成的理论，气象学家认为大于 10 千克的雹块是不可能形成的。所以，这些巨冰更可能的来源地是太空。

（七）暴雨如注

1. 从天上"暴雨库"说起

"天上无云不下雨"。炎热的夏天，土壤里、植物体内、江河湖海中的水分不断被蒸发变成水汽，这些水汽随同上升气流被挟带到高空，形成巨大的沉甸甸的乌云，气象学上叫它积雨云。

那巨大的积雨云就像悬在天上的"暴雨库"。有人估计过，若以每立方米的积雨云中平均含水 2.5 克计算，一团半径为 5 千米的积雨云，其中含水总量就达 130 万立方米。这相当于一座小型水库的蓄水量。如果把这座"水库"的水全部排放利用，可以生产稻米 30 万千克，或者发电 30 万千瓦时。

积雨云

一团团积雨云都是暴雨区的一个个降水的单体。它的水平范围不过 1～20 千米，但它们排列起来，可以形成 100～200 千米宽的雨带。一团团积雨云犹如一座座高峻的大山，从离地面 0.4～1000 米高处，一直可伸展到 10 千米以上的高空。如果水汽对它的供应和输送十分充足且源源不断，而气流的上升运动又很强烈和持久，当云内的水滴增大到上升气流托不住时，就急剧地降落下来形成暴雨。

气象台、站都是以在一定时间内，在露天用雨量器接的由空中降落的雨水多少而定雨的大小的。我国气象部门规定，24 小时之内，由空中降落的雨量在 10 毫米以下的称为小雨，10～25 毫米的为中雨，25～50 毫米的为大雨，50～100 毫米的为暴雨，100～250 毫米的为大暴雨，超过 250 毫米的为特大暴雨。根据这个标准，暴雨的"足迹"几乎遍及全国。

在西北内陆地区，一向全年干旱的南疆塔里木盆地北缘的库车县城，1958 年 5 月 9 日曾经下雨 56.3 毫米，接近它的平均年雨量。更有意思的是盆地中塔克拉玛干大沙漠南部边缘的且末县城，年平均雨量只有 18.6 毫米，可是 1968 年 7 月 22 日在 19 小时零 8 分钟内下雨 42.9 毫米，相当于两年半的雨量。

日雨量 100 毫米以上的大暴雨，除了西北内陆少数省（区）外，其余各省区都出现过。东南部各省还有日雨量 250 毫米以上的特大暴雨发生。日雨量超过 400 毫米就不多见了，东北只有长白山脉余脉千山山脉东坡的丹东地区，华北只有太行山东坡和豫西山地东部，南方只有广东沿海和台湾能够出现。

我国大陆上出现过两场最大的暴雨：一是发生在 1963 年 8 月上旬，在太行山东坡；二是发生在 1975 年 8 月上旬，在豫西山地东部。1977 年 8 月上旬，陕西省榆林地区和内蒙古乌审旗交界处的毛乌素沙漠出现了当地历史上罕见的特大暴雨。据调查，8 月 1 日 8 时到 2 日 8 时，日雨量超过 100 毫米的面积约 8000 平方千米，500 毫米以上面积约有 900 平方千米。最大降雨中心可能在内蒙古乌审旗什拉淖海，据当地群众对防雹筒内积水深度估计，日雨量可达 1050 毫米。这是我国，也可能是世界沙漠地区最大的暴雨。

暴雨，特别是持续时间长、强度大的暴雨的形成，单靠降雨当地大气中的水汽含量是不够的，而要依靠从水汽源地向降水区源源不断地输送。我国暴雨的水汽来源，一是来自偏南方向的南海或印度洋，二是来自偏东方向的太平洋。此外，江河湖泊也是水汽源地之一。有时，在一次暴雨天气过程中，水汽同时来自东、南两个方向，或者前期以偏南为主，后期又以偏东为主，所以在我国中原地区，民间有"东南风，雨祖宗"的谚语。

我国的暴雨大部分是由于冷暖空气交锋造成的。从晚春到盛夏，来自北方的干冷气流（即冬季风）且战且退，它在我国大陆上空与南方暖湿气流（即夏季风）频繁交锋，形成的云宽广而深厚，往往造成大范围、长时间的降水。这种降水多以暴雨的形式降落，造成严重的洪水灾害。

我国大陆上的主要雨带随季节由南向北推移。华南是我国暴雨出现最多的地区，从 4 月到 9 月都是雨季，暴雨频繁出现。6 月上旬到 7 月上旬，一般为长江流域的梅雨期暴雨。7 月上旬以后，不过 10 天左右，雨带就由淮河流域移到黄河中下游及其以北一带了。9 月以后，冬季风形成，雨带随之南撤。

由于受夏季风的影响，我国暴雨日及雨量的分布从东南向西北内陆减少，山地多于平原，东南沿海岛屿与沿海地区暴雨日最多，越向西北越少。在西北高原，每年平均只有不到一天暴雨日。

当两股来自不同方向或不同的温度、湿度的气流相遇时，就会产生波动或涡旋。著名的涡旋有产生在四川盆地西部的西南低涡和产生在青海湖附近的西北低涡。较大的波动范围达几千千米，小的则只有几千米。这些有波动的地区，常伴随气流运行出现很强的上升运动，并产生水平方向的水汽迅速向同一地区集中的现象，使云层不断增厚，云中的水滴越积越多，越来越大，最后倾泻而下，形成暴雨中心。1963年8月，海河流域发生的特大洪水就是受西南低涡的影响造成暴雨而形成的，在约1318平方千米的流域面积上，产生洪峰流量达8360立方米/秒。华南沿海和台湾是我国最大的暴雨中心。江淮流域，特别是长江中游的汉口、宜昌一带，是我国第二大暴雨中心。华西山地、南岭和武夷山区以及东北长白山区也是暴雨中心。

由于天气变化多端，每年冷暖空气的强弱程度不同，雨带的位置及其在一地停留时间的长短也不同，各地暴雨次数及暴雨盛行期与常年比相差很大。1981年四川盆地附近连降暴雨，造成四川省的绵阳、成都、内江、南充、永川（今属重庆市下辖区）、温江（今属成都市下辖区）等6个地、市的119个县1000多万亩①农田受灾，2691个工矿企业停产，38000多处水利设施被冲毁，成渝、成昆、宝成铁路和18条主要公路干线一度中断，受灾人口近2000万，被淹房屋超过270万间，死亡近千人（包括救灾中牺牲的），直接经济损失达20亿元以上。当年我国西北一些地区也出现了历史上少见的暴雨水灾。

台风也是造成我国暴雨的重要因素。直接由台风造成的暴雨，一般每年5—6月及9—11月以广东、广西和海南较多，7—8月以台湾、福建、浙江、江苏、山东沿海较多。

以局地热力不稳定为主的热雷雨所产生的暴雨范围较小，常出现在夏天午后到傍晚前后，并很快就会转晴。

---

① 1亩≈666.67平方米，下同。

2. 拿破仑兵败滑铁卢暴雨

降雨的多少，在某种情况下，对军事活动有着重要的作用。

"1815 年 6 月 17 日的那天晚上，多几滴雨或少几滴雨，成为拿破仑一生胜败存亡的关键。"法国文学家雨果曾在《悲惨世界》中这样揭示过拿破仑在滑铁卢战役中失败的原因。

话从 1813 年说起。这年 3 月 1 日，拿破仑军队在德国莱比锡被俄国、奥地利、普鲁士等国同盟军打垮。拿破仑被迫交出帝位，并被放逐到地中海的厄尔巴岛。路易十八重回巴黎，波旁王朝在法国全面复辟。

被囚禁于厄尔巴岛的拿破仑，暗地里筹划着出逃。终于在 1815 年 2 月 26 日，他带领一千多名士兵，趁黑夜偷偷地乘船离开了厄尔巴岛。

拿破仑船队在地中海上航行了三天三夜后，停靠在法国的里昂港。拿破仑登上码头，站在一座堆得高高的货堆上，向着他的一千多名追随者发表了一番讲演。"法兰西万岁！拿破仑万岁！"一番讲演鼓动得士兵们禁不住热烈欢呼起来。面对这些斗志昂扬的士兵，拿破仑拔出指挥刀豪迈地向着北方一挥，命令道："向着巴黎，出发！"

一千多人排成几路纵队雄赳赳地出发了。

"是他，是拿破仑皇帝！""皇帝回来了，我们的皇帝回来了！"过去的旧部都应声归附。人们争先恐后地加入到拿破仑的队伍中。就这样，拿破仑一路上没放一枪，没伤一人，队伍迅速扩大，在接近巴黎时，已有 15000 人了。

当拿破仑军队来到巴黎时，波旁王朝士兵纷纷倒戈，路易十八仓皇逃窜。

3 月 20 日，拿破仑在巴黎重登帝位。上台后，他首先迅速消灭了反动派，继后是招兵买马，重整军队，以实现他称霸世界的野心。

6 月，拿破仑军与英国将军威灵顿率领的同盟国联军之间，在今天的比利时首都布鲁塞尔南部滑铁卢村以南 5 千米处，展开了一场悲壮惨烈、惊心动魄的大战。

这次战役，拿破仑投入士兵 7.4 万人，大炮 246 门；联军包括英、荷、比、德的军队和普鲁士军共 11.3 万人，大炮 156 门。

6 月 17 日，交战双方摆弄阵势，准备第二天血战。当天晚上，拿破仑在指挥部订下了第二天作战方案：早上6时发起攻击，中午结束战斗，前后计划用6小时，速战速决。然而，老天爷却不帮忙，恶劣的天气降临了。

午夜刚过，突然一道闪电划破了阴沉沉的天空，随着一阵轰隆隆的雷声，一直笼罩在战场上空的乌云，变成了瓢泼大雨铺天盖地而来。猛烈的暴雨冲刷着大地，使满山遍野出现了无数沟坑，泥浆满地，"辎重车的轮子淹没了一半，马肚带上也滴着泥浆"。18日早上8时，天上依然在下着迷迷蒙蒙的细雨。因此，拿破仑不得不把总攻的时间延迟到上午11点半。

上午11点半，随着三声炮响，著名的滑铁卢之战开始了。

首先是法军的80门大炮齐声轰鸣，向着英军阵地猛轰。接着，法军的骑兵部队以排山倒海之势向英军猛冲。然后是步兵的轮番冲击。面对法军的进攻，英军也不示弱，顽强地进行反击。英军的阵地十几次被法军攻克，但又都夺了回来。经过几小时浴血奋战，双方都损失惨重，疲惫不堪。

尽管如此，拿破仑仍然命令积极进攻。前一晚的一场暴雨，道路泥泞不堪，步兵艰难地向高地推进，沉重的炮车轮子常常陷进泥坑里，致使这个拿破仑最擅长使用的威慑力极大的武器不能发挥应有的作用。这一切困难和不利，都不能动摇拿破仑的顽强意志和必胜信念。他仍然那样镇定自若、信心百倍。法国士兵们高呼着"皇帝万岁！"越战越勇。"为了法兰西，冲啊！""冲啊！"战场上爆发出一阵阵呐喊声，千万把马刀闪着寒光，如同旋风般向敌人阵地上卷去。

在这决战的关键时刻，由于暴雨造成的道路泥泞，法军的援军未能及时赶到，又由于暴雨使总攻时间推迟，给了联盟军充裕的时间，使增援威灵顿的普鲁士军队及时赶到战场。精疲力竭的法军遭到前后夹击，战局急转直下，最终拿破仑失败了。

这次战役使拿破仑军伤亡2.5万人，被俘9000人。拿破仑再次被迫退位。

显而易见，了解和熟悉气象对战争的影响，善于运用气象条件来组织和指挥作战，也是取得战争胜利的重要因素之一。

3. 世界上暴雨最多的地方

世界上不少地方，年降水量都在1000毫米以上，暴雨相当频繁。

世界上日降水量最大的地方是印度洋的留尼汪岛，岛上的赛路斯在1952年3月15日至16日创下了世界暴雨的最高纪录：一昼夜降雨1870毫米，被称为"世界暴雨中心"。

留尼汪岛地处热带，位于非洲马达加斯加岛以东的印度洋上，面积2510平方千米。它处在印度洋热带风暴的主要通道上，每年都会受到热带风暴的多次侵袭，降雨丰沛，且多集中在夏季的几个月里。留尼汪岛上地形复杂，山脉纵贯，高峰林立，最高峰叫内日峰，海拔约3069米。夏季，来自印度洋携带大量水汽的热带风暴，遇到高山阻挡急剧抬升，湿热空气遇冷凝结成云，导致特大暴雨。

留尼汪岛创纪录的暴雨从1952年3月11日起前后持续了8个昼夜，降雨总量达4130毫米（1952年3月11日至19日）。不过，留尼汪岛上各地雨量却有很大差异。内日峰峰的迎风坡上年平均雨量达8233毫米，而西部仅仅一山之隔的波尔特，年降雨量只有570毫米。

其实，要说年降雨量，留尼汪岛还不算是最大，世界上绝对降雨量最多的地方是印度东北部阿萨姆邦的乞拉朋齐镇。乞拉朋齐镇素以"世界雨极"闻名天下。

乞拉朋齐镇位于卡西山脉南坡海拔1313米的地方。这个小镇的北面有高大的喜马拉雅山屏障，迫使来自印度洋的饱含水汽的西南季风抬升，冷凝致云，降雨不断。这里的年平均降水量为11430毫米，1861年出现了年降水量22990.1毫米的世界最高纪录。特别是1960年8月1日至1961年7月31日的一年中，由于西南季风特别活跃，乞拉朋齐再次刷新了自己保持近百年的世界雨量纪录，年降水量高达26461.2毫米。

当乞拉朋齐雨季（3—10月）到来的时候，终日乌云密布，雨水连绵，有时连续半个月日夜大雨滂沱。大小建筑物都被雨水侵蚀，木柱腐烂，铁皮屋顶锈迹斑斑。人们外出必穿雨衣，儿童只能在泥水里玩耍，皮鞋隔两天不穿就发霉，连狗也几乎总是浑身湿淋淋的。镇郊农田终日浸水，只能长出无营养的洋葱头、小如拇指的胡萝卜和干瘪的辣椒。

印度东北部不只是乞拉朋齐一处多雨，像茂息拉姆在1957年年降雨量也曾达10727毫米，还有一些地方的年降雨量超过12000毫米。

非洲几内亚湾沿岸、南美洲亚马孙河流域、西印度群岛和太平洋中的某些岛屿，也都是世界多雨的地方。赤道几内亚的利卡年降雨量为10450毫米，喀麦隆的第彭沙年降雨量 10091 毫米，都是在迎风坡上测到的。

然而，如果从年平均降雨量来看，太平洋中部夏威夷群岛的考爱岛，当推为世界第一。1920—1972 年，考爱岛上年平均降雨量为 11458 毫米，每年下雨的日子约有 325 天。

考爱岛上地势高峻，峡谷幽深，高耸的威阿列勒山（海拔 1539 米）像一堵屏风，挡住了常年吹来的东北信风的去路。湿润的海风在山坡环绕，冷暖空气交汇、上下对流，既有锋面雨，又有地形雨、对流雨。这里全年雨大都降落在山坡东北部迎风坡上，被称为世界的"湿极"。

我国四川省西部的雅安，平均一年中的雨日有 220 天，多年平均降水量 1774.3 毫米，自古有"西蜀天漏"和"雅州天漏"的说法。西蜀是四川西部地区，雅州也是指现在川西雅安市及其附近地区。由于川西边缘山地阻挡夏季风，气流被迫沿山坡上升，水汽容易凝结形成地形雨。尤其在山谷风盛行的夏季，更有助于地形雨的形成，常常大雨如注，如同天"漏"了。

但川西雅安并不是我国年雨量最多的地方。中国的"雨极"是在台湾的火烧寮。这里处于基隆河发源地迎风高地上，多年平均降雨量达 6489 毫米，其中 1906—1944 年的年平均降雨量高达 6557.8 毫米，尤其是 1912 年的年降雨量曾高达 8408 毫米，成为我国现有气象记录中的年降雨量之最。

火烧寮位于纵贯台湾岛的台湾山脉东北端山坡上，面向辽阔海洋。夏秋季节，从太平洋、印度洋吹来的东南季风、西南季风，以及一次次的台风登陆，潮湿气流受地形的阻挡而抬升，容易凝云播雨。1967 年 10 月 17 日上午 8 时至 18 日上午 8 时，火烧寮 24 小时的降雨量就达 1672 毫米，平均每分钟 1.1 毫米，形成了特大暴雨。在冬季，火烧寮还受到东北季风的吹拂。东北季风实际上是季风和信风的结合，相当稳定。东北季风经过广阔的海面，特别是掠过黑潮暖流的水面，所裹挟的水汽量大增，气流稍稍受地形的抬升作用，饱含水汽的东北季风吹到火烧寮，就很容易形成绵绵寒雨。火烧寮从 11 月到第二年 3 月所降的雨水，约占全年雨量的一半，是我国唯一的冬季多雨区。离火烧寮不远的基隆港因为多雨而有"雨港"之称。

（八）洪水漫天

1. 洪水漫天

"大海和江河中的水越来越上涨了……"

古希腊的一个神话这样描述过一场似乎都来不及惊讶的前所未见的洪水。其他许多国家的人民也把类似的关于大洪水灾难的传说从古代传到今天，这些灾难席卷了大片地区，毁掉了几乎一切生命。

我国古籍《淮南子·览冥训》中说："往古之时，四极废，九州裂，天不兼覆，地不周载，火炎而不灭，水浩洋而不息。"

从这则神话故事中我们知道，人类不仅遭受洪水之害，还受着大火的煎熬。这大火是什么火呢？就是伴随着洪水而来的火山爆发。故事告诉我们，人类曾陷入水深火热之中。

在我国西南地区，流传有一则关于伏羲的传说：很久以前，山里住着一户农家，父亲辛勤劳作，两个儿女无忧无虑地玩耍、生活。一天，雷公发了怒，给人类降下了大灾难，天上乌云翻滚，雷声隆隆震撼大地，道道闪电撕裂天空，大雨倾盆，山川大地承受着暴雨的抽打。电闪雷鸣之中，雷公手持利斧，驾风乘雨从天而降。勇敢的父亲毫不畏惧，用虎叉向雷公叉去，将之叉进一个大铁笼子里。

父亲吩咐两个孩子千万不要给雷公水喝，而雷公趁父亲不在家，用装病的办法欺骗了善良的小女孩，得到了几滴水，恢复了神力，挣脱了牢笼。雷公为了感谢女孩的救命之恩，拔了一颗牙给两个孩子。

后来，雷公的牙种在土里结出了一个大葫芦，两个孩子躲到里面，在大洪水来时躲过了灾难，而父亲却悲惨地死在雷公手上。两个孩子幸存下来，长大后结成夫妇，人类又重新繁衍，这就是人类的始祖伏羲哥与伏羲妹。

《圣经·旧约全书·创世纪》中也有类似的洪水故事：耶和华决定把所有人杀死，只留下诺亚和他的家属。他告诉诺亚用歌斐木制作一条方舟："凡洁净的畜类，你要带七公七母；不洁净的畜类，你要带一公一母；空中的飞鸟也带七公七母，可以留种，活在地上……"

方舟长 125 米、宽 22.5 米、高 16 米，共 3 层。大小相当于现代 15000 吨级的船体。

方舟制成后，诺亚一家还有一些动物乘上了船。七天后，即 2 月 17 日这天，大海的泉源裂开了，天上的闸门敞开了，大雨降了 40 昼夜，洪水一直漫过普天之下所有高山的山顶，除了乘在方舟上的生命之外，凡在旱地上、用鼻孔呼吸的生灵都死了。过了 150 天，洪水开始消退，方舟漂到了阿拉拉特山上。传说方舟就停靠在山顶的冰湖上。

3500 年前，居住在水量大的底格里斯河和幼发拉底河沿河两岸的苏美尔人，是创立第一种最古老文字的民族。在苏美尔泥板书中，对大洪水有如下描述："早晨，雨越下越大。我亲眼看到，夜里大粒的雨点密集起来。我抬头凝视天空，其恐怖程度简直无法形容……第一天，南风以可怕的速度刮着。人们都以为战争开始了，争先恐后地逃到山中，什么人都不顾，拼命逃跑。"

在秘鲁印第安人的传说中，大神巴里卡卡因到一个庆祝节日的村庄没受到注意，无人给他东西吃，只有一个年轻姑娘可怜他，给他一点酒喝，他就引来风暴和洪水，摧毁了村庄，大水一直淹到山上。除了那姑娘，所有的人都葬身洪水之中。

神话传说中的大洪水有科学证据吗？答案是肯定的。科学家们陆续在各大陆发现了一些确信是大洪水留下的痕迹。

1955 年，法国探险家强·那巴拉声称，他在阿拉拉特山发现了神秘的诺亚方舟。当年 7 月，那巴拉带着刚满 12 岁的儿子拉菲尔，登上了阿拉拉特山。他们历尽艰难，四处勘察，终于在冰湖中发现了一块木头，形状很像诺亚方舟的残骸。于是他们赶快把它带回法国。

这块由那巴拉父子带回的木块，先后送交法国、西班牙、埃及的大学、研究所进行考证调查。结果表明，这块木料确实是在距今至少 5000 年前的古代，用歌斐木制成的建筑物的一部分。根据科学考察，在 6000 年前诺亚生活的时代，大洪水曾经漫及位于土耳其、伊朗和现在亚美尼亚境内的阿拉拉特山顶。

1922 年，英国考古学家伦纳德·伍利爵士，在美索不达米亚沙漠发现了苏美尔古国吾珥城遗址，并在遗址中的王族墓下发现 2 米多厚的干净黏土沉积层。经分析研究，表明这层干净的黏土层属于洪水沉积后的淤土。由此得知这一带在远古时期曾发生过一场大洪水。

美国科学家也发现了1万多年前曾有大量淡水涌进墨西哥湾，从而推测淡水源就是史前大洪水。

神话传说把造成大洪水的原因归结于人得罪了神。《圣经》中是耶和华看不惯他所创造的人的所作所为，决定杀死那些对己不敬的人，留下听话的奴仆，因而发动了大洪水。伏羲的传说是人得罪了雷公神而被降下了灾难。《淮南子》是神因争权夺利，水神共工不敌火神祝融，咽不下战败的恶气，一头撞向支撑天地的大柱子不周山，造成天崩地裂，致使天上之水与地下之水一齐涌来，造成了大洪水。秘鲁传说的大洪水，也是因人得罪了大神巴里卡卡，导致洪水泛滥。

随着科学技术的发展，人们的思维方式有了改变，开始用新的观点，用不同的技术方法研究大洪水产生的原因，但至今尚未得出一致的结论，争论远未结束。

2. 无情的水灾

在我国历史上，从公元前206年到1949年的两千多年间，有文字记载的水灾就有1029次。中华人民共和国成立以来也多次发生涝害，其中，1954年、1991年和1998年发生了全国性的大水灾。

1954年，长江流域自5月份提前进入雨季，一直持续到7月底，仅6月和7月这两个月的降雨量就达500~700毫米，有的地方达900毫米以上，比往年同期降雨量多4~6倍。江河湖泊水位猛涨，各地相继出现最高洪水纪录。汉口的长江水位达29.73米，超过历史最高水位1.45米。在一些河段和湖泊，洪水漫出河堤或湖堤，淹没了两岸的土地。长江中下游的湖北、湖南、江西、安徽、江苏等5省463县（市）受灾，成灾面积6615万公顷，成灾人口3924万，死亡36180人，损坏房屋近788万间，京广铁路100天不能正常通车，直接经济损失达100多亿元。

1991年5—6月，我国共有18个省（自治区、直辖市）发生水灾，受灾面积达24596千公顷，成灾面积14614千公顷，因灾死亡人口5113人，倒塌房屋497.9万间，直接经济总损失779.08亿元。此次水灾的主要特点是地区过分集中，5月下旬至7月中旬，淮河流域和长江中下游平均降雨500

多毫米，雨量最大的地方达 160 毫米，致使安徽省和江苏省发生特大洪涝灾害。安徽省和江苏省受灾人口占两省总人口的 71%，1700 多万人被洪水围困，农作物受灾面积占播种面积的 60%，损失粮食 170 亿千克，各种基础设施直接经济损失 450 亿元。

1998 年夏，长江狂澜骤起，巨灾突然降临。6 月中旬，长江流域普降大雨，干流出现大洪水。7 月下旬，长江中下游再次出现持续性强降水天气过程，发生了 1954 年以来又一次全流域性特大洪水，先后形成八次洪峰，致使中下游干线全线超过警戒水位。在最高水位期，湖北境内除汉口、黄口外，其余各江段均突破历史最高水位，其中，湖北监利超过最高水位，达 1.67 米。8 月 17 日，第六次洪峰通过沙市时水位达到 45.2 米，比 1954 年最高水位高出 1.55 米，成为有历史记载的最高水位，局面十分危急。由于军民团结奋斗，顶住了八次洪峰，抗洪抢险取得全面胜利。

1998 年，嫩江、松花江流域也与长江流域同时出现超历史纪录的特大洪水。新华社 1998 年 8 月 26 日电："截至 8 月 22 日初步统计，全国共有 29 个省（自治区、直辖市）遭受了不同程度的洪涝灾害，受灾面积 3.18 亿亩，成灾面积 1.96 亿亩，受灾人口 2.23 亿人，死亡 3004 人（其中长江流域 1320 人），倒塌房屋 497 万间，各地估报的直接经济损失 1666 亿元。江西、湖南、湖北、黑龙江、内蒙古和吉林等省（自治区）受灾最重。"

我国水涝具有明显的季节性。这与各地雨季来临的早迟、长短、降水集中时段以及台风活动等有密切的关系。

华南、江南地区，每年 4—6 月恰逢雨季，这个时期雨量大约占全年雨量的 40%～60%，很容易出现局部地区的洪涝灾害。尤其是在雨季明显的年份，例如 1959 年，珠江流域出现了百年未遇的大涝。每年 6—7 月，雨带在江淮流域徘徊，经常造成涝灾。

7—8 月，多雨带经我国华北地区移到东北和西北地区，也容易形成涝灾。1985 年辽河大水，致使 60 多个县市的 1200 多万人、6000 多亩农田和大批工矿企业遭受特大洪水袭击，死亡 230 人，直接经济损失达 47 亿元，东北三省粮食减产 50 亿千克。在西北地区，1997 年青海海南藏族自治州地区连降暴雨，袭击了龙羊峡水电站全部 4 台机组，并使电站人员被困，所有进出道路中断。8 月 5 日电站停止发电。

在东南沿海，因受台风影响，涝期较长，江苏、浙江沿海和海南为 7—

三、雷电和雨

229

9月，福建、广东、广西沿海为5—9月，云南、四川等地大部集中在6—8月，贵州多出现在4—7月；陕南、关中、川东、鄂西一带还有秋涝现象。

我国水涝发生的地域特点是：东部多，西部少；沿海地区多，内陆地区少；平原地区多，高原山地少。据1951—1980年统计，华南的两广大部及闽南是我国受涝次数最多、范围较大的地区，30年中受涝10~23次，平均每3年出现1~2次；湘北、赣北和东南沿海，30年中受涝灾10~15次，平均每2~3年出现1次；淮河流域大部地区受涝灾12~15次，平均每2~3年出现1次；海河流域的天津、冀东和冀中地区，受涝10~13次，平均约3年出现1次。这些地区都是我国多涝区，其他如辽河地区、黄河中下游地区、汉水流域及江南南部均为次涝区。我国历史上有名的大洪灾基本上都发生在这些地区。

我国历史上还常发生大江大河泛滥和改道的严重水灾。黄河是举世闻名的悬河。大量泥沙淤积使黄河下游河床高出地面3~5米，有的地方甚至达10米以上，黄河两岸几乎全靠堤防作为屏障，遭遇大洪水时很容易决口，且难以立即堵复，有时便酿成水灾。据统计，从公元前602年至1938年的2540年间，黄河有543年大堤决口泛滥，决溢次数达1590余次，其中大的改道26次，水灾波及面积北自天津，南至安徽、江苏，纵横25万平方千米。

公元前132年，黄河决口，洪水遍及十六郡，造成连续23年的泛滥，灾情极为严重。公元1117年（宋徽宗政和七年），黄河泛滥，开封城内共37万人，被淹死的人数达34万。1761年、1842年和1887年，黄河又先后发生了3次特大洪灾。1938年国民党为阻止日寇西犯，于汛期先后在河南中牟县赵口和郑州花园口扒开黄河大堤，使千里平原顿成泽国，河南、安徽、江苏三省有44县市，5万多平方千米的土地和1250万人遭受洪水侵袭，淹死89万人。

1917年天津水灾

在长江中下游，自公元前

185 年至 1911 年的 2096 年中，共发生洪灾 214 次，平均约 10 年 1 次；近代自 1921 年以来发生较大水灾 11 次，约 6 年 1 次。淮河在 1400 年至 1900 年、海河自 1368 年到 1948 年，分别发生洪灾 350 次和 387 次。另外，松花江、辽河、珠江历史上也多次发生水涝灾害。

新中国成立后，在防洪抗涝方面采取了许多有力措施，修筑了大量的分洪、拦洪和排洪工程，加强了农业抗御水涝灾害的能力，但是形成水涝灾害的自然因素并未消除，因此局部地方的水涝时有发生，对农业生产仍有较大影响。

据统计，1950—2011 年，我国（未含台湾和香港、澳门特别行政区统计数据）洪涝灾害平均每年造成受灾面积 9781.03 千公顷，成灾面积 5413.12 千公顷，因灾死亡人口 4505 人，倒塌房屋 194.26 万间，直接经济总损失 1240.68 亿元。

一个地方洪涝灾害的发生，最主要而直接的自然因素是暴雨，同时也受诸多社会因素的深刻影响。随着社会的发展，人口急剧增加，人们在适应、改造环境的同时，也加剧了对大自然的干扰，产生了负面影响。由于人口膨胀，人们大量而不合理地对土地进行开垦，导致森林覆盖率大幅度下降，水土流失面积扩大、程度加强。每当一场大雨或暴雨之后，降雨的大部分没有植被的截留，迅速夹带表层泥沙，注入江河湖库，于是增大了当时的洪水总量；从山坡上冲刷下来的泥沙，又造成河道及湖泊水库淤塞，降低河流行洪能力和湖库调蓄洪水容量，并提高洪水位，导致洪涝灾害加剧。

洪灾与气候变化也有关联。1997 年，全球爆发百年来最强的厄尔尼诺现象，强大暖湿空气带来了强降水，造成 1998 年长江流域洪峰不断。紧接着，拉尼娜现象又使应当按期北移的副热带高压突然杀了"回马枪"，使一度缓解的长江平流汛情再度紧张起来，以致长江全线告急。

抗御水涝灾害的根本措施是：大力兴修水利，治理河道，建设水库，加固河塘海堤，改造易涝洼地，在河流上游及两侧全面保护森林，加强植树造林和水土保持工作，在平原地区实现河网化。对于降水量年际变化大、有时出现暴雨等情况，汛期必须加强气象水文预报工作，使防涝抢险早做准备。

采取有效的农业技术措施，如调整播种期、选用早熟品种、在低洼易涝地区多种耐涝作物，如水稻、深水稻、高粱等，并注意培育耐湿抗涝品种，也可以减免水涝的危害。

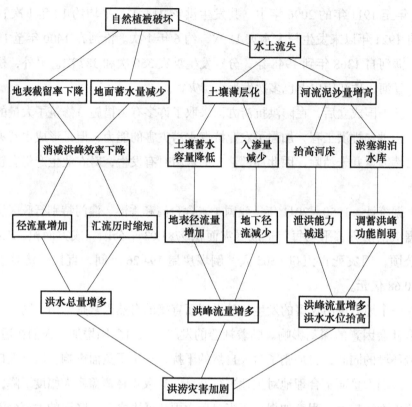

自然植被破坏导致洪涝加剧的叠加效应

（九）泥石流

1. "飞山"之谜

1989 年 6 月 14 日，一起罕见的"飞山"事件，发生在川滇交界处的四川珙县三溪乡百花村。

当天凌晨 1 时，在如注的倾盆大雨中，一座大山的腰部似被一只巨手撕断了一大块，泥石飞越公路与小河，倾覆在对面一座大山的脚面上。原山腰上一部分玉米、马铃薯等农作物完好如初，好像睡在梦中，被强行搬离了家门。

人们来到"飞山"现场，了解到 6 月 13 日晚，一场百年未遇的特大暴雨袭击了三溪乡，降雨量达 250.9 毫米，致使山洪暴发、公路崩塌、泥石倾泻。"飞山"处叫"出水洞"，14 日凌晨 1 时左右，伴随着"砰"的一声巨响，离地面约 20 米的凸出山腰脱离了母体，带着数亩旱地作物，裹着黑乎乎的水雾，越过公路与小河，斜向飞往对岸山脚河滩，覆盖了 7 亩多稻田。原山坡上约 70 多株玉米和一些马铃薯仍保持着原来模样，令人十分惊奇。

这座山的山腰坡度约 45 度，被撕掉的地块石面裸露呈梯形，下宽上窄，中间宽度 48 米，厚度上为 2 米，下为 10 米，垂直高度约 15 米。"飞山"现象发生时，大约 8000 立方米泥石，似被人用一把巨大的铁铲铲起，高扬着抛向了河对岸。被覆盖面呈扇形，泥石分布较均匀。右前方 140 米处有一块飞去的大石头，约 1.8 立方米，重约 2500 千克。

"飞山"是一种自然现象，一般称为滑坡，又叫走山、移山、地移等。它是山坡上的土石经水分浸润后，在重力作用下，发生的整体下滑现象。

地质水利专家从三溪乡滑坡体情况分析，证明它属于快速滑坡，与特大暴雨所形成的巨大外力有关。由于滑坡体底部呈瓢形，加上公路部位的反作用，对滑坡体产生一种强大的挑射作用，就使得滑坡体向外飞了出去。就好像水沿斜线冲下，着地后又高扬而出一样。

在我国的西南和西北地区，尤其是青藏高原东北部与黄土高原结合的部位、横断山脉等地，是大型滑坡的多发地区，东部丘陵地区也有滑坡带分

三、雷电和雨

233

布，但一般发生规模较小。

1967年6月8日9时，四川雅江县唐古栋地区雅砻江右岸，发生了大规模崩塌性滑坡。所形成的堆石坝右岸高175米，左岸高355米，截流9昼夜，库容达6.8亿立方米，溢流没顶溃决，洪峰流量达5.3万立方米/秒，以40米高的水头冲毁了下游的农田和村庄。

1980年7月3日发生的铁西（成昆铁路西车站）滑坡，可以说是迄今为止发生在中国铁路史上最严重的滑坡灾害。堆积在路基上的滑坡体体积达220万立方米，厚14米，掩埋铁路长160米，中断行车40天，直接经济损失达3000多万元，工程治理费用达2300万元。滑坡与崩塌并发造成的危害更加严重，如1981年7月到9月，四川省连降特大暴雨，使全省18个地、市、州的90多个县发生了6万处滑坡、崩塌，其中规模较大的有4700多处。

1982年7月28日，在四川云阳县城以东约1000米的长江北岸，因连续暴雨而发生了规模约1500万立方米的鸡扒子滑坡（滑坡地带有一个小镇名为"鸡扒子"，故而得名）。这次滑坡毁坏农田51.67公顷、房屋1730间，位于滑坡体前沿的冷冻库、食品厂、供销社等单位被推入长江，并有180万立方米滑体物质入江，直抵对岸，形成了600米长的急流险滩，给长江航运带来极大困难和威胁，造成560万元的直接经济损失和8000万元的间接（航道整治）经济损失。

1983年3月7日，甘肃省乐乡县洒勒山北麓大雨滂沱，一道闪电过后，接着传来震耳欲聋的轰隆声，突然，巨大的山体从高耸的洒勒山沿着山坡滑下，数千万立方米黄土以30米/秒的速度，排山倒海似的呼啸而下。顿时，方圆3000米的农田不见了，村庄消失了，在地里劳动的270名农民被黄土掩埋，田野变得死一般寂静。程度如此猛烈，在黄土滑坡中是罕见的。

滑坡多发生在雨季。每年6—8月为我国滑坡、崩塌灾害的主要活动期。这时期多暴雨及连续降水，雨水把地表土浸润后，重量增加，特别对透水性差的岩石，雨水更容易下渗，浸润形成一个软弱层。大量吸水后，上覆土石就沿着这个层面下滑，往往在顷刻间造成严重的灾害。

有时，山体滑坡也会发生在1月。2013年1月11日8时26分，云南省昭通市镇雄县果珠乡高坡村赵家沟村民组发生山体滑坡，山体滑坡体长120米、宽110米、厚16米，滑坡范围共涉及16户群众，造成46人遇难。

地域辽阔的中国，山地和丘陵占全国陆地面积的 65%，地质结构复杂、地震活动频繁，孕育着产生滑坡灾害的风险。加上异常的暴雨和久雨天气，使我国成为世界上受滑坡危害最严重的国家之一。近代以来，由于人口剧增，森林植被遭受严重的破坏，大规模兴建铁路、公路以及矿山开采、水利水资源的开发等，使得我国滑坡灾害又有了明显增加的趋势。滑坡灾害频次最高的省份是四川省，约占全国同类灾害的 25%，其次是陕西、云南、甘肃、青海、贵州等省。其中，四川、陕西、云南等省的滑坡、崩塌灾害占全国同类灾害的 55.4%。

尽管我国滑坡、崩塌灾害的危害十分严重，但滑坡、崩塌的发生发展过程具有明显的宏观征兆和规律，因而灾害具有极大的可预报性；同时，主要致灾因素，如人类活动、地下水等也可以人为调控。所以，我国减轻滑坡、崩塌灾害的前景是十分乐观的。

2. 话说泥石流

2010 年 8 月 7 日 22 时许，甘南藏族自治州舟曲县突降强降雨，县城北面的罗家峪、三眼峪泥石流下泄，由北向南冲向县城，沿河房屋被冲毁，电力、交通、通信中断，城区 4 万多居民用水完全中断。泥石流阻断白龙江，形成堰塞湖，造成 1501 人遇难，264 人失踪。

2010 年 8 月 12 日至 22 日，由于遭受连续强降雨袭击，四川遭受了特大山洪泥石流灾害，特别是"5·12"汶川特大地震灾区泥石流灾害尤为严重。12 日深夜，绵竹市清平乡一带暴雨倾盆，2 小时内降雨量达 220 毫米。13 日凌晨 1 时，伴随着一阵轰隆隆的巨响，滚滚山洪从河谷间奔出。山洪裹挟 600 万立方米特大泥石流，以迅雷不及掩耳之势袭向清平乡，所到之处，庄稼被淹，家园被毁，许多地震灾后重建的楼房被埋。

8 月 13 日夜晚，汶川县映秀镇出现特大暴雨，至次日凌晨烧火坪隧道口传来惊天动地的巨响，数万立方米泥石流从山顶直冲而下，冲进岷江河里。河水受阻后又从侧面翻滚直冲映秀镇，凌晨 5 点洪水淹至灾后新建楼房的二楼。

与此同时，地震灾区的绵阳市、广元青川、成都都江堰等地也受到了山洪泥石流肆虐的威胁。14 日强降水结束后，又有 17 日和 20 日的强降水先后袭击四川，山洪泥石流灾害加剧。据报道，截至 8 月 19 日 17 时，四川全省有 14 个市（州）、67 个县（市）、576 万人受灾，共发生较大规模的地质灾害 75 处，因灾死亡 16 人，失踪 66 人，转移群众 29.4 万人。全省直接经济损失约 68.9 亿元。

泥石流是山区突然暴发的含有大量泥沙石块的特殊洪流。山区沟谷底坡陡峭，山体崩塌、滑坡作用频繁，松散堆物丰富，如有暴雨洪水或大量冰（川）雪融水使土屑饱和，达到流塑状态，在重力作用下就很容易发生泥石流。每立方米泥石流重约 2 吨，泥沙石块含量高达 15% 以上，最高可达 85%，最大流速可达 15 米 / 秒。在短暂时间内，往往出现数十万立方米到数百万立方米的固体物质流动，来势凶猛，能摧毁前进途中的桥梁、路基，堵塞河道，掩埋农田、村镇，具有极大的破坏力，是山区常见的一种自然灾害现象。

我国大部分灾害性泥石流多发生在夏秋季节，这是由于夏秋季节高温多雨所致。一般认为，夏秋季节午后至傍晚暴雨雨势最大，冰雪消融最强烈，所以泥石流多在傍晚和夜间发生。除了季节性、夜发性外，泥石流还具有齐发性。泥石流总是发育在沟谷中，由于区域地质地貌结构的一致性，一个区域内泥石流沟谷总是成群、成片、成带分布，而暴雨降水也是区域性的，因此泥石流暴发时就出现"一沟动，沟沟动"的齐发性特点。当泥石流暴发时，几乎都是以相等的间隔时间一阵一阵地流动，呈阵性运动或脉状运动，在一阵中可能出现数十次至数百次脉动。这种现象，目前尚无法解释成因。

由于我国东部和中部处于半湿润半干旱地区的气候过渡带的山地环境中，所以普遍产生暴雨泥石流。川西、滇西北和陇南山地为暴雨泥石流的主要分布区。干旱季节的风化提供了大量的松散物质，湿润季节的特大暴雨或连续性降雨后的暴雨是泥石流暴发的主要激发因子。云南东川蒋家沟每年泥石流暴发可达 20 次以上。川西的南坪、汶川、理县等地，每遇大雨（尤以 0.5～1 小时的短时强降雨）就有小至中型的灾害性泥石流发生。

1979 年云南省西北怒江州 5 个县的 40 条沟谷暴发泥石流，为三十多年来该地区泥石流发生最多、灾情最严重的一年，造成巨大的经济损失。

1981 年，四川省西部地区 50 个县 1000 余条沟谷暴发了泥石流。同年，陕南秦岭大巴山区的许多县也发生了规模较大的泥石流。仅宝成铁路凤州、略阳一带的铁路沿线就有 134 条沟谷暴发了泥石流，造成的经济损失巨大。

1984 年，甘肃省武都地区因连降暴雨，20 条沟谷同时暴发泥石流，不仅淤埋公路、淹埋房屋、冲毁河堤和田地，还汇入白龙江，引发了近 50 年一遇的洪水。

1985 年 7 月 25 日至 27 日，一场台风暴雨袭击辽宁省丹东地区，造成特大洪水和泥石流。这场暴雨泥石流使丹东市 49 个乡镇 14.6 万人受灾，冲毁房屋 3400 间，受伤 2000 余人，死亡 38 人。凤上线铁路因泥石流冲毁路基停运十几天，沈丹线铁路停运两个月之久，凤城钢铁厂遭到泥石流袭击，停产 13 天。

据统计，我国有 29 个省（自治区、直辖市）的 771 个市（县）遭遇过泥石流危害，其中以四川省和云南省最为严重，其次为陕西、甘肃、广西、湖南和辽宁等省（自治区）。

冰川也会激发泥石流。高山陡坡上的冰川，有时因为消融得不均匀等原因，突然断裂、崩塌，夹带着大量泥沙石块汇成一股洪流向下冲去，锐不可当，这叫冰川泥石流。东经 102° 以西的十多座大山系内，均有冰川泥石流发生。尤其是念青唐古拉至横断山地带及喜马拉雅山南坡，冰川泥石流最为突出。西藏自治区东南部有个野贡湖，周围青松遍野，雪山环绕，风景如画。1900 年秋季，野贡河的左岸突然暴发了一次特大的冰川泥石流，它的前锋越过野贡河，冲上右岸的山坡，顷刻间筑成一道 60～80 米高的"拦河大坝"，把野贡河拦腰切断，使它的上游成了一个湖，便是现在的野贡湖。

1953 年 9 月 25 日夜里，西藏自治区古乡冰川泥石流大暴发，在帕隆藏布江谷地形成一个长约 2 千米、宽达 3 千米的扇形石海。泥石流冲出的一块花岗岩长 20 米、宽 12 米、高 8 米、体积 1500 立方米，重达 4000 吨，这是世界上冰川泥石流搬运的最大石块。

世界上最大的冰川泥石流发生在秘鲁的安第斯山脉瓦斯卡兰峰地区。1962 年 1 月 10 日，山顶一个冰帽发生冰崩，冰帽边缘 800 米长、55 米高、体积大约 300 万立方米的冰崖，从高处跌落 900 米，引起强大的冰川泥石流。它以每小时 100 千米的速度向下冲去，一路上摧毁了 6 个村庄。1970 年 5 月 31 日，由于地震，瓦斯卡兰峰的冰帽从悬崖下落到冰川盆地，顿时腾起冰雪粒的蘑菇云，同时向外溢出巨量冰雪流，挟带着悬崖上崩落的碎石、泥土，激起巨大的冰川泥石流，总量达 3000 万立方米。它沿着河谷以每小时 30 千米的速度疯狂地往下冲，产生了气浪和石雨，把重达 3 吨的石块抛到 600 米以外。它还翻越高 100 米的分水岭，席卷了岭下的容加依城，造成 2 万多人死亡。泥石流的暴发受地震影响也很大。我国云南省东川地区，1966 年以后进入强震期，泥石流灾害明显加剧，仅东川线铁路 1970—1981 年就受灾 250 余次。

火山爆发也常常激发演变成泥石流。公元 79 年，意大利赫库兰尼姆城被维苏威火山泥石流埋葬了。1877 年，厄瓜多尔的哥多帕克斯火山泥石流运行 240 千米，成为流得最远的泥石流。

也有些泥石流的发生是由于人类不合理的开发造成的。因此，人类在开发自然资源的同时，应注意保护生态环境。在泥石流活动的地区，一般不要修建工厂、住房；万不得已需要架桥，最好采用吊桥；泥石流经过的地方，应主动"开路"，使它畅通无阻。

（十）干旱的威胁

1. 世界上下雨最少的地方

世界之大，无奇不有。就拿下雨来说，有的地方经常大雨滂沱，甚至连续数月，直下得河水猛涨，山洪暴发，平地一片汪洋。而在另一些地方则是几年甚至几十年滴雨不见，大地生烟，沙荒遍野，生命之水比黄金还贵。

位于中亚的土库曼斯坦和乌兹别克斯坦是多沙漠的地方，常常有这种情况：天空在下雨，地面上见不到一滴雨水。因为那里空气十分干燥，好不容易云层凝雨，它们还没有落到地面，就在半空中被蒸发掉了。

非洲撒哈拉大沙漠中经常是连续几年都不下雨，阳光灼热，蒸发强烈，空气干燥，被称为沙漠中的沙漠。北非的哈尔夫旱谷曾经一连八九年没有下过雨。

在南美洲，秘鲁和智利西部沿海一带，因为有冷洋流和深海涌上来的冷水的影响，又位于高山的背风地带，因此年降水量都不到 3 毫米，连年不雨这是常事。有趣的是，这里有个"观雨团"组织，可见雨水是多么稀罕了。

智利是世界上最狭长的国家，高峻的安第斯山脉纵贯东部，西部濒临太平洋。尽管它靠海很近，可是偏于北部的阿塔卡马沙漠却是世界上最干旱少雨的地方。沙漠北部的阿里卡 1845—1936 年总计 92 年没有下过雨。以后又有 17 年时间，这里总共下了 3 场雨，总降水量不过 0.5 毫米。阿里卡南边的伊基克城也有十几年没下过雨，更南部的安托法加斯塔年降水量只有 0.4 毫米。这些滨海的港埠城市比热带内陆干旱区的降水量还要少。从安第斯山流下来的河流，水量也很有限，一离开山就消失在沙漠中。人们只能从高山上背冰运雪，以保证生活用水。

然而奇怪的是，这些几乎不下雨的地区却终年天气多雾，空气潮湿得能使木质家具腐烂，铁器生锈。这主要是因为它们位于副热带高气压的东部边缘，盛行着下沉气流，再加上地处沿海，有秘鲁寒流经过，使空气下层气温降低，有明显的逆温现象，空气层结稳定，所以多雾而少雨。

在秘鲁，首都利马坐落在沿海沙漠绿洲上，一年降水量也只有 39 毫米，下的都是一种蒙蒙的毛毛雨，当地叫"加鲁亚"。这种"雨"是沿海的冷洋流上冷空气碰上陆地沙漠上的热空气而凝成的一阵阵浓雾，有降水量而不下雨，有雾滴而没有雨滴，只能使大地稍稍湿润，而街道上是从来不会出现一个小水洼的。

1925年3月，利马下了一次真正的雨，足足1小时。由于那里的多数房屋是泥土建造的，只用来遮蔽太阳光，不能防雨。所以雨的突然降临，使墙上的灰粉都被冲掉，泥屋都瘫成了烂泥堆。市民没处躲雨，街道上泥浆横流，埋在地下的电线和自来水管被冲刷得断的断，漏的漏，到处停电停水。人们惊慌地度过了这一次"灾难"。

45年后的1970年，有一天利马下了一次前所未有的雨，雨量达17.4毫米。又隔了10年——1981年1月13日，利马9小时下雨3毫米，为11年来最大雨量。这次"大雨"使市民家家房屋漏水，床褥湿透，仓库里的粮食也霉烂了。

位于我国大西北的青海省，在柴达木盆地中的冷湖一带雨水算是比较多的，年降水量有15.4毫米。然而，这里从1979年8月12日起，到1980年7月7日止，滴雨未下，创造了最长连续无雨331天的全国纪录。这里和新疆维吾尔自治区的塔里木盆地都深居内陆腹地，四周高山屏障，离海洋很远，湿空气很难到达，因而成为我国干旱最严重的地方。

气象资料表明，我国下雨最少的地方在塔里木盆地。塔克拉玛干沙漠东南部的若羌，年平均降水量只有5毫米，罗布泊地区年降水量也不足10毫米，不少地方几乎是终年不下一滴雨。偶尔一场雨来，雨点又大又急，瞬间即逝。有人开玩笑说："下雨时只要站在雨点和雨点之间，就不会淋湿衣服。"这虽然带点夸张，但却形象地表明了这个地区雨的短促与稀少。

1958年8月14日，吐鲁番下了一场36毫米的大雨，这相当于这里两年多的降水量。吐鲁番盆地的托克逊年降水量5.9毫米，年平均降水日6.5天，偶然下一次雨，只是见到天空浓云低垂，响几声闷雷，串连成丝的雨水往下掉，可是地面却不见潮湿，人们叫它"干雨"。

2. 干旱，威胁着人类生命

很久很久以来，干旱对人类的生命，一直是极大的威胁。

相传，远古时候，天上有十个太阳，他们每天轮流值班。后来，太阳们一齐出现在天空，于是，世界上一片混乱，土地焦了，禾苗枯了，人们热得昏死过去。天神后羿叫太阳们回去，可太阳们爱理不理。后羿火了，张弓搭箭，一连射落了九个太阳，大地恢复了宁静，人们得救了。

这是汉代《淮南子·本经训》里的神话故事。这个故事是有一定的事实作为依据的。现在气象学家普遍认为，在尧当政的时代，就是中国五千年文化的初期，气温比现在高。我国著名气象学家竺可桢研究了大量的古代气象资料后就已得出了这个结论。西方科学研究的结果与竺可桢的结论是一致的。足见尧时气候偏暖是世界性的。所以，当时很可能某一年大部分地区出现了少有的干旱天气。烈日炎炎，河流、湖泊干涸，土地龟裂，庄稼枯死，草木不生。正当人们不明白这场灾难从何而起时，说也凑巧，有一天，天空忽然出现"十日并出"的"假日"[1]现象。当时人们便认为这是灾难的原因了。

干旱曾使人类文明的发展遭受过许多挫折。古希腊文化的中心——位于雅典西南100千米，历经几世纪繁荣文明的迈锡尼古城，于耶稣诞生前1200年前后，因为旱灾及由旱灾引起的饥民暴动而变为废墟，迈锡尼文化也随之彻底毁灭。

竺可桢

从13世纪开始，曾经充斥着生命喧闹的广阔的美国印第安大平原，由于气候变得干燥，庄稼枯萎，鸟兽死亡，农夫们或死于饥饿或被迫逃离故乡，很快就在这片大平原上销声匿迹了。

我国的西北地区，历史上曾有一条繁荣的"丝绸之路"，后来因为气候干旱，河湖萎缩，沙漠扩张而废弃。曾是方圆200千米的罗布泊也已干涸，留下一片荒漠和一座座古城遗址。著名的古楼兰就位于罗布泊古湖的北岸，它废弃于距今2000年左右。

---

① "十日并出"中只有一个是真太阳，其余的都是假太阳。假日是一种大气光学现象，气象学称它为晕。

　　伴随着旱灾的是大饥荒。在我国过去的历史文献中，可以找到很多这方面的悲惨的记录。据不完全统计，从公元前 206 年到 1949 年，这 2155 年间我国发生过较大的旱灾 1056 次，平均每两年就发生一次干旱。陕西在公元前 2 世纪到公元前 1 世纪的秦和西汉时期就发生过大旱灾 27 次，公元 1 至 6 世纪的东汉到隋时期发生大旱灾 8 次，公元 7 世纪至 20 世纪 50 年代发生较大旱灾达 263 次。唐天宝末年到乾元初（公元 8 世纪中期）连年大旱，导致瘟疫横行，出现过"人食人""死人七八成"的悲惨景象，全国人口由原来的 5000 多万降为 1700 万左右。明崇祯年间，华北、西北 1627—1640 年连续 14 年大范围干旱，"赤地千里无禾稼，饿殍遍野人相食"，加速了明朝的灭亡。与此类似的大旱灾于 1720—1723 年和 1875—1878 年又先后发生，灾民因饥饿而出现"人相食"的县数分别达 48 和 38 个，其中有 4 个县井泉枯竭，河沟断流。长江流域的旱灾也很突出。1646 年起，四川连续 4 年干旱，其中 3 年属大旱年，出现"全蜀大饥""饿殍万里"的惨象。

　　接连不断的干旱威胁着整个民族的生存。在很多国家，人民由于干旱而危在旦夕。这种情况不仅过去有，就是现在也经常发生。报刊上和广播电视中经常报道某些地方严重干旱的消息，干旱给人们带来了巨大的灾难。亚洲和非洲许多地区的民族遭受的旱灾特别严重。

　　非洲有一半以上的地区终年炎热。占非洲三分之一大地的沙漠、半沙漠地区，其正午气温高达 50℃。热带的厄运使非洲几乎年年干旱，1968 年起，这块大陆更是年年发生较大的旱灾。据记载，1968—1973 年大旱波及非洲 36 个国家，受灾人口达 2500 万之多，逃荒人数超过 1000 万，累计死亡 200 万人以上。1977 年以后，非洲每年都有多达二三十个国家发生粮荒。

　　在之前已连续遭灾的情况下，1982—1984 年连续三年的特大旱灾发生了。乌干达有 10 万灾民陷入饥馑，绝望的卡那毛庄族只好吃同类以求生存。坦桑尼亚每天饿死儿童约 1500 名。在毛里塔尼亚、在乍得，饥民们四处觅寻小动物，挖地三尺，以带壳的甲虫、令人恶心的虫子充饥。苏丹的许多饥民饿得奄奄一息。孩子们双臂、腿脚上的所有骨骼关节和脉管神经暴露无遗。我国《人民日报》于 1985 年 3 月 20 日发布消息："非洲经历着本世纪以来最大的一次干旱和饥饿。从非洲北部至南部有 34 个国家遭受大旱，24 个国家发生了饥荒，1.5 亿～1.85 亿人民受到饥饿的威胁。遭受灾害严重的地区河流干涸，田地龟裂，黄沙弥漫，牲畜倒毙，至少一千万人背井离乡，东奔西走寻觅食物。日内瓦红十字协会说，1983年非洲有1600万人死于饥饿或与营养不良有关的疾病，1984年的死亡数字肯定更高。联合国称这次大旱为'非洲近代史上最大的人类灾难'。"到1985年底，在饥渴的非洲大地上，大饥荒使上百万人成为幽魂！

据报道，20世纪我国发生的特大旱灾有3次。第一次是1920年北方大旱，山东、河南、山西、陕西、河北等省遭受了40多年未遇的大旱，灾民2000万，死亡50万人。第二次是1928—1929年的陕西大旱，灾民达940万人，死亡250万人，逃荒者40余万人，被卖妇女竟达30多万人。第三次是1943年广东大旱，许多地方年初至谷雨节气一直未下雨，造成严重粮荒，仅台山县饥民就死亡15万人。有些灾情严重的村庄，人口损失一半以上。

1978年，我国广大地区遇到了历史上罕见的大旱。在安徽省，从当年3月份开始，春旱连伏旱，伏旱加秋旱，历时7个月之久，超过了大旱80天的1934年和"春季到八月不下雨，郡邑百里尽赤"的清咸丰六年（公元1856年），接近"亳州等八州旱"的清乾隆十五年（公元1785年）。据1978年的旱情报道：淮北地区4—5月的雨量比常年同期减少九成以上，其中砀山、亳县等地70天内无雨。淮河以南地区，梅雨季节竟无梅雨。当年3—9月总雨量全省大部分地区均为近三百年历史上同期的最少年份。尤其是三次大的干热风，使旱情大大加剧，4月份的天气出现了34℃的高温，严重影响小麦抽穗扬花，6月下旬、7月上旬的高温干热风、气温高达41℃以上，早稻白穗率高，"立秋"以后一个月的气温仍持续在36℃以上，最高日蒸发量达16.5毫米。干旱使江河水位下降，大大增加了提水灌溉的难度。全省十大水库的水量比常年同期少28亿立方米，中小型水库已无水。沟干塘枯，河床见底，最南的徽州地区主要河道新安江最枯流量0.03立方米/秒，只有历史上最枯年份的二十分之一。

当年持续的干旱、高温，加上干热风的袭击，给庄稼造成严重损害。这又干又热的西南风，是太平洋副热带高压控制下的下沉气流形成的。下沉气流驱散了云朵，万里晴空，烈日直射大地，引起高温、低湿度，使大地成了个"大火炉"。当年"副高"提早北跳，使"大火炉"提前生了"火"，持续时间长，所以旱情如火。特别是干热风夺水力强，禾苗怎禁得起它的扫荡！同年，湖北、江西、河南、陕西等省也遇到了50~70年未有的大旱，江苏省遇到了100年未有的大旱。如此大旱，若在新中国成立前，早已是赤

三、雷电和雨

地千里，饿殍遍野了。由于新中国成立后大规模兴修水利，大大提高了抗灾能力，1978 年受灾各省的夏季、旱秋作物仍然取得了较好收成。

据统计，1951—2006 年我国平均干旱受灾面积（农业减产 10% 以上）达 4247.1 万公顷，占自然灾害 57%。1949—2006 年，我国因旱减产粮食量总计为 85797.2 万吨，占同期全国粮食总产量的 4.73%。其中，在极端干旱的 2000 年，我国大范围干旱导致粮食减产 5996 万吨，占当年粮食总产量的 13%。

1997 年，"旱魔"又肆虐我国北方，又是少见的春、夏、秋连旱，夏天 35℃ 以上的高温持续不断，令人难耐。持续干旱造成了河水流量减少甚至断流。作为中华民族文明摇篮的黄河，从 1985 年开始，年年断流，而 1997 年断流更早，持续时间更长。下游从 2 月 7 日起至年底累计断流 13 次，时间达 226 天，断流长度达 700 千米，为历史上断流最严重的一年。位于河南省境内的黄河河床竟然被人们走出路来，自行车和汽车在上面往来不断。这次大旱波及全国 23 个省（自治区、直辖市），受灾农田 3333 万公顷，粮食减产 476 亿千克。

我国各地都可能发生干旱，但各地干旱发生的季节有一定的规律性。一般来说，华北、西北和东北经常有春旱，有时出现春夏连旱；秦岭、淮河以北春夏连旱较频繁，夏旱次之，个别年份有春、夏、秋三季连旱，是我国有名的重旱区之一；秦岭、淮河以南，南岭以北多夏旱（伏旱）和秋旱，春旱少；华南南部多秋、冬旱和春旱，川西北多春、夏旱，川东多伏旱。

我国干旱还具有明显的地区性。华北平原干旱最严重，东南沿海旱灾相对较轻。黄淮海地区是干旱出现频次最高的地区。这一地区，由于降水较少且年际变率大，本区大部分干旱发生率达 70%～80%。其中关中东部、山西南部、河北中部和南部、山东西部、河南中部和北部、安徽北部、江苏北部达 80%～100%，几乎年年有旱灾。年平均出现干旱月数也较多，有 2～3 个月，河北平均最多，达 3～4 个月，加上该地区人口较多，耕地资源丰富，形成水土资源不平衡，是我国突出的受旱区。

水利是农业的命脉。要从根本上消除干旱对农业的威胁，就必须加强水利建设。中国人民在 20 世纪 70 年代创造了红旗渠这一人间奇迹，90 年代又运用现代科学技术兴建了长江三峡工程和黄河小浪底工程，后还在西部、中部、东部兴建宏伟的南水北调工程。面对旱灾，中国人民进行着不懈的创造：植树种草、进行小流域治理、改善农业生态环境，以达到涵养水源、控制水土流失的目的；通过平整土地、修筑梯田、深翻土地、增施农家肥、培育土地肥力，以打好抗旱基础；同时根据水资源条件，合理调整农业布局，在经常出现干旱的地区，采用喷灌、滴灌、渗灌、微灌等技术，推广节水农业。

3. 这里旱，那里涝，为什么

旱和涝是农业生产上的主要自然灾害。

在我国这样一个幅员广大、自然条件复杂的国家，由于自然原因，每年都会有旱涝灾害发生。即使大部分地区雨水调和，仍然会有局部地区发生旱涝。

气象学上通常是用雨量多少来划分旱涝的。一个地区长期不下雨或雨水过于集中，就容易产生干旱或水涝。

我国大范围的旱涝与季风活动有关。季风进退的早迟、强弱等一旦反常，往往就会出现较大范围的旱涝灾害。

我国除西北地区外，广大的东部地区都属于季风区，或有季风现象发生。冬季风来自西伯利亚及北冰洋，多偏北风，空气寒冷而干燥；夏季风来自南方海洋上，多偏南风，吹拂着我国东半部，空气温暖而潮湿。冷暖干湿相差很大的冬夏季风相互"交锋"便形成降水。这种降水也称为季风雨。

从春季开始，随着夏季风的北进，出现三个明显的雨带：大约从 5 月中旬到 6 月初，夏季风挟带着大量的水汽和北方偏北的冷空气在南岭一带交汇，造成持续一个多月的华南雨季。大约到 6 月上中旬，夏季风加强北进，北方冷空气势力减弱，这时冷暖两股气流交汇在江淮流域，形成江淮梅雨。到 7 月上中旬，夏季风又加强北进，北方冷空气势力进一步减弱，这时冷暖气流交汇在黄淮平原一带，形成华北雨季。9 月份开始，冬季风逐渐活跃，南方的暖空气势力逐渐减退，雨带迅速地从华北向南压到两广沿海，长江南北大范围出现秋高气爽天气。待冬季风势力进一步增强，暖空气再次南撤到海上时，它对我国降水的影响也就基本结束。这时，全国处于少雨的冬季。

在一年之内，冬夏季风的南北推移及其强度的变化，决定着我国的降水分配无论在地区上和时间上都有很大差异。从地区看，由于造成我国大规模季风降雨的水汽主要来自西南、东南的海洋，越往北往西伸入内陆，降水就越少。从时间上看，大部分地区一年内约有 50% 的雨水，降在冬夏季风交锋活动的夏季三个月里，冬季降水只占全年降水的 10% 左右。我国南方，季风雨出现得早，退得迟，雨水集中在夏季的现象尚不显著；越往北方，夏季风到得迟，退得早，雨水集中的情况就十分显著。华北平原一些地区，夏季降水占全年的 70%～80%。我国季风降水的另一特点，是降雨强度大、暴雨多，雨季的降雨量往往大部分集中在下几次暴雨过程中。因此，即使在雨季，有时也出现较长时间少雨或无雨现象。这些情况，也是北方比南方明显。

我国的季风降水，不仅在一年内因季风活动的影响而在地区和时间上有很大的差异，并且由于各年冬夏季风强弱的不同，进退的日期和持续的长短也有很大出入。因此，我国的降水在年与年之间的变化同样是相当显著的。

正因为我国降水在地区上和时间上的分配不均匀，以及年际变化过大、降水量不稳定，这便是形成我国旱涝的主要原因。从春季到盛夏，冬夏季风冲突形成的雨带，从华南经南岭、江淮、黄河流域而移往东北。若雨带长期停滞在某一地区，往往造成连绵阴雨，而且雨量集中，就容易产生洪涝；雨带未到的地区或停留时间短，常常处在单一的空气团的影响之下，就容易形成持久的干旱现象。

在季风反常的年份，如果夏季风势力特别强，雨带急速移过江淮流域，梅雨季节极不明显，引起江淮和江南地区干旱，而同时华北地区却因雨水过多出现夏涝，造成北涝南旱的局面。相反，夏季风势力很弱，雨带长期停滞于华南或东南丘陵地区，雨水偏多，就可能引起水涝；同时华北、东北地区的雨季则相应推迟，这些地方本来就有春旱，这样一来旱情便会加重，造成南涝北旱的局面。

局部地区的旱涝受地理因素影响很大。山地迎风坡因抬升移过来的暖湿空气使其变冷，凝云致雨，所以降水较多，发生干旱的机会较少；而背风坡因气流下沉增温，降水较少，发生干旱的机会就较多。大面积的森林能对附近地区的天气变化起一定的稳定作用。

特别应该指出的是，即使在常年降水十分丰沛的地区，也会出现严重干旱；在最干旱的地区，也能出现暴雨并由此引起洪水灾害。广东省内大部分地区的年降水量在 1500 毫米左右。可是 1966 年在以广州为中心的中南部地区出现秋旱，白露、秋分前后各地降水量比常年同期少八九成，不少地区滴雨未下。这次秋旱持续 8 个月之久，到次年 3 月底才告结束。1981 年 7 月 19 日 19 时前后，在我国降水最少的地方吐鲁番下了一场暴雨，一两个小时内雨量达 26～36 毫米，高于当地年降水量（6.9 毫米）的两倍多，引起一次特大洪水灾害。

所有这些都说明，雨量多少是形成旱涝的直接原因。据统计，我国各地雨水正常的年份多，旱涝年份少，大旱、大涝年份更少。各地大致正常年占十分之七，旱涝年占十分之三。一般东北涝多于旱，华北旱多于涝，长江流域旱涝频数相近，中游涝多于旱，上游旱多于涝，华南、云南高原涝多于旱。各地大旱年出现的次数比大涝年少。

旱涝灾害大多发生在农业生产的重要时期和汛期，但是造成农作物的旱或涝是多方面因素集成的结果，着重于降雨一个因素是不全面的，还应该考虑作物需水量和墒情等因素。

三、雷电和雨

四

寒潮和高温

（一）寒潮低温 ①

1. 低温袭击北国江南

垂柳鹅黄，芳草嫩绿，鸟语花香。春天，是一年中最美的季节。

春天也是播种的季节。谁不知道"春种一粒粟，秋收万石粮"的道理呢？每年2月中旬到4月底，华南和长江中下游地区的水稻、棉花等喜温作物都得落谷下种了。

春播时节，要求连续三天以上日平均气温高于12℃，最低气温高于6℃的晴暖天气，以利于种子发芽、扎根和出苗。可惜，这时的天气条件并不是像所要求的那样经常能得到满足。相反，由于北方冷空气频繁活动和侵袭，每隔几天天气就会突然变化。有时乌云满天，细雨蒙蒙；有时阴晴不定，还会出现冰霜；有时突遇6级左右的偏北风吹袭，气温暴降，气压陡增，出现了乍暖还寒的"反春"现象。这就是人们常说的"倒春寒"天气。

在春播季节里，凡出现连续三天或三天以上日平均气温低于12℃，最低气温低于6℃的阴雨天气，气象学上称它为春季低温连阴雨天气。春季低温连阴雨天气是一种灾害性天气。在这种天气影响下，低温阴雨的范围广大（雨区达上百万平方千米）、持续时间长（一两个星期，甚至20天）、雨量不大（30～100毫米）、日照稀少、气温偏低，使播在地里的水稻种子生命活动受限，呼吸作用仅维持到最低限度，根芽停止生长，所以能造成大范围烂秧（种）。这种天气对棉花、玉米的播种和管理也极为不利。

初夏，正值前作稻孕穗的时候，生殖细胞对低温最为敏感。据研究，在减数分裂期，如果受到低温的危害，会导致穗小、结实率降低。在盛夏时节，由于雨热同季，对水稻生长十分有利，所以群众有"人在屋里热得跳，稻在田中哈哈笑"的说法。这时候如果该热不热，对农作物的危害就大了。俗话说："不冷不热，五谷不结。"此时，如果低温对作物悄悄地进行危害，将使其生育延迟或者花器官发育异常，导致不育或灌浆不饱满。它使前作稻不能适时收割，后茬的及时栽插和安全齐穗也受到影响。

秋季低温对我国北方地区的农作物同样有严重危害。华南地区的后季稻

---

① 本节以及本章（二）、（三）节写于2006年。

抽穗扬花时期通常在"寒露"时节。这时，从北方南下的一股股冷空气却刮着凉冷、干燥、强劲的偏北风，影响后季稻的正常开花孕穗，形成空壳瘪粒。这种低温冷寒天气，人们称之为"寒露风"。农谚有"寒露不出头，割草喂老牛"的说法。在长江中下游地区和云贵高原，当9月"秋分"前后冷空气侵袭时，也会发生类似于华南寒露风那样对后季稻结实的影响。这样，寒露风已成为危害后季稻孕穗开花、以低温为主的不利天气的通称了。有的地方也称这种天气为"秋季低温"或"水稻冷害"。

我国东北地区的热量有限且不稳定，地处一些喜温作物的种植北界，只能一年一熟。高粱、玉米、大豆、水稻等秋熟作物常受低温冷害侵袭，不能正常发育成熟，造成大幅度减产。1949年以来，先后出现8个低温年，其中1969年、1972年、1976年都比其上年减产50亿千克左右。

选育耐寒品种，增施磷肥，促进作物提前成熟，可以躲过秋季低温冷害。在早春，采用塑料大棚育秧，抓住冷尾暖头，抢晴落谷，不受大自然低温的影响。合理安排茬口布局，可使作物避开后期抽穗扬花和灌浆期的低温冷害。不失时机地施肥、除草、防治病虫害等等，用各种方法促进作物生长发育，可增强其防御低温冷害的能力。在低温来临前，利用合理灌水保温、喷叶面保温剂和根外施肥等应急措施，也可以收到较好的效果。

2. 霜和霜冻

"月落乌啼霜满天""肃肃霜飞当十月"，这是我国古诗中对霜的描写。其实，霜并不是天上"飞"下来的。

霜，是近地面水汽的一种凝结现象。

在晚秋、冬天或早春的夜晚，天气晴朗、无风或微风，土壤和植物表面强烈散热，或北方冷空气南下，使近地面的温度降到0℃以下，附在地面或地面物体上的水汽会迅速凝结成白色的冰屑，这就是霜。

霜和露水的成因一样，都是由于气温下降，使空气中水汽达到饱和而在地面或地面物体上的凝结物。所不同的是：形成露水时近地面温度在0℃以上，而形成霜时则在0℃以下。

霜、露和雨、雪不同，前者是从近地面水汽中凝结出来的，而后者是从云中降下来的。

初夏的梅雨时节，潮湿空气（这时空气的相对湿度较大）遇到冷的物体，发生凝结，物体变得湿淋淋的。而在严冬，室内的水汽凝附在冰冷的玻璃窗上，就凝华成为美丽的窗花。这些现象原理其实和霜是同一回事。

人们常见到的霜又叫白霜。另外还有一种黑霜，那就是气象学上所说的霜冻。霜冻是一种严寒，指气温突然下降到低于作物生长的最低温度，使农作物遭受冻害的现象。

各种作物生长所要求的最低温度不同，遭受冻害的指标也不同，但多数作物当温度降到0℃以下时，就要受害，所以一般最低地面温度降到0℃就算出现霜冻。我国古诗"霜打万顷枯"中的"霜"，就是指霜冻。有霜时往往有霜冻；出现霜冻时可以有霜，也可以没有霜（因空气中水汽稀少）。只要温度降低到作物生长所能耐受的最低温度时，都能引起冻害。霜冻的关键在"冻"，而不在"霜"。

由于霜冻时温度降低到0℃以下，植物细胞内和细胞间隙的水分就会发生结冰现象。这种结冰现象，造成水分流失而增加植物细胞内部的盐分浓度，使蛋白质沉淀；又因结冰和冰晶的增大而使细胞受到机械压缩。在发生霜冻时，植物往往受到损害，有时甚至引起死亡。

霜冻有三种，一种是由于北方冷空气侵入，使温度迅速下降而形成的霜冻，称为"平流霜冻"。经常出现在早春或晚秋，华南则在冬季。这种霜冻的范围较广，持续时间较长，后果严重。另一种是在寒冷、晴朗、无风（或微风）的夜间或早晨，地面和植物表面强烈地向外辐射热量而形成的霜冻，称为"辐射霜冻"。这种霜冻的范围小，强度较弱，多出现在早秋或晚春。第三种也是最常见的霜冻，是受平流及辐射两种条件共同作用而形成的。先是冷空气从北方侵袭过来，使温度大幅度下降，冷锋过后，在晴朗、微风、干燥的冷高压控制下，夜间强烈辐射冷却使温度进一步下降，形成霜冻。这种霜冻称为"平流辐射霜冻"或"混合霜冻"。它影响范围广，降温幅度大，持续时间长，危害也最大。

霜冻的产生，除了主要受冷空气侵入影响外，与天气、地形、地表性质也有密切关系。一般在晴朗、微风、湿度小的夜间最容易出现霜冻。洼地、谷地、盆地风速小，冷空气容易沉积，霜冻特别重，"雪打高山霜打洼"就是这个道理。山顶和斜坡上部，冷空气易于流出，霜冻危害最小。

干燥、疏松和沙性较强的土壤易遭霜冻，潮湿而紧实的土壤和黏土地霜冻轻，这是和土壤的热容量和导热率有关。沿海地区和靠近江河、大水库的地方霜冻轻，这是由于水体的增温效应而造成的。森林中的空地容易积聚冷空气，霜冻较重。

出现在秋季的霜冻，称为早霜冻，其中的第一次叫作初霜冻。出现在春季的霜冻称为晚霜冻，其最后出现的一次叫作终霜冻。早霜冻出现的时候，天气还比较暖和，许多农作物尚未停止生长，或正处在籽粒形成和果实将熟未熟的阶段，因此，早霜冻对产量影响较大，常使吐絮期的棉花、正在膨大成熟的甘薯、花生和正在生长的蔬菜受害而明显减产。晚霜冻出现时，正是温暖的春天，越冬作物已开始迅速生长，大多数春播作物正处于幼苗时期，最怕低温。尤其是拔节以后的冬小麦，三叶期前的玉米和水稻秧苗，遇霜冻会大量死亡。果树的幼芽和花蕾也会受冻死亡而导致严重减产。

为了防御霜冻，各地群众常采用调整作物播种期和移栽期、适当选择作物品种、合理搭配作物种植比例，以及加强田间管理，灌水、浇水、喷灌、地面覆盖等措施，效果良好。

当预知霜冻即将发生时，可采取临时措施。常见的有人工烟幕法，燃烧一种化学发烟剂制成的烟幕弹来造成烟幕，在无风晴夜使用，可使近地面层空气温度提高 1℃左右。燃烧杂草、枯枝等形成烟幕也可以防止地面散热。

3. 寒潮

每年 10 月到翌年 4 月间，我们从报纸上或广播电视里，往往可以看到或听到寒潮南下的气象预报。

寒潮就是指从极地或高纬度地区的强冷空气大规模地向中低纬度奔流过来，造成大范围急剧降温和偏北大风的天气过程，有时会伴有雨、雪、冰冻等天气现象。

不是每一次冷空气侵袭过来的现象都叫寒潮，还要看这股冷空气势力的强弱。

2006 年，我国气象部门制定冷空气等级国家标准，规定寒潮标准是：某一地区冷空气过境后，气温 24 小时内下降 8℃以上，且最低气温下降到 4℃以下；或 48 小时内气温下降 10℃以上，并且最低气温下降到 4℃以下；或 72 小时内气温连续下降 12℃以上，且最低气温在 4℃以下。但是，由于我国地域辽阔，北方与南方的地理条件差异大，冷空气对各地的影响程度不同，所以各地寒潮的标准难以统一。一般而言，北方采用的寒潮标准是：24小时降温10℃以上，或48小时降温12℃以上，同时最低气温低于4℃；南方采用的寒潮标准是：24小时降温8℃以上，或48小时降温10℃以上，同时最低温度低于5℃。

当气象台预测未来2~3天有寒潮影响当地，就会发布"寒潮消息"或"强降温、大风消息"。如果预计在未来24小时内有达到寒潮标准的强冷空气侵袭时，就会及时发布"寒潮警报"。

寒潮，是沿着一定的路径南下的。进入我国的寒潮，一般是从北极地区的新地岛以东或以西、冰岛以南这三处移动到西伯利亚。据统计，影响我国寒潮的冷空气有95%会经过西伯利亚中部（70°E~90°E，43°N~65°N），并在那里积聚加强，该地区被称为寒潮"关键区"。冷空气从寒潮"关键区"侵入我国，其路径通常有四条，就是西路、中路、东路、东路加西路。

西路，冷空气从关键区经我国新疆、青海、西藏高原东侧南下，到达西南、江南和华南地区。这路寒潮次数最多。每年秋末冬初第一次比较强大的寒潮，大都是沿着这条路径下来的。

中路：冷空气从关键区经蒙古国到达我国河套附近南下，直达长江中下游和江南。这路寒潮常出现在隆冬期间，势力较强，可以影响我国大部分地区。

东路：冷空气从关键区经蒙古国到我国华北北部，在冷空气的主力继续东移的同时，低层冷空气向偏西南方向移动，经渤海进入华北、黄河下游，向南达长江中游的两湖盆地。这路寒潮常出现在早春季节，次数不多，势力较弱。

东路加西路：东路冷空气从河套下游南下，西路冷空气从青海东南下，两股冷空气常在黄土高原东侧，黄河、长江之间汇合造成大范围雨雪天气。

不同路径的寒潮对我国天气的影响也不一样。一般说来，从西路来的寒潮，往往在我国产生大范围雨雹，有时造成江南、西南地区明显降温，或伴有短时雨雪天气。从东路侵入的寒潮，常使渤海、黄海沿岸和黄河下游一带出现东北大风，华北出现"回流"降水天气，气温较低。从中路侵入的寒潮，在长江以北以大风降温为主，江南为雨雪天气，但1~2天内天气转晴。东路加西路寒潮，首先造成我国大范围雨雪天气，随着这两股寒潮的合并南

四、寒潮和高温

255

下，还会出现狂烈的北风、急剧的降温。沿江江南一带在早春常下春雪，出现阴沉多雨的天气。

寒潮南下的次数也不相同。每年 9 月至次年 5 月间，一般强度大的冷空气次数比较多，大约每隔 8～10 天就有一次，最少只隔 3～5 天，只是强度不一定达到寒潮的标准。据统计，1951—1975 年的 24 年内，共有 461 次寒潮和冷空气入侵我国。其中影响全国一半以上省份的全国性寒潮 53 次，平均每年发生 2 次；仅影响北方一部分省份的区域性寒潮发生 103 次，平均每年 4 次。10 月中旬、11 月下旬、12 月中旬、1 月下旬、2 月中旬和 4 月上旬，这 6 个时段是每年寒潮活动的高峰；其中又以 11 月份出现寒潮次数最多。而全国性寒潮以 12 月、3 月、4 月出现次数最多。

对于每一年来说，有的年份寒潮多，有的年份寒潮较少。如 1968 年 9 月至 1969 年 5 月共有全国性寒潮 2 次，区域性寒潮 8 次；而 1974 年 9 月至 1975 年 5 月全国性寒潮 1 次，区域性寒潮也仅 1 次。有的年份，寒潮来得很早，1968 年 9 月 24 日就来了；而有的年份寒潮却姗姗来迟，1983 年入冬后直到 1984 年 1 月中旬，寒潮才第一次来临。

寒潮，这个"不速之客"对农业、牧业、渔业生产很不利。它使亚洲、北美洲的东部成为世界同纬度上冬季气温最低、持续时间最长的地区，使我国长城以北地区一般无法种植冬小麦，苹果只能在渤海沿岸安家，南方亚热带水果柑橘、热带作物橡胶等也会遭到霜冻侵袭。冬冷还使我国亚热带、热带的界线大幅度地向南移，比欧洲地中海地区南移了纬度 10°，约 1100 千米。寒潮经过牧区，大风雪常常会使牲畜冻死。寒潮经过沿海，船只便不能出海捕鱼。

欧亚大陆和北美洲内地也都常常遭到寒潮的袭击，带来暴风雪和暴冷，厚厚的积冰积雪阻塞交通，海上货船甚至被困在冰雪中，只好派直升机去营救。

不过寒潮也不是一无是处。寒潮冷空气向低纬度倾泻，使地面热量进行大规模交换，这有助于自然界的生态保持平衡。冬季寒潮带来的大雪，可以保护作物越冬，并提供春季丰富的灌溉水源；寒潮造成的剧烈降温，可以冻死越冬虫卵，减少第二年农作物的病虫害。寒冬使北方广布针叶林，林区是许多珍稀动物的栖息地。

4. 雾凇

在冬季，有时树枝上、电线上和近地面物体上会出现一层白色而疏松的凝结物，毛茸茸、亮晶晶。这些白色的晶体，人们通常叫它树挂、银枝、水汽花。气象学上称为雾凇。

雾凇，《春秋》中记载为"树稼"，也有的叫"树介"："二十九年冬，京城甚寒，凝霜封树，时学者以为《春秋》'雨木冰'即此是，亦名'树介'，宪见而叹曰：此俗称树稼也。"（《旧唐书》）到了1500多年前，"雾凇"一词在文献中出现了。南北朝时期宋朝的吕忱在《字林》里解释为"寒气结冰如珠，见日光乃消，齐鲁谓之雾凇"。北宋曾巩在《冬夜即事》一诗中云："香消一榻氍毹暖，月澹千门雾凇寒。"自注"齐甚寒，夜气如雾，凝于树上，旦起视如雪，日出飘满街庭，尤为可爱，齐人谓之树滋，亦即雾凇。"

雾凇究竟是怎样形成的呢？当气温降到0℃以下，空气中多余的一部分水汽和飘浮在空气中的雾滴，便会粘附在地面和近地面物体的突出部分，形成晶莹夺目的雾凇。在我国，从东北的长白山区到西南的峨眉山，从新疆的天山到山东的泰山以至安徽黄山，到处都能见到雾凇的踪迹。其分布特点是：高山多于平原，北方多于南方，温润地区多于干旱半干旱地区。峨眉山年均142天，五台山年均110.6天，而吉林省长白山上的天池气象站一带，年平均178.9天，是我国雾凇出现最多的地方。吉林市雾凇尤以出现时间长、分布密集、色相浓重、造型丰富闻名海内外。市区松花江畔十里长堤上，从10月到翌年4月，尤其在12月至翌年2月间经常出现"玉树琼枝"的奇景。清晨，行道树上洁白冰莹的雾凇千姿百态，有的像盛开的腊梅，有的像怒放的菊花，有的像淡雅的水仙，有的像银色的丝链……姿态各异，美不胜收。吉林市坐落在丰满水电站的下方，冬季，松花湖冰层下的温度高于冰点的湖水流经电站大坝到吉林这段江面，源源不断地蒸发水汽。市区空气中烟尘为水汽提供了大量的凝结核，因此这里雾多且浓。加上冬季常在冷高压控制下，夜间降温强烈，空气中过冷雾滴遇到冰冷的树枝，便迅速凝华成雾凇了。

一般在雾凇出现之前或出现当时都有雾。1466年，就是明代成化二年，十一月初一清晨，有一股浓浓的雾气从东方移至扶沟（今河南省中部）一带，使当地树木和草地都逐渐变成了白色。不久，白色物体在树枝上堆积起来，好像琼枝玉叶，玲珑可爱，令人赞叹不已。1978 年 1 月 6 日，新疆和田地区从早晨至中午都笼罩在浓雾中，与此同时出现了一次我国近代史上罕见的雾凇天气。在树枝、电线等物体上的雾凇最大厚度达 19 毫米，平均厚度为 14 毫米，到处呈现一派银装素裹的壮丽景色。

雾凇从成因和结构来看，常被分为晶状雾凇和粒状雾凇两种。晶状雾凇多出现在严寒而有微风（风速不超过 7 米／秒）的天气里，气温一般低于 −15℃。这时，由空气中过饱和水汽凝华，形成晶状雾凇。因此在无雾的严寒空气中也可以形成晶状雾凇。在平静无风有过冷雾的天气里，雾滴很小，其直径平均为 0.01 毫米，最易在细长物体（树枝、电线、绳索）上形成晶状雾凇。在那些高耸的物体（烟囱、铁塔、天线）上和高山上的物体表面，可以由过冷云滴的蒸发凝华而形成晶状雾凇。晶状雾凇似霜，晶体呈针状，密度很小，结构疏松，稍有震动就会脱落。它从附着物的一面（迎风面或背风面）形成，增长速度很慢，平均每小时大约增长 1 毫米，对电线、树木危害性不大。

有时，空气中有保持在冰点以下的水滴，这种过冷水滴一遇到物体就会冻结起来。因而在寒冷的冬季，当有过冷雾滴或小小的云滴随风移动遇到电线、铁丝或其他物体时，就形成珠状冻结物，这就是粒状雾凇。粒状雾凇一般在气温为 −2～−7℃ 且风速较大时容易形成。它是由过冷却雾滴或过冷却云滴在地面物体上直接冻结而成的不透明冰晶体。如果我们把它放在显微镜下仔细观察，可发现它是由一些细小冰珠互相重叠着在冰晶上冻结起来的。这些冰珠就是直接冻结到冰晶上的过冷却雾滴或云滴，呈紧密的珠状，直径约为 0.02～0.03 毫米。其冻结过程非常快，当过冷却雾滴或云滴碰到物体时，还未来得及铺开就已经冻结了。粒状雾凇的密度比晶状雾凇大，一般每立方厘米物体上含有 0.1～0.4 克左右雾凇，而且有时它粘附和增厚的速度特别快，附着在物体表面比较牢固，因此对电讯和输电线路有较大的危害性。

令人惊奇的是彩色雾凇。1940 年 3 月 9 日，苏联的阿拉盖兹气象站曾观测到一次玫瑰色的雾凇。这个气象站是这样记载的：“就在产生这场彩色雾凇前数小时，也就是 3 月 9 日的 0 时前后，本地有雾并下雪，近地层（距地面高 1.5 米）气温 −7℃ 左右，风速为 24 米／秒（相当于 9 级风），大风之后天上开始下玫瑰色、暗黄色的雪花，并同时在乳白色的雾凇上面增长了像有色雪那样的有色层……

"仔细观察这次雾凇的内部结构，发现其中约有 10 毫米厚的乳白色雾凇，外面还有约 10 毫米厚的玫瑰色雾凇。"

气象工作者经过分析研究指出，这次玫瑰色雾凇是近地层空气中的水汽直接凝华而形成的。它属于粒状雾凇，是相互之间较密集的晶体，虽然它和雪同时形成，但却不是粘结雪。粘结雪是在气温高于 0℃时粘附在近地层物体上的。这场玫瑰色雾凇，是一场大风把远处的黄色和红色沙尘刮到了阿拉盖兹，并附着雾凇上而形成的。

雾凇除了供人观赏外，还能滋润土壤和农作物的生长发育，也有清洁空气的作用。在我国民间，有关利用雾凇来预测未来天气和年收成的谚语很多。西北地区，流传有"雾凇多，水果多"；华东地区有"一场树孝（即雾凇）一场水"的谚语；东北地区有"树挂（指雾凇）一百天有透雨"等说法。

5. "滴水成冰"

冬季或早春时节，在我国一些地区，有时可以看到滴雨成冰的现象。

瞧，从空中掉下来的明明是液态的雨水，可是当它落在树枝上、电线或其他物体上，便马上冻结成外表光滑、晶莹透明的冰壳了。有时它还边滴淌、边冻结，成为一条一条的冰柱挂下来。这种滴水能成冰的雨，气象学上称为冻雨。雨滴形成的冰称为雨凇，也叫冰凌或树凝。

冻雨是一种灾害性天气，它能把电线、电杆压断，使电讯和输电线路中断，又常常冻坏树枝、果木和庄稼，还能造成地面冻结，使路面变滑，容易出现交通事故。

1969 年 2 月 13—21 日，安徽省长江以北地区出现冻雨天气，电线上、树枝上的冰柱越挂越长越粗，重量越来越重，树枝弯折下来了，电线也绷断了，最终造成电讯交通中断。使城市照明和工厂农村的用电，都受到了严重影响。1966 年 2 月下旬，湖北孝感地区的一次冻雨天气，全区最低气温降到 -5℃以下，使正在抽薹的油菜和拔节的小麦遭到严重冻害。

冻雨是一种过冷却的雨滴，它本身并不处于冻结状态。可是，当气温在 0℃以下，过冷雨滴一旦与物体碰撞振动，水分子的结构就改变为冰分子的结构并成为冰态；同时碰撞使雨滴发生形变，雨滴表面弯曲程度变小；物体表面可以起到冻结核的作用，使雨滴有所依附。于是，过冷却雨滴一经碰撞，便立刻变为固态的冰而成为冻雨。

在严冬时节，云中的温度一般都在0℃以下，是容易下雪的，如果这时下了雨，说明雨滴在0℃还没有结冰，是以过冷水滴的形态存在。这种情况，大多是在冷暖空气交锋时暖空气势力比较强的情况下才会出现。如果这时靠近地面的一层空气温度稍低于0℃（如气温太低，雨滴未降到地面就会冻结），上面的空气层或云层温度在0℃以上，再往上则又是温度低于0℃的云层，那么雪花会从这一层落入暖层融化为雨滴，以后又掉进近地面低于0℃的冷空气层内，雨滴迅速冷却，其中较大的雨滴容易冻结成冰粒到达地面，较小的雨滴仍保持液态以冻雨降至地面，形成雨凇。有时非过冷雨滴降到冷的物体表面上，也可以形成雨凇，但这种雨凇很薄，存在的时间不长。

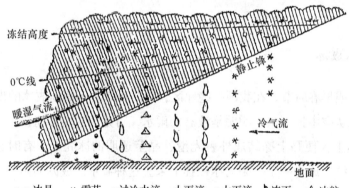

冻雨的形成

我国的冻雨，常常出现在淮河以南至南岭以北，以及云南、贵州、四川等地区。我国大部分地区冻雨都在12月至次年3月出现，以隆冬1—2月为最多，12月次之，3月较小。但新疆的乌鲁木齐和辽宁、河北、山东等省都集中出现在11月或3月。各地冻雨初日，北方在11月中旬，江南一带在12月上中旬，东南沿海在1月中旬以后。冻雨终日大部分地区都在3月中旬，但东南沿海在1月底2月初便结束。

冻雨危害是可以预防的。在架设电线线路之前，要调查哪些地方容易发生雨凇，出现的强度怎样，尽量避开那些经常出现雨凇的地区；无法避开时，应根据出现的强度，对杆间距离、电线荷载强度进行特殊设计，做到既省材料又安全。若遇冻雨造成严重冻结时，可用电流加热，或根据天气预报早做准备，发动群众沿线把冰挂敲掉，保证线路的畅通。

6. 最冷的地方世界寒极

一到冬天，人们就感到冷。其实，最冷是在冬至后的三九天。

那么，最冷的地方在哪里？

我国西藏北部地区，在昆仑山和冈底斯山之间，平均海拔达4500米。由于地势特别高，空气稀薄，地面散热非常快，所以很冷，年平均气温只有 −6℃，到处是一片冰天雪地，寒风凛冽，可算是我国的"寒极"了。然而，我国的最低气温还不在此。

我国内蒙古自治区呼伦贝尔盟大兴安岭的免渡河地区，在新中国成立前的1月份，曾观测到 −50.1℃ 的最低气温。1960年1月21日在新疆最北部阿尔泰山区富蕴气象站记录到 −51.5℃ 的低温。我国黑龙江省漠河县漠河气象站是我国最北的气象站，1969年2月13日清晨在这里观测到我国极端最低气温是 −52.3℃。这里每年都会有 −45℃ 或更低的严寒出现，刚烧沸的水在室外倒出时就会马上结成冰。

在世界上，一般认为最冷的地方在南北极。其实，这个看法大体不错，但还不够准确。

雅库茨克是世界上最冷的城市。雅库茨克位于俄罗斯东西伯利亚勒拿河中游河畔。这里靠近北极圈，长期受西伯利亚干冷气团控制，冷空气极易在这里堆积，酷冷异常，有"世界寒都"与"北极冰都"之称。

雅库茨克1月平均气温 −42.7℃，7月平均气温只有 19.5℃，年平均气温 −10.1℃，冬天最低气温常常降到 −60℃ 以下。

−60℃！如此低温早在1938年1月21日，俄国商人尼曼诺夫途经雅库茨克时，在无意之中就测得了。可是，在当时，谁也不相信这位商人的测量结果。

雅库茨克确实太冷了。一位美国记者对雅库茨克做过这样描述："我于1月15日离开莫斯科，那天的天气异常温和。我所坐的Tu-154型高翼飞机曾在伊尔库茨克稍停，到达雅库茨克已将近凌晨2时，当时的气温是 −38℃。

"在雅库茨克机场接我的是摄影记者雅可甫列夫。他预备了一辆绿色的伏尔加型计程汽车，车子驶过路上的裂缝时颠簸不定，同时发出刺耳声响。

四、寒潮和高温

它的'关节'僵硬，若不涂有御寒润滑脂，简直不能动弹。挡风玻璃是双层的，周围用孩子们玩的泥丸把玻璃粘住，是用手工粘的，毫不均匀。双层挡风玻璃使驾驶人往前看的视线不受妨碍，其他的玻璃窗却都给冰霜掩蔽住。驾驶人想晓得车后的情况时，只好打开车门把头伸出去探望。

"至于雅库茨克城里的房屋的保暖办法，我在莫斯科常见的门窗都是双重的，但雅库茨克的门窗却是三重的，甚至四重的。"

这座冰都名城里，房屋都建筑在深埋于永久冻土层中的木桩之上，房屋与地面的间隔约 0.9 米，以防止室内的热气融解冻土而使房屋发生坍塌。户外机器上的钢件像冰一样脆而易折。卡车轮胎稍一碰撞就会裂开。人人都穿皮靴或毡靴，人造革靴底在室外 10～15 分钟就会裂缝。冬天要戴上厚厚的防寒皮帽，裸首户外头发几秒钟之内便冻僵、变硬和耸动。人们可以听到自己呼出的哈气变成冰碴的唰唰声。商店里出售的牛奶不是液体，而是重达几公斤的奶砖。

在雅库茨克城郊外，那里只有野狼出没，其他动物已荡然无存。1937 年 11 月这里曾发掘出两万年前留下的猛犸象遗体，其肉质与新鲜的相差无几。

雅库茨克的东北部，有一个住着约 600 人的小村庄，村名奥依米亚康，位于海拔 700 米的一个山谷里。1885 年 2 月 6 日，人们在这里测得 $-67.7℃$ 的低温。过了 74 年，1959 年 1 月该村气象站记录的最低气温是 $-71℃$。这是北半球的寒极，也是地球上有人居住的最冷的地方了，可是还算不上最冷的"冠军"。

1957 年 5 月 11 日，南极洲的阿蒙森—斯科特观测站，首次测得 $-73.6℃$ 低温。同年 9 月，这里观测到一个更低的温度是 $-74.5℃$。当时有些人以为地球上最低温度大概不会再比这更低了，但时隔不到一年，在距南极点约 1300 千米的"东方站"，测得 $-76.0℃$ 的低温，6 月测得 $-79.0℃$ 的低温，1960 年 8 月 24 日测得 $-88.3℃$ 的低温新纪录。

令人吃惊的是，$-88.3℃$ 还不是地球上最低温度的极限。1967 年挪威人在"东方站"西南七八百千米的一个海拔 4000 多米的地方，又记录到最新的低温 $-94.5℃$，使该地获得了"世界寒极"的称号。

南极洲处在南寒带，太阳光入射角很低，斜射的阳光热量很弱，白皑皑的冰原雪海又把太阳光的绝大部分反射到太空去了。加上南极洲约有半年时间见不到太阳，温度变得更低。另外，南极洲四周是一片汪洋大海，强劲的西风寒流直冲南极洲，使北方的暖气流不易到达南极，所以奇冷异常。

整个南极大陆的气温都是相当低的，在 3—10 月的冬半年中，月平均气温都低于 -50℃，即使在夏半年最暖的 1 月份，平均气温也低于 -30℃。它比北极的平均温度要低大约 20℃。

7. "上帝站到了俄国人一边"

1804 年，拿破仑一世自称皇帝，建立了法兰西第一帝国。

拿破仑趾高气扬，野心很大。他以法国大资产阶级的雄厚经济实力作后盾，连年南征北讨，东侵西伐。1810 年，他在侵占了大部分欧洲国家的领土以后，还妄想继续扩大他的版图。

1812 年 6 月 23 日，拿破仑率领 60 万大军，以迅雷不及掩耳之势，渡过涅曼河，向俄国发动猛烈进攻。

攻俄之初，法军锐不可当，一路上攻城堡、夺要塞，攻城略地，势如破竹，占领了俄国大片领土。

然而，由于法军不断深入俄国腹地，战线越拉越长。粮食和各种补给品供应不上，加上俄国属温带大陆性气候，在盛夏炎风暑雨的袭击下，法兰西士兵和马匹纷纷中暑、生病、死亡，士气开始低落。

9 月 14 日，拿破仑到达莫斯科郊外，想与俄国军队决战。俄军回避与他正面交战，采取"坚壁清野"的策略，有计划地火烧莫斯科。当法兰西军队进城时，只见一座空城，将士们无房屋住，没有粮食供应，拿破仑欲战不成，欲罢不能，进退两难。

尤其是莫斯科的天气，一天天地变得寒冷起来，而且又比往年提前出现了寒潮。10 月 19 日，天高云淡，艳阳微风，气温回升，顿然警觉起来的拿破仑，下令从莫斯科撤退。11 月 6 日，来自北方的一次强寒潮奔涌而来，带来了严冬降临的信号。浓云密布天空，寒风怒号不止，大雪铺天盖地，地面积雪深至膝盖。这突然而来的严寒风雪天气，使得身穿夏服的法军士兵冻得皮裂肉僵，一个个在冰天雪地里颤抖、呻吟，陷入绝境。

在这严冬时节，北方寒潮频频南下，寒冷日益加剧。日平均气温降到 -20℃，甚至 -40℃，滴水结冻，呵气成冰。习惯了西欧温带海洋性气候的法国士兵，无房屋蔽身，无燃料御寒，两脚冻得穿不进鞋，两手肿得合不拢，耳朵也被冻坏了。他们饥寒交迫，在雪地行军又常常迷路，伤员、战马相继冻死，尸横遍野，车辆、大炮、枪械，四处遗弃。

而从小在这里生长的俄国士兵却借助严寒的威力，趁机发动凌厉追击。追击堵截的途中，法军伤亡更是惨重。12 月份追到涅曼河时，法军已溃不成军，最后只剩下"两万个饿坏冻伤的幽灵"。拿破仑不得不只身逃回巴黎。

无独有偶，时隔 129 年以后，在第二次世界大战期间，希特勒又重蹈拿破仑走过的失败之路。

那是 1941 年。6 月 22 日，希特勒在侵占了半个欧洲之后，突然向苏联发动进攻。

希特勒集中了 180 万人，沿着当年拿破仑进攻莫斯科的老路，猛烈向前推进。通向莫斯科的各条道路上和田野里，到处是德军的坦克、军车和各种运输工具，最长车队前后有 30 千米。

拿破仑败退俄国

到 10 月 3 日，德军突破苏军在莫斯科的外围防线。

这时，希特勒万万没想到，德军在各个方向的进攻，遇到了苏军顽强的抵抗。10 月 7 日到 8 日，天气又开始阴雨连绵，道路变得泥泞不堪。德军只有"听从烂泥的摆布"，开始时的快速进展受到了无情的阻滞。

好像"上帝站到了俄国人一边"。这一年，莫斯科地区的冬天来得比往年早，11 月 3 日就来了寒潮，骤然出现了冰霜，13 日气温下降到 -8℃。随后气温日复一日地越来越低。希特勒也变得越来越焦躁不安。他的如意算盘是要赶在严寒到来之前结束莫斯科战役。他只得又急急忙忙地集中优势兵力，于 11 月 15 日发动了第二次大规模进攻。

希特勒开始对苏联的侵略

岂料，这时严酷的寒潮来临了。11 月 27 日，莫斯科地区气温在 24 小时内骤降到 -40℃，德军没有冬衣，成千上万的官兵被严寒冻伤、冻死。12 月 4 日，强寒潮袭来，德军阵地上和军营里，到处是冻成冰棍的僵尸。德军每个步兵团减员达四五百人以上。

更加令德国将军烦恼的是，在严寒的天气下，机械化装备也无法发挥作用了。飞机与装甲车的马达无法发动，坦克上的反窥镜失去作用，机枪和步枪的枪栓也被冻油卡死。武器失灵使德军的战斗力大大削弱了。

与此相反，苏军的枪炮和战车披着保暖套，涂上了防冻润滑油，在雪地里灵活地操作或行驶。土生土长的士兵们又有很强的御寒能力，擅长在雪地里作战。他们身着保暖棉衣、皮靴和护耳冬帽，灵活机动地到处打击冻得麻木的德军。德军已经绝望了。

12 月 6 日，苏军开始大反攻。德军防线不断被苏军突破。1942 年 1 月德军向西败退 150～300 千米。苏军打破了德军对莫斯科包围之后，乘胜前进，对德军发动全线反击，终于取得了卫国战争的胜利。

这场战争使德军共损失 100 多万兵力，其中有 10 多万人就是在严寒天气中被冻伤或冻死的。希特勒和拿破仑一样，受到了寒潮天气无情的惩罚和痛击。

8. 纽扣消失之谜

1812 年秋末，一场暴风雪包围了俄国圣彼得堡，凛冽的寒风狂啸不止，鹅毛大雪铺天盖地，气温骤降到 -43℃。

四、寒潮和高温

这时，法兰西帝国皇帝拿破仑为了扩大自己的势力范围，竟不顾天寒地冻，亲自率领大军东征，踏上了俄国领土。面对来犯之敌，沙皇俄国政府军奋起自卫反击。为了保障自卫战争的胜利，沙俄政府加紧调集食品到前线去加强补给，同时火速调运军大衣，让士兵御寒。

一天，圣彼得堡军用品仓库管理员接到上级的紧急通知，要把库存的5万件军大衣调运到莫斯科近郊的前线去。仓库管理员当天开仓指挥搬运工将一包包崭新的军大衣从仓库里提了出来。第一批3000件军大衣装上车，运往前线发到士兵们手里，可是，却发现没有一件大衣是有扣子的。

这件事很快传到了沙皇那里，沙皇听到后大发雷霆，下令要严惩监制军衣的大臣。大臣哀求沙皇宽限他几天，让他作一次调查。

这位大臣来到圣彼得堡军用品仓库，打开还没有运走的军大衣一件一件地查看，确实件件崭新的军大衣上都没有扣子，只留下一小团一小团灰色的粉末。仓库管理员告诉大臣，军大衣在入库时是钉有白锡做的纽扣的，又拿出自己亲笔签名的验收单子，大臣看到验收单上注明"大衣配有毛领、锡制纽扣齐全"。这说明军大衣入库时是领、扣齐全的。但连入库后从未开过封的大衣在内，却没有一件大衣有扣子，这如何解释？大臣一下子被弄懵了。

大臣面对纽扣失踪一事百思不解，于是去找圣彼得堡科学院，请科学家们给予解释。科学家们带来仪器，反复查看那一团团灰色的粉末，绞尽了脑汁也没有解开这个谜。

几天后，著名学者卡里柯夫斯基跑到大臣那里，说他能解开纽扣失踪之谜。大臣半信半疑，就和这位学者一起拜见沙皇。学者从自己手提箱里拿出一沓材料，然后慢条斯理地说："那些军大衣原来是钉有扣子的，只是那些锡做的扣子在异常寒冷的冬天里得了一种'病'，都变成粉末了。"沙皇不相信，非要他拿证据不可。

于是这位学者在皇宫里当着沙皇的面做了一次实验。他要了一把锡酒壶，并把它放到花园里的一个石头凳子上，几天以后，卡里柯夫斯基和大臣陪同沙皇一起到花园去观察锡壶。一看，锡壶仍旧放在那里，沙皇、大臣顿时脸色一变，不约而同地怒视着这位学者。学者却胸有成竹地走到锡壶跟前，轻轻地用手指一捅，锡酒壶就像沙子堆似的塌了下来，变成一堆灰色粉末。卡里柯夫斯基解释说，因为天气太冷，所以把军大衣上的锡纽扣和锡酒壶冻成粉末了。

在科学事实面前，沙皇没话可说。圣彼得堡军用品仓库的军大衣上锡纽扣消失的原因原来是严寒开的玩笑。

那么，为什么严寒会把锡纽扣冻成粉末呢？原来锡有个"怪脾气"，一旦遇到低温，它的晶体就会改变，不再是一整块一整块的，而是变成了粉末状态。锡的这种变化先在某一点开始，然后迅速蔓延开来，人们称之为"锡疫"。

这种现象产生的原因是：锡的固体会随着温度的变化，呈现出三种同素异形体，即白锡、灰锡、脆锡。常温下的锡叫白锡。它很稳定，为白色，晶体结构属于四方晶系，具有优良的延展性，可以压成很薄的锡片，人们称之为锡箔。锡箔可用来包糖果、香烟等。当白锡被加热到160℃以上时，晶体结构开始转变为正交晶系，会变得很脆，一打就断，一压就成粉末。因此，人们称之为脆锡。脆锡继续受热到231.8℃以上，就熔化成为液体。正因为锡的熔点很低，所以锡和铅的合金可做焊锡。一般焊锡中，锡的含量为50%～70%。锡受不了热，也挨不起冻。当白锡放在温度低于13.2℃的地方时，它会缓慢地变成晶体结构属于立方晶系的灰锡。这种转变随着温度继续降低而迅速加快，到−33℃，这种转变达到最快点，体积一下子增加30%左右，锡便一下崩解成了粉末。

1912年有个名叫斯科特的英国人率领一支船队去南极洲探险。他们经过漫长的航行，终于到达了长年冰雪封冻的南极大陆。正当他们准备登陆时，突然发现船上储备着生活用燃料油的油箱全部崩裂了，燃料油从箱子里不断地流了出来。队员们惊慌失措。没有燃料油，当然不可能在极端严寒的南极洲上生存，更谈不上去探险了。斯科特只好命令船队立即返航……最后，他们虽然返回了英国，但在艰难的旅程中，还是有几个队员牺牲了。

这件事与白锡纽扣失踪的原因类似，都是由于严寒造成的。据研究，南极洲的严寒气候，使油箱接缝中的焊锡发脆，于是造成了油箱崩裂。

9. 低温的妙用

一到冬天，人们就会感到冷。其实，最冷是在冬至后的三九天。而"冷"，又能达到什么程度呢？

我国黑龙江省的漠河县，1月平均气温为−30.6℃，那里出现过气温最低

值 –52.3℃。新疆维吾尔自治区的富蕴县，曾有过 –58.9℃的记录，而珠穆朗玛峰上竟出现 –60℃的低温，这可算是我国最"冷"的纪录了。但是，在终年积雪的南极洲的"极点"附近，最低温度是 –94.5℃，可称得上"世界寒极"了。然而，这些最冷的地方比起"广寒宫"——月球和远离太阳的海王星，又算得了什么？要知道在宇宙深处，平均温度经常保持在 –270.6℃呢！

–270.6℃，听起来真有点吓人，照这样下去，最低温度到底有没有一个底呢？

有的。这个"底"是 –273.16℃，叫作零开[①]。但是，这个"底"可以接近，而无法达到。目前，科学家们在实验室里制造的最冷纪录是 0.00002 开，这与零开已极为接近了。

人们把冷到零下一二百摄氏度的温度叫作"超低温"。在超低温下，人们可以洞察到许多奇妙的现象。比如空气变成了浅蓝色的液体；面包、蛋壳变成了会发光的巨大"萤火虫"；酒精、汽油、水银变成了坚硬的"石头"；锡、铅、锌、铝、钽、锂、水银等二十余种纯金属和六十多种合金，在超低温下，导电本领一下子会增加亿万倍，显出所谓"超导现象"。由于低温而引起各种物质的一系列奇妙变化，可使人们进一步了解物质的本质，更好地利用它们来为人们服务。

采用冷藏方法，可以使商店、菜市里的那些鱼肉、蔬菜、水果等保持原来的色、香、味和营养价值；医疗上采用冷冻方法，可以将临床上使用的血清、疫苗和各种有机药物妥善地保存起来，并可施用低温麻醉，使病人局部或全部失去知觉，进行手术。

在建筑、坑道和矿井的开掘上，也时常借助人工制冷的办法，使湿土冻硬，方便施工。在钢铁工艺上，人们将钢铁经过低温"锻炼"后，可使其强度增加一倍半。化学工业上，提取石油制品，制造塑料、人造丝、合成橡胶和染料等所必需的中间产物，都是依靠低温分离法获取的。

"冷"在农业生产上也能大显身手。例如，在干旱季节里，人们利用固态的二氧化碳高度冷却效应，用飞机将干冰撒布空中，就使空气中水汽凝结成云雨，给大地降下甘霖。

---

① 开为热力学温度的单位名称，单位符号为 K。

10. 历史上难忘的冰战

在军事活动中，历史上曾有不少智将巧妙地用冰作战，出奇制胜。有的战例至今令人难忘。

3世纪初的三国时期，曹操在北方进行统一中原的战争，与西凉马超大战于陕西潼关。渭河边上多沙石，筑不成堡垒。曹操的军队，每次渡过渭河，还没有站住阵脚，就被马超的骑兵骚扰，扎不住营，只得一次次返回。有一天，一个名叫娄子伯的谋士对曹操说："今天晚上天气寒冷，可以用河滩上沙子筑城，把水灌到沙子里，水冻成冰，能在一夜之间筑起一座冰城。"曹操听后觉得有理，立即吩咐士兵准备好运水工具。等到夜间派出先头部队渡过渭河，在河滩上用沙子加水，筑起一座城堡。天亮时冰城坚固如山。于是曹操军队渡过渭河，在冰城里站稳了脚跟，后来打败了马超。据说，自此以后，曹操很喜欢冰，曾在河北漳县凿井藏冰，到三伏盛夏再取出分赏功臣。

南北朝时期的后燕与魏发生战争时，魏军借冰为路大破燕军。当时，就是后燕建兴十年（395年）农历七月，燕主慕容垂派他的三个儿子率兵8万杀奔魏国的五原（今内蒙古包头市西北）而来。魏主拓跋珪诱敌深入待机杀敌，主动率部西渡黄河，躲避燕军。燕军长驱直入，攻占了五原，逼近黄河边，与魏军隔水相望。

这时燕军赶造船只，准备渡河作战。不料，在准备渡河之际，暴风骤起，数十只战船被吹向南岸，被魏军捕获。与此同时，燕军派出使者回国问候正在患病的燕主，又不料魏军派出设伏部队捕获了问病的使者，并向燕军散布燕主已死的假消息。燕军闻讯后，军心浮动，燕主的三个儿子都为谋取主位而争斗起来。不得已，燕军烧毁渡船，准备撤兵回国。

这时黄河尚未结冰，燕军认为"天堑"难渡，魏军不会过河追击，而没有警戒。

可是，十一月的某一天，一场寒潮突然而来，气温猛降，黄河冻结。拓跋珪见时机已到，亲率精锐骑兵2万余人踏冰渡河，追击燕军。燕军毫无准备，大败而逃，人马相互践踏，死伤1万余人，除千人逃脱外，四五万人皆束手就擒。

唐朝天宝年间发生了著名的"安史之乱"。755年12月，割据河北的安

四、寒潮和高温

禄山指挥叛军南下直逼洛阳，被黄河所挡。当时已是隆冬，黄河淌着冰花。为加速黄河结冰，使部队迅速渡河，安禄山命令在灵昌（今河南滑县）附近以粗绳结破船、草木等物横于黄河之上，减少河水流速，加速结冰。经过一夜，拦截的冰花在障碍物之间冻结成一座冰的浮桥。于是，15万叛军踏冰越过黄河天险，迅速包围陈留（今河南开封市东南陈留镇），太守郭纳不战而降。接着，叛军很快攻陷了洛阳，直入中原腹地。

唐朝以后，用冰作战更甚，其中最著名的要数明朝初年叶旺垒冰阻纳哈出。那是公元1375年隆冬的一场大战：那时，故元太尉纳哈出统领数万兵丁不断南下，侵扰朱元璋刚刚建起的明朝。为巩固新生政权，朱元璋命辽东都司都指挥叶旺率精兵迎敌。在辽宁金县一带，叶旺大败纳哈出，元军残兵败将被迫向北溃逃。

叶旺预料，纳哈出败军北退必往盖州（今辽宁盖州市）城南祚河，便命令全军将士沿河北岸筑起一道数尺高、十余里长的"冰墙屏障"，并在河滩上埋设钉板，挖掘陷阱……果然不出所料，纳哈出领着惶惶之兵向祚河逃窜而来。只见城上明军执兵跃起，杀声震天。众逃军跨河夺道，碰上又陡又滑的冰墙，纷纷落马，非死即伤。元军至此气数已尽。

在国外，也发生过"冰战"。1942年12月中旬，苏联军队准备尽早地越过伏尔加河，对德军发起攻击。但斯大林格勒（今伏尔加格勒）地区宽约1千米的伏尔加河上，当时冰层厚度远不足以让坦克通过。12月16日，斯大林格勒前线的苏军最高统帅部代表朱可夫，要求气象人员作未来一段时间内气温变化的预报。在得知25日前仍不会出现气温急剧下降的情况后，朱可夫命令出动消防车，抽取河水，泼洒冰面，以增厚冰层。大约25辆消防车在伏尔加河面上夜以继日地进行泼水作业，场面颇为壮观。到25日，强大的寒潮来临，气温骤降至-20℃以下，冰层进一步增厚。准确的天气预报为苏军坦克及早地开过伏尔加河对德军发起攻击赢得了宝贵的时间。

冰用于战争是因为它有超常的强度。据科学实验测定，冰的拉力强度为12～15千克/厘米，压强为35～45千克/厘米，可谓坚而又强。另据试验，河水结冰5厘米厚时，上边行人大可来来往往；20厘米厚时可作为天然运动场；厚达50厘米，汽车可在其上"高速行驶"，重型炮弹落下安然无恙。

人类并不满足于自然冰在战争中的妙用，于是"人造冰"应运而生了。第二次世界大战初期，英、美两国科学家发现在水中掺入一些木屑所结成的冰，具有惊人的强度并且不易融化。他们测定，一块 2.54 厘米厚的木屑冰块上可以站 6 个人，10.6 厘米厚的冰块在普通手枪和左轮手枪的射击下，只会起些白点点。人们把这种冰叫作"混合冰"。

由于第二次世界大战期间，英、美盟军为供应给养的舰船不断遭德军潜艇和飞机袭击而犯愁，所以急需建造一种既不会被鱼雷击中，也不会被飞机炸毁的舰船。于是他们大胆地用人工"混合冰"试制了一艘宽 9 米、长 18 米的名为格莱特的小型军舰。舰上的制冷机使冰制的舰体保持在 0℃ 以下，炮火损伤后能被灌入的水填平，然后又冻成冰。冰舰以 7.4 海里的时速灵活地在水面上浮现了 70 多天，就是 1943 年夏天水温升至 15℃ 时，它仍游弋于大洋之上。

冰舰试验成功后，盟军命令一家冰冻厂建造一艘超大型冰制航空母舰，计划它的长度是 610 米、壁厚 2.2 米、重 170 万吨，能运载 200 架小型飞机，犹如一座炸不烂、击不沉的海上堡垒。但由于第二次世界大战结束，该舰未能造成。

11. 冬热夏冷的地方

一年四季，寒来暑往，周而复始。这是大自然固有的规律。然而在自然界的某些地方，却出现冬热夏冷的奇特现象。

我国河南省林县石板岩乡西北部，即太行山的半山腰上，有一个约 600 平方米乱石纵横的山坡上，人们称它为"冰冰背"。每到阳春三月，天气转暖，"冰冰背"山坡上的泉水就开始结冰，气温越高，结的冰越厚。盛夏，冷气袭人，结冰面积达 600 多平方米。一过中秋，这里的冰块慢慢融化。到了寒冬腊月，大地冰封了，而这里不仅没有积雪，不见冰块，反而热气蒸腾，从乱石下溢出的泉水温暖宜人，成了一泓温泉。同时，小溪两岸长满了奇花异草，嫩绿鲜艳。

尤其令人叫绝的是，在辽宁省东部山区的桓仁县沙尖子镇境内，一个山冈上有一块从船营沟一直向西南延伸到宽甸县的牛蹄山麓，全长约 15 千米的神奇土地。一到夏天，这里地下的温度就开始下降。到了气温高达 30℃ 的盛夏时候，地面温度在 0℃ 以下，地下 1 米深处温度竟降到 -12℃，寒气透骨，滴水成冰。

这个神奇的地方发现于 90 多年前的一个夏天。当时船营村村民任洪福的父亲任万顺，想在自家房子北头小山冈上堆砌一道护坡。一天，任万顺在房子北头挖开表面浮土，忽然，感到从露出的岩石缝里冒出了刺骨的寒气，非常惊讶。于是，他在冒寒气强烈的地方，用石块垒成一个长和宽都不足 1 米，深约 1 米多的小洞，想在夏天往洞里放点什么东西。后来这个小洞到夏天就成了任万顺家的"天然冰箱"，并保存至今。

这个小洞的盛夏温度为 -2℃，石缝内为 -15℃。人们站在洞口外六七米远的地方，一两分钟时间就会冷得发抖。洞口放鸡蛋很快被冻破壳，洞内放杯水一会儿变成冰块，雨水从小洞上的石缝里渗下来被冻成缕缕冰柱。1946年夏天，一个国民党的军官骑着一匹战马来到这里，将那匹跑得大汗淋漓的战马拴在洞口附近的树柱上，第二天早晨一看，这匹战马已冻倒在地上站不起来了。

1987 年 8 月 6 日，正是中伏天气，有关专家组成的考察组来到沙尖子镇。当天中午热浪滚滚，在镇南 1000 米处的山坡上，村民任万顺住宅西侧一个方圆不足 5 平方米、深不足 1 米的石头坑旁，他们一驻足顿时便感到寒气逼人，浑身打冷颤。他们看到，从石缝中冒出的冷气，结成了一串串、一块块的冰。

夏去秋来，这里的地温却缓缓上升，一到严冬更变得热气腾腾。这时候，气温为 -30℃，地面温度 10℃ 以上，而地下 1 米深处温度竟达 17℃。这样，任洪福家的"天然冰箱"又变成了"天然保温箱"。

这时候，虽然大地冰封雪冻，可是任洪福家房后的小山岗上绿草如茵，地里角瓜蔓状叶肥。任家在这里平整的一块地上盖了塑料棚，棚内温度 17℃，地表温度保持 15℃。种上的大葱 20 天就可以吃，种芹菜半个月也长成了。

桓仁县境内这块神秘土地的面积约 1.6 万平方千米。为什么这块地方有着自己与大气温度相反的变化规律呢？前往观察的有关学者中，有的认为这里地下具有庞大的储气构造和特殊的保温层，使得地下储存大量空气，而且使地温变化比地面以外气温要慢得多。冬天，冷空气进入储气构造，可以保温至夏天才慢慢地放出来；到了夏天，进入的热空气直到冬天才慢慢地放出来。也有人认为：这里的地下有寒热两条重叠的储气带，同时释放气流，遇寒则热气显，遇热则寒气冒。但上述说法都缺乏充分的科学依据，尚待深入研究探索。

　　奇怪的是，有的山洞、岩洞也有冬热夏冷的现象。在湖北省五峰土家族自治县白溢寨主峰北侧的一个山洞里，每到三伏天，石缝中就自然凝出大型冰块。当地居民在骄阳似火的时节纷纷到那里取冰做冷食。洞内冰取后又重生，成了天然的制冰厂。对这一奇特现象，许多学者认为是一种特殊环境下的小气候，也有人认为是当地岩石的特殊结构所致。但究竟什么原因，至今仍是一个谜。

　　这种"夏冰洞"，在四川巫峡红池镇草场以东一座大山顶的垭口处也有一个。据当地人介绍，只要气温在15℃以上，洞内就会结冰。这个洞高约10米、宽约60米、深约30米。专家们研究认为，这一现象可能与洞穴岩层中含有超量的二氧化碳有关。这一现象之谜，至今也无谜底。

四、寒潮和高温

（二）大雪浓雾

1. 大雾的事故——雾害

1955 年 5 月 11 日清晨，日本濑户内海上空明朗透彻，只是跃出海面的太阳，镶嵌在那天边的灰暗的云带上。

这时，"紫云丸"客轮（1480 吨）全速向松冲海面驶去。但不多一会，天空暗淡了，起雾了。

雾越来越大。浓雾弥漫在海面上，充斥在天际间，咫尺难辨。"紫云丸"不得不减慢航速，无可奈何地鸣着汽笛。雷达开动了。船长进入驾驶室提心吊胆地指挥"紫云丸"摸索前进。

浓雾令人窒息。雷达报告，左前方发现航船，已经很近，但驾驶室里却什么也看不见。"紫云丸"调整航向，力图避开这个不速之客。突然一个庞然大物从天而降，向"紫云丸"冲来。"紫云丸"急忙右转舵，但来不及了，船像被磁铁吸住一样，失去控制。刹那间一声巨响，地动山摇，一场海上灾难发生了。

原来是"第三宇高丸"（1282 吨）从左舷拦腰楔入了"紫云丸"。

"紫云丸"沉没了，乘客 800 余人中，死亡 168 人。

据统计，单在日本近海发生的 840 次海损事故中，直接与海雾有关的达 270 次之多，占 25%。世界上的很多海域都有雾发生。1958—1974 年航海船舶的碰撞有 70% 是发生在雾天。一天中，下半夜至清晨最易发生海损事故，也与海雾有关，因为这段时间发生海雾最多。

陆地上的雾，使近地面阴霾低沉，视野灰蒙模糊，导致交通瘫痪。1985 年 2 月 27 日早晨，流星般的汽车在德国科隆到亚琛的高速公路上飞驶着。突然间一声闷响，一辆小汽车撞到前方小车的尾部。紧接着发生了"连锁反应"，司机们还没有发现前方出了什么事，汽车依然高速往前冲，待到他们瞪大了眼睛，晚了，来不及了，便一头撞到前车的屁股上。就这样，300 多辆小汽车一股脑儿地粘贴在一起，东倒西歪地塞满了公路。

还是那一天，相差不到半小时，比利时安特卫普附近的一条高速公路上，也发生了相同的事故，200 多辆汽车撞在一起。

这两起事故的肇事者就是受到当时的浓雾的影响。1997 年 12 月 17 日 8 时因出现大雾，在我国京津唐高速公路北京路段，连续发生两起 40 余辆汽车追尾事故，造成 9 人死亡，34 人受伤。2002 年 11 月 3 日也因出现浓雾，在美国洛杉矶以南 40 千米处的 710 号高速公路南向路段上，发生一起连环撞车事故，约 200 辆各类车辆相撞，导致 40 多人受伤。

大雾茫茫，能见度很差，有时只能看到几米、几十米远的物体：有时雾特别浓，能见度小于 5 米，对快速行驶的车辆有极大的危险性。加上驾驶室玻璃蒙上一层水膜，更加看不远看不清，还可能把近处的物体误认为远处物体。如果车辆速度太快，一旦发现路上前面有障碍物时，来不及避开就容易发生轧人、撞车、翻车等事故。据统计，高速公路上因雾等恶劣天气造成的交通事故，大约占总事故的 1/4。

浓雾也是航天的大敌。据历史资料统计，我国国内航班不能正常起降，因雾的影响占 78%，国外航班占 57%。由于浓雾造成能见度很低，常使航班大量延误、取消，有的飞机返航或备降到另外的机场。大雾期间航空管制员们的超负荷工作，也造成了他们高度的精神紧张，稍有不慎则后果不堪设想。而大批旅客滞留机场，给一些民航机场的地面服务工作也带来了很大的压力。1996 年 12 月 27 至 31 日，由于北方一股较强冷空气扩散南下，造成江淮、长江中下游及江南部分地区的较大范围浓雾，持续达 5 天之久。浓雾严严实实地盖住了华东地区的大部分空港。

当时，上海虹桥国际机场能见度最低时白天不足 100 米，夜晚不足 10 米，无法起飞和降落各种飞机。机场连接国内外 90 多个城市的 300 多条航线被迫"中断"9 次。在这短短 5 天内，不能正常进出虹桥机场的旅客达 10 万多人次。上海空港共安排近万名旅客暂住宾馆。

这场浓雾，还使山东、江苏、安徽、浙江、江西境内共 20 多个民航机场，陷于间歇性的瘫痪状态。

雾的组成成分和云一样，也是微小的水滴或冰晶，不过雾悬浮在近地面的气层中，影响了地面的能见度。从一个水平面上看去，能看见 500 米外的东西的雾叫轻雾，500 米外的东西完全看不清的叫浓雾。据统计，运输机因恶劣能见度造成的飞行事故，占所有气象原因而造成的事故的 49%。江河航运也深受大雾的困扰。

雾对农作物也有一定的危害。长时间的大雾遮蔽了日光，妨碍农作物的呼吸作用和同化作用，使作物对碳水化合物的储量减少，农作物就变得衰弱了。来自日光的紫外线因雾滴的散射而减少，容易使作物受病虫害的危害，且使作物软弱。多雾、日光照射时间不足，会使作物延迟开花，生长不良，影响或降低产品的质量和产量。处于扬花成熟期的小麦，遇上持续的大雾，易生锈病，轻者减产一成，重者可减产二三成。

正当果树果实成熟阶段，遇上非常潮湿的大雾，会使果实表面形成许多疵点，影响水果的品质。

2. 雾霾天气

2015年10月1日至12月10日，华北、东北等地频现雾霾天气，全国共出现5次大范围重污染天气过程。雾霾对空气的污染，如今越来越受到全社会的关注。

雾霾自古有之。《中国三千年气象记录总集》中的甲骨文卜辞按气象内容分为12类，其中视程障碍类中所列的就是雾和霾。"霾，风雨土也"。这是东汉许慎在《说文解字》中对霾的解释，说明霾主要指的是因刮风、雨雾和尘土飞扬造成的空气混浊的现象。《晋书·天文志》解释霾："天地四方昏濛若下尘，十日五日已上，或一月，或一时，雨不沾衣而有土，名曰霾。"

古之霾与今之霾，有着本质上的区别。前者为农耕社会的霾，如"终风且暴""终风且霾"（《诗经·邶风·终风》）说的是大风吹起了尘土（"霾"字的古义就是尘），尽管可恶，但没有太大贻患。而后者则为工业化社会的霾，含有更多的人类活动的排放物，其中很多物质对人体有害。

人们常常将雾和霾混为一谈，实际上二者是自然界的两种天气现象。根据气象学定义，霾是指大量极细微的干尘粒等均匀地悬在空中，使水平能见度小于10千米的空气普遍混浊现象。这里的干尘粒是指气溶胶粒子，如灰尘、硫酸盐、硝酸盐、有机碳氢化合物等。霾的厚度比较厚，可达1～3千米。霾与雾、云不一样，与天空区之间没有明显的边界。霾粒子的分布比较均匀，粒子直径较小，从0.001微米到10微米，平均直径大约在0.3～0.6微米，肉眼看不到空中飘浮的颗粒物。由于气溶胶粒子组成的霾，其散射的波长较长的光比较多，且其吸收作用也较强，因此霾看起来呈蓝灰色、橙灰色或黄色。

霾主要是由空气中悬浮大量干性微粒和气象条件共同作用而形成的。由于城市高层建筑群起着阻拦和摩擦作用，使风流经城区时明显减弱，因此，在水平方向静风现象增多，不利于大气中悬浮微粒的扩散稀释，容易在城区和近郊区周边积累，而当垂直方向上出现逆温（高空气温比低空气温更高的现象），"逆温层"厚度可达几十米到几百米，就像一个盖子盖在近地面空中，没有对流，又没有风，就会使污染物和粉尘在低层堆积，增加大气低层和近地面层污染程度，而且随着城市人口增长和工业发展、机动车辆猛增，又使污染物排放和悬浮物大量增加，空气污染加剧，就变成霾了。

我国的年霾日数，东部多于西部。西半部地区、东北大部及内蒙古、海南年霾日数不到 1 天，东半部地区年霾日数一般为 1～10 天，其中陕西中南部、河南中部、江西西北部、广东东北部、云南南部等地超过 20 天，尤以山西临汾最多，达 84.6 天，全国大部分地区霾主要出现在秋、冬、春季。夏季多雨，雨水对空气中的灰尘等污染物起冲刷作用，不利于霾的形成。冬季气团稳定、较干燥，加上一些地方采暖用煤，粉尘大，容易形成霾。

与霾相比较，雾是由大量悬浮在近地面空气中的微小水滴或冰晶组成的气溶胶系统，是近地面层空气中水汽凝结（或凝华）的产物。雾粒的本质是小水滴，它的直径较大，在 5～10 微米之间，它对可见光的散射没有太多的选择性，因此，它基本上是乳白色或者白色。雾一般浅薄，主要在 400 米以下的近地层中发生，边界比较明显。雾一般在午夜至清晨，最容易出现，上午消散。

雾会降低空气透明度，如果降低到 1 千米以内，就将悬浮在近地面空气中的水汽凝结（或凝华）的天气现象称为雾；而将水平能见度在 1～10 千米的这种现象称为轻雾。

雾的形成条件是要具备较高的水汽饱和因素。出现雾时，空气相对湿度常达 100% 或接近 100%。发生霾时相对湿度不大，但雾中的相对湿度是饱和的（如果有大量凝结核存在时，相对湿度不一定达到 100% 就可能饱和）。一般相对湿度小于 80% 的大气混浊视野模糊导致的能见度恶化是霾造成的。相对湿度大于 90% 时的大气混浊视野模糊导致的能见度恶化是雾造成的。相对湿度介于 80%～90% 之间时的大气混浊模糊导致的能见度恶化是霾和雾的混合物共同造成的，但其主要成分是霾。

四、寒潮和高温

277

雾霾是对大气中各种悬浮颗粒物含量超标的笼统表述，尤其是大气中存在着较多粒径小于等于 2.5 微米的粒子（粒径不到人的头发丝粗细的二十分之一），就是人们俗称 $PM_{2.5}$，也称为细颗粒物，它被认为是造成雾霾天气的"元凶"。它的来源主要是工业污染物排放、燃煤排放、机动车尾气排放、城市中的扬尘、二次污染物等。大气中悬浮颗粒物粒径越小越容易在呼吸道中沉积下来，而 $PM_{2.5}$，特别是 $PM_{0.5}$，即粒径小于等于 0.5 微米的颗粒物则可以在呼吸管道中畅行，一旦进入"肺泡"并被巨噬细胞吞噬，可以永远停留在肺泡里，不仅仅对呼吸系统，对心血管、对神经系统等都会有影响。而在雾中的水滴粒子直径通常在几十微米，和 $PM_{2.5}$ 相比不易直接进入肺部。

雾霾天气是可以治理的。为保卫蓝天，中国实行的 2013 至 2017 年的行动计划旨在使雾霾多发的京津冀地区将 $PM_{2.5}$ 等危险颗粒物的浓度降低 25% 以上，使上海和广州所在的长三角和珠三角地区将这些污染物的浓度分别削减 20% 和 15%。这些空气质量指标到 2017 年底已成功实现，为此采取的努力包括控制燃煤使用，以及降低冬季 28 个地方城市污染企业的产出。到 2018 年 1 月份，中国平均的 $PM_{2.5}$ 数值为 64 微米 / 立方米，同比下降 1/5。

在雾霾天气条件下，人们应关闭居室门窗，尽量减少出门，取消户外运动如晨练等。出门时最好戴上医用口罩防护。外出归来应立即洗手、洗脸、漱口、清理鼻腔及清洗裸露的皮肤。雾霾天饮食宜清淡、多喝水，多吃新鲜蔬菜和水果，少吃刺激性的食物。

3. 雾窟·雾岛·雾都

早上 7 点钟左右，约翰一觉醒来。打开窗帘向窗外望去，只见街头被浓雾笼罩着，分不清哪儿有房屋和行人，偶尔有一些模糊的亮光带着隆隆的声音驶过，这大概是在雾中摸索行进的车辆吧？

这样的大雾，约翰早就习惯了，因为伦敦是世界有名的雾都。

然而，今天，约翰却觉得身上很不自在，喉咙疼痛，一阵阵的咳嗽伴着头晕。他取出体温计，量了量体温。啊！38.9℃，应该去叫医生。

于是，约翰赶紧按了按电铃，招呼他的家人。

但是，在医生赶来之前，约翰已由于呼吸困难和连续几次呕吐而昏厥了。

一天多以后，这个不满 60 岁的老人竟与世长辞了。

这是 1952 年 12 月英国有关报刊上的一则报道。

人们经过分析研究，认为约翰的死是由于令人窒息的雾所造成的。

那几天，伦敦处于高气压控制下，地面无风并有浓雾；同时，高空的温度比低空高，出现逆温层，这就使地面上的冷空气不能逸散出去。于是，工厂和家庭的炉灶排放出来的烟尘经久不散，停滞在楼宇、街道的上空，使每立方米大气中的二氧化硫含量达 3.8 毫克，烟尘达 4.5 毫克。

这污浊的空气严重地侵害了人们的健康。就在约翰死亡前后的那几天，也就是 1952 年 12 月 5 日至 8 日，伦敦市内有 4000 人死亡，以后两个月内又有 8000 人死亡，许多居民普遍感到呼吸困难、咳嗽、喉咙疼、呕吐和发烧。在此期间，慢性病的死亡率也成倍增长，如在 5 日至 8 日的那个星期内因支气管炎而死亡的人达 704 人，是前一星期的 9.3 倍。

其后，根据调查发现，进入 20 世纪后，大约每隔 10 年，伦敦就经历一次这种令人窒息的烟雾事件，每次都有成百上千人死于非命。1962 年的烟雾事件严重程度虽次于 1952 年，但据报道也造成大约 1200 人死亡。

过去，伦敦平均每五天就有一天是雾天，往往造成烟雾事件。20 世纪 60 年代以后，政府加强了环境保护工作，"雾都"伦敦的空气已洁净得多，雾日也减少了。

在我国的重庆，每年冬春两季雾霭茫茫，有时一连数日大雾弥漫，向有"雾重庆"和"中国雾都"之称。一年之内，重庆的雾日有 103 天，有的年份多达 148 天，最多达 206 天，平均两三天就有一天是雾天。

重庆位于长江和嘉陵江汇合处，因受四周山岭阻挡，风力较微弱，江面和地面蒸发的大量水汽不易被带走，每当早晨和傍晚气温降低时，水汽就会凝结成雾。同时，重庆高空常有逆温层，阻碍了水汽的去路，白天接近地面的雾霭受热消散，而大量的水汽却积聚于逆温层下面。在水汽和逆温层的共同作用下，白天消散了的雾，第二天又重新积聚起来，越变越浓，整个山城就雨雾蒙蒙了。有时一连数日迷雾笼罩，咫尺难辨，中午汽车也得开灯行驶。

近年重庆大雾天气有增多现象。这与大气污染加重有关，特别是农村焚烧秸秆、城市汽车尾气、工地扬尘、燃煤采暖锅炉、工业污染形成了大量的凝结核，使城区雾的频次、浓度加大。

我国雾日最多的地方是四川峨眉山。1953—1970年，峨眉山年平均雾日达323.4天，最少一年也有309天，最多一年达334天。7—10月各月平均雾日达28天以上，在雾最少的12月，月平均雾日还有24天，这些都是全国最高纪录。

峨眉山的雾，山顶山麓少。据观测，峨眉山麓气象站年平均雾日只有4天，仅是峨眉山平均雾日数的七十分之一。当游客登上山顶的金顶峰向下望去，会有腾云驾雾之感。那迷漫的云雾动如烟，轻如絮，白如棉，一直连接到天边，把群山笼罩在缥缈迷离的仙境之中。一旦起风时，云飞雾扬，奔突翻腾，使人感到惊心动魄。由于峨眉山多雾，而周围地方雾少，这就形成了"云雾缭绕峨眉山"的奇异的"雾岛"景观。

在我国漫长的海岸线上，到处都有海雾发生。每年2—8月为我国沿海最多雾的季节。从南往北，先从福建沿海，然后到长江口附近、黄海沿海，会相继出现海雾。

但我国海雾出现最多的地方在山东半岛成山角外海。成山角又名成山头，伸入黄海，三面环水，周围礁石林立，水流回旋湍急，无风天气海上亦波涛险恶，年平均雾日多达80天以上，是我国雾日最多的海区，被称为"中国雾窟"。当地民谚说："成山头，成山头，十个艄公九个愁。"

世界上海雾特别多的地方在北美洲东部纽芬兰岛附近，最多的月份每月平均有雾日20多天。

4. 揭开海雾的神秘面纱

1993年5月1日，我国"向阳红16号"科学考察船驶离上海港，于次日清晨途经浙江舟山群岛海域时，薄雾缭绕，海面上好像蒙上一层面纱。5时05分，剧烈的震动把船上所有的人惊醒了。随后，"咯咯"的钢板撕裂声让人惊心，紧接着更剧烈的震动发生了！此时船上的报警信号铃只响了两下就中断了。5分钟后，海水迅速涌进船舱，船只急速倾斜下沉，船长不得不命令弃船。5时25分，船长最后离开考察船，与其他106名船员和科考人员登上救生艇。还有3名科考人员因舱门变形无法打开而与船体一同沉没海底。

"向阳红16号"考察船是1981年建造的。它的排水量为4400吨，最大船速每小时 19 海里，续航力 1 万海里，抗风力 12 级。该船曾 5 次赴太平洋进行多金属结核资源的考察任务，并多次在我国近海执行海洋科考工作。这次考察船沉没是一艘 3.8 万吨的塞浦路斯籍"银角"号货船的撞击造成的。这艘货船不顾雾天在繁忙航线上航行应发出声响信号的规则，从侧面向"向阳红 16 号"船右舷撞击时，那巨大的船艏深深地插入考察船的机舱，导致"向阳红 16 号"机舱进水，主机失去动力，迅速沉没，造成直接经济损失近亿元。

长江口海区是我国沿海的一个多雾区，入春后至盛夏前，东海自南向北进入雾季。长江口至舟山群岛是这个海区的多雾中心之一，年平均雾日约有 60 天；海雾常在夜间和清晨出现，给海面或沿岸低空蒙上一层神秘的面纱。

海雾是海面低层大气中一种水汽凝结的天气现象。当低层大气处于稳定状态时，由于水汽的增加以及温度的降低，近海面空气逐渐达到饱和或过饱和状态，这时水汽以盐粒或尘埃等吸湿性微粒为核，不断凝结成细小的水滴、冰晶或两者的混合物，悬浮在海面以上几米、几十米乃至几百米的低空；当凝结的水滴增大、数量增多，使天空呈现灰白色、能见度进一步降低时，便形成雾。纯粹由冰晶组成的雾，称为冰晶雾。

海雾因产生的原因不同，可分为四种类型，即平流雾、混合雾、辐射雾和地形雾。

空气在海面上水平流动时生成平流雾。当暖湿气流移到冷海面时，它把热量传给冷海面而降低了自身的温度，这时饱和水汽量随温度降低呈现出过饱和状态，就会发生凝结。这种凝结现象在海雾发生区是常见的，通常称之为平流冷却雾。我国海区出现的海雾，主要是这种平流冷却雾。这种雾在世界众多著名海雾区也很常见。

当冷气流经过暖海面时，水面不断蒸发水汽，源源不断地扩散到冷空气层内，使其保持过饱和状态，凝结过程不断地进行，出现蒸腾似的雾，叫作平流蒸发雾，多出现在冷季高纬度海面；极地冷空气流到暖海面，或在大冰山附近的水域容易形成这种雾。

海洋上两种温差较大且又较潮湿的空气混合后容易产生混合雾。海上因风暴活动产生湿度接近或达到饱和状态的空气，冷季与来自高纬度地区的冷空气混合形成冷季混合雾，暖季与来自低纬度地区的暖空气混合形成暖季混合雾。

这种因降温使水汽量达到饱和状态而形成的海雾还有好多种。

辐射雾就是当海面蒙上一层悬浮物质或有海冰覆盖时，夜间辐射冷却生成的雾。如在高纬度冰雪覆盖的海面或大冰山面上，常能形成冰面辐射雾。又如，在海滨、港湾和高纬度内海，由于油污或杂质覆盖在海面上生成的雾，称为浮膜辐射雾。还有因海水蒸发而在低空积聚的盐粒层上形成的盐层辐射雾。

此外，岛屿和海岸地形的抬升作用，常将从海面吹来的温暖空气在其迎风面上抬升，便有可能因上升降温促进水汽凝结成为地形雾。

只有当水汽凝结的雾滴（水滴或冰晶）足够小，它才能保持在低空而不下落。据测定，雾滴的直径一般为 10 微米，是通常雨滴的千分之一，因此，雾滴在空气中飘浮，下降速度很慢，每分钟仅 1 厘米左右。雾天风速又很小，所以雾滴不易被风吹散或蒸发掉。

海雾的长时间存在和频繁出现，使航海家在航行中提心吊胆，尤其是在海湾和港口附近，水道狭窄又有明沙暗礁，来往船只又特别频繁，迷雾中很容易碰船和触礁。据报道，海上的船舶碰撞事故中，有 60%～70% 是由海雾引起的。

世界上的大渔场大都位于冷暖洋流交汇的水域，这些水域正是多雾区。渔汛期间恰逢海雾频繁出现，时常给渔船的安全和生产带来影响。近海的水产养殖也常因浓雾影响太阳辐射，使海水透明度变坏，给生产造成损失。

海雾中含有盐分，遇到输电线路上的绝缘磁瓶，盐分会在上面越积越多，到一定程度就会发生雾闪现象，严重时会造成断电事故。

5.世界著名的海雾区

在全球各大洋面上或沿岸海域，常见迷蒙的海雾像一层面纱笼罩在低空，水平能见度很小，甚至相距几米的景物也忽隐忽现，给海洋蒙上一层神秘的色彩。

海雾大多在春夏盛行，尤以夏季为最，雾的密度大、范围广、持续时间长，浩浩漫漫。但在世界范围内，海雾区域分布并不均匀。大洋高纬度区或冰山、流冰外缘水域常出现蒸发雾，这种雾浓度很小，雾层薄，多变化。世界众多著名海雾区出现的雾，大都是受冷海流影响产生的平流雾造成的。

大量观测结果表明，海洋上气温水温差在0～2℃，吹2～3级或3～4级偏南风或偏东风，对平流雾的生成和维持最为有利。在北太平洋西岸，从鄂霍次克海至千岛群岛以南，以至日本海两岸、中国黄海两岸、东海西岸等海区，是"亲潮"（千岛寒流）与"黑潮"（台湾暖流）交汇的区域，温度差异大，提供了良好的成雾条件。春夏季节，这里盛行偏南风，风把潮湿的空气从暖海面吹到冷水面，于是海雾在"亲潮"的海面频繁出现。从4月开始，中心区域的雾频率高于10%，5月增至30%，6月达40%，7月最盛，频率高达50%～60%，8月海雾开始减少，略高于10%。中国长江口至舟山群岛海域年平均雾日达60天。

　　出现平流雾时，由于水汽供应充分，雾滴浓密，有时还伴随着毛毛雨，所以雾的浓度往往很大，能见度较低，水平视程甚至不到50米。千岛群岛附近的海域，在多雾的5—8月，能见度小于50米的海雾竟占三分之一。

　　平流雾的分布范围可以很广。我国黄海雾区面积平均达9万平方米，最大可达30万平方米，几乎笼罩着整个黄海和部分渤海海域。长江口至舟山群岛的雾区可从沿岸向东水平延伸达数万千米，呈现不规则的零碎块状和雾堤，雾团平均半径在7～44米。

　　平流雾一般多在夜间和清晨出现，可以维持5～6小时而不消散。特别当暖湿气流很强且流场稳定时，海雾不仅整日不消，而且可以持续几天甚至十几天。我国青岛的海雾有一次曾持续884小时，那是从1942年6月29日2时开始的。

　　在近海岸处，海雾来临之前，往往先见低云。这种低云呈破碎状，形状很不规则，移速很快，几乎和风速一样。当雾越来越近时，碎云变成大片云层，随后贴近海面的雾便会涌上岸来。这种平流低云与海上的雾同出一辙，海上的雾不断，陆上的低云就不散，而且云底离地面只有一二百米，给沿海一带的机场带来不便，对飞机的起飞降落威胁很大。

　　在北大西洋西岸，纽芬兰以南海面是多雾的中心之一。这里正当墨西哥湾暖流与拉布拉多冷海流交汇的区域。入春以后，南来的暖湿空气逐渐活跃，平流雾纷至沓来，雾迅速增加，4月份中心区域的雾频率已达20%，6月增至30%，7月达50%，整个雾区一直向东北扩展到冰岛海面，8月雾频率减小到30%，9月整个雾区频率只有5%。大雾溟溟蒙蒙，最易导致海损事故。

1945年5月29日凌晨1时15分，在加拿大圣劳伦斯湾航行的英国"皇后"号客轮，正以每小时18海里的速度向着法吉尔方向驶去。这是英国当时最豪华的一艘巨轮。船长167米、宽20米，排水量2万吨，有5层甲板，可容纳2000人，能以每小时20海里的速度持续航行。船上有舒适的卧舱、宽敞的客厅，还有供娱乐用的板球场、沙坑等。船上装有国家邮件和价值几百万加元的银锭，头等舱里还住着不少政界的头面人物。

一直在舰桥上凝视着迷茫远方的船长肯达尔，心中暗自祈祷着这次航行能够平安无事。

凌晨2时左右，忽然从西部魁北克方向飘来阵阵淡雾，能见度渐渐降低。船长命令船速减至每小时15海里。当"皇后"号驶近距法吉尔角7海里处时，能见度更低了，连浅滩区的灯标也难以分辨。这时在船艄右侧突然发现轮船桅杆灯，船长不得不命令"皇后"号客轮向左偏。

这时，雾越来越浓。

当"皇后"号客轮与其右侧那艘船相距不到两海里时，肯达尔船长下令全速后退，并拉响了三声短促的汽笛声。几秒钟后，茫茫雾海中也传来了一阵长长的汽笛声，那是对面那艘货轮发出的回应。那艘货轮是挪威的"斯多尔斯塔德"号，它正装载着1100吨煤驶向法吉尔角。两分钟后，只听轰隆一声巨响，挪威货轮的艏柱插入"皇后"号的右舷。一会儿，挪威船头从窟窿中拔了出来，两船分离了。

"皇后"号在黑暗中失去了控制，漂离到距出事位置半海里之处。海水从船上32平方米面积的窟窿中涌入舱内，船体开始倾斜……

法吉尔角无线电台接到肯达尔发出的求救信号后，不断地转发着"皇后"号遇难的消息。当时水温只有5℃左右，许多人未等到救援就被冻死了。"皇后"号客轮上1477人中只有465人获救，其余1012人全部死亡。这起灾难造成的损失十分惨重。

北大西洋的纽芬兰以南海面和北太平洋的千岛群岛以南海面，以及南太平洋的澳大利亚至新西兰海面，南大西洋的福克兰群岛海面和印度洋的马达加斯加以南海面，是大洋西岸的5个著名多雾区。

大洋东岸的著名多雾区也有5个，分别是北太平洋的加利福尼亚沿岸、南太平洋的秘鲁沿岸、北大西洋的加那利群岛海面、南大西洋的西南非洲沿岸、印度洋的澳大利亚西南部海面。

有趣的是"秘鲁甘露"现象。南太平洋东侧以南美为界的秘鲁和智利海岸地带及其附近海面，即在南纬10°～15°的狭长区域，由于受到海洋和山脉的双重影响，形成了潮湿多雾的气候特色。这里年降雨量仅50毫米，个别地带甚至几年也不降雨，然而气候却非常潮湿，整天密云四布，雾气蒙蒙，这被称为"秘鲁甘露"现象。这种甘露就是秘鲁沿岸的海雾。

全球大洋上10个著名海雾区的雾，大都在冷海面上出现频繁、分布范围广的平流雾，但具体的气象条件也是重要的影响因素，这就使大洋上海雾的分布与变化更加复杂了。

一般说来，大洋北部雾区的频率高于大洋南部。大洋北部多雾区在雾的最盛期（7月）可以连成一片，最高频率达50%以上。南纬40°以南的大洋连成一片，夏季（1月）雾区也连成一片，最高频率在10%左右。

为避免雾海中航行可能迷失方向，甚至发生触礁、搁浅、碰撞等事故，航海家出航前会尽可能掌握前往海区的海雾情况，航行中随时以天文地理方法准确了解自己的船位，保持安全航速，加强瞭望。一旦遇上浓密海雾，船舶即减速或抛锚待命，并按规定鸣汽笛、打号钟、吹号角、打信号弹和信号灯。海中灯塔，在海雾发生时，常用雾炮、雾钟、号角、汽笛等讯号，通知航行船舶，防止事故发生。

6.341名英国士兵在云雾中失踪

1915年8月21日，英国陆军诺福克连队的官兵共341人，奉命直趋苏沃拉海湾60号地区，追击溃逃至那里的圣贝尔山丘的土耳其军队。

为及时了解战况，英国司令部随后又派出官兵19人，登上圣贝尔山丘附近的高山上，担任观察任务。

当战斗进行得最激烈的关键时刻，"太阳出来了，天空万里无云，这真是地中海海域风和日丽的一天。但是，天空却出现了6或8块呈'圆形大面包状'的云彩，它们的形状一模一样，位于60号地区上空。在这几块云彩的下方，另有一块也呈'圆形大面包状'的云彩，它紧贴地面纹丝不动，估计有61米高、61米宽……诺福克连队到达那块云彩时，他们竟毫不犹豫地走了进去。结果他们谁也再没有出来参加60号地区的战斗。约1小时后，当该连队的最后一名士兵走进云彩时，这块云彩竟悄然离开了地面。也如云彩和雾霭一样，它缓缓地向上升腾，最后与上面提到过的几块外观相仿的云彩连接在一起。当那块怪云上升到它们的高度时，它们便开始向北移动，也就是向保加利亚方向移动。45 分钟后，它们从目击者的视线中杳然逝去"。担任观察任务的 19 名官兵，事后集体向英军司令部详细地报告了这次战役的目击情况。这份报告接着还叙述道：当 60 号地区上的云雾全部消散时，在阳光照耀下，周围几十千米的地面、山丘上的景物清晰可见。奇怪的是，诺福克连队的 341 名官兵却踪迹全无。

一个拥有几百名官兵的连队，竟然在众目睽睽之下悄然消失，这使得英军司令部的指挥官们大感不解。

为了弄清真相，英军司令部派出大批军队登上圣贝尔山丘搜索，结果一无所获。

直到 1918 年，第一次世界大战结束，英方向土耳其提出交涉，要求释放被俘的官兵，土耳其却一口咬定，从未在圣贝尔附近俘虏过英国士兵。于是，英国官方只好在记录簿上做了如下的记录："在土耳其境内追击土军的诺福克连队的 341 名官兵，生死下落不明。"在这份记录上有 19 名担任观察任务的士兵签名。

这件事公布后，英国国内一片哗然。

迫于社会舆论的压力，英国陆军气象部门派出气象学家，到圣贝尔山丘去做详细调查。调查中发现山丘上的大小石块呈涡旋状排列，涡旋直径约 1000 米。后来，又在荆棘上找到几缕碎布条，经检验是英国士兵服的布料。山丘附近农民也传说距圣贝尔约 100 千米的山区，曾发现过一些散落的骨骼。于是，气象学家们猜想，这一连官兵可能是在登上山丘后遇到了龙卷风的袭击，被强烈的旋转气流卷走了。由于这种乌云笼罩山丘，挡住了观察哨兵的视线，云散日出后，龙卷风已经消失。

不过也有一些科学家认为，这些士兵是被"外星人"掳获去的。他们把这支英军失踪事件与历史上曾发生过的类似失踪案连在一起进行分析，得出了这个结论。例如，1711 年，4000 名西班牙士兵驻扎在派连尼山上过夜。第二天早上，援军到达那里时，发现宿营地炉火依然熊熊燃烧着，马匹、火炮原封未动，但却没有一名士兵。军队四处搜寻了好几个月，仍没有踪影。

又如，1930 年 12 月的一天夜晚，加拿大北部一个爱斯基摩村庄里的一百多个村民突然失踪了。而村里的房舍和生活用品都完好无损，衣物、食具、炊具仍摆放在原处。令人恐怖的是，不仅活着的人不见了，连村头的坟墓也被掘开，埋在里面的尸骨不翼而飞。加拿大骑警曾赶去进行大规模搜寻，结果一无所获。如果说这些集体失踪的人是被"外星人"所掳，为什么毫无痕迹？如果说被龙卷风卷走，为什么火仍燃着，物仍留着……

对于这些神秘的集体失踪现象，人们至今没有找到完满的科学解释，成为有待探索的自然之谜。

7. 胜负攸关的大雾

公元 208 年，曹操率兵 20 万南下，遭到孙权和刘备的激烈对抗。

周瑜和诸葛亮共率联军 5 万在湖北赤壁一带与曹军隔江对峙。

当时联军十分缺少水战中的狼牙箭，周瑜限诸葛亮在十天内赶造狼牙箭10 万支。诸葛亮深明周瑜的用心与自己的处境，但他顾全大局，又熟悉当地气候特点，便欣然应承："十天太长，三日可矣。"

诸葛亮领受任务后，不忙于筹集原料，也不忙于组织工匠造箭。直到第三天夜里，才统领"战船"20 艘，船上站满了稻草人，直往江对岸曹营疾驶而去。这时的长江江面上大雾弥漫，白茫茫一片。当"战船"接近曹营水寨时，诸葛亮虚张声势，传令军士擂鼓呐喊，震撼夜空，风声鹤唳，杀气腾腾。曹操见"浓雾锁江"，认为彼军忽至，必然有诈，急令曹军不要前进，只令弓弩手瞄准"战船"，万箭齐发。于是，诸葛亮的 20 艘带稻草人的战船不费吹灰之力，"借"得狼牙箭 10 万余支。

草船借箭的成功，使周瑜暗害诸葛亮的计谋失算，更使联军获得了大批水战的有力武器，为后来联军"火烧赤壁"大胜曹军创造了有利条件。

从古到今，一场大雾定胜负的战役，也不胜枚举。

1805 年，奥地利和俄国组成联军，共同对付拿破仑的侵略进攻。联军在兵力和武器上都占有优势，决心在离维也纳 120 千米处的奥斯特里茨村以西与拿破仑决战。

12 月 1 日，联军进入奥斯特里茨以西 6 千米处的普拉岑高地，占据了有利的地势。而法军则沿丘陵谷地布阵。决战开始前夕，为了鼓舞士气，拿破仑巡视了整个营地。所经之处，士兵们个个高举火把呼喊："皇帝陛下万岁！"欢迎他们的最高统帅。

由于战场是个丘陵地带，除此面以外，其他三面是一片沼泽地，大大小小湖泊星罗棋布，空气中的水汽很多，而法军大量的火把点燃后，大气中增加了许多烟尘，天气又冷，所以空气中的水汽都在烟尘上凝结，便形成一场浓雾。法军集结在谷地中，被大雾笼罩。在夜色中，驻守高地的联军看到法军阵地上一片火光，猜想法军正准备向南转移到维也纳。过了一些时候，火把熄灭了。这时联军再向下望去，只见白茫茫一片，前沿的哨兵高喊起来："法国军队撤离阵地了！法国军队跑了！"联军指挥官信以为真，连忙传令于12月2日拂晓之前撤离高地，开始追击，企图切断法军撤向维也纳的退路。

上午7时，拿破仑从指挥所中看到联军在撤离普拉岑高地，便立即抽调一支精悍部队很快攻占了制高点。接着，拿破仑命令士兵将几百门大炮拉上高地，向南轰击。

在一阵猛烈的炮火掩护下，法军的总攻开始了。几万名法军官兵在惊天动地的喊杀声中以排山倒海之势，从西、北、东三面向山下的联军冲杀过去。联军只有南面一条退路。而南面有许多湖泊，湖面已冰冻。湖间小路狭窄，大队人马难以通过，联军只有争先恐后地踏上冰冻的湖面，突然，几发炮弹飞来，打在冰面上，冰面立即四分五裂。几千名联军官兵哭喊着，挣扎着，很快就沉入湖底了。未挤上湖面的败兵们，在岸上也不时被法军炮弹击中，炸得血肉横飞。

这次战役，联军也和曹操一样，被一场大雾所骗，把不应该丢弃的高地丢弃了，结果一败涂地。

大雾除了带给己方有利的状态外，还可作为自己的隐蔽体。第二次世界大战中，有名的敦刻尔克大撤退之所以能取得成功，海雾是起了关键作用的。1940年5月，随着挪威战役临近结束，希特勒驱使136个野战师、2580辆主战坦克，3824架作战飞机，直向英国和法国扑去。面对德军的进攻，英、法、比、荷也部署了

拿破仑

135 个师与德军对峙。

这场战争进行到 5 月 14 日，水道密布的低地国家荷兰被迫投降了。5 月 28 日，比利时在艰难抵抗而不敌之后，也在全境举起了白旗。在德军的强大攻势面前，33 万英、法、比三国联军被压缩在法国北部的敦刻尔克。此地三面受敌，一面临海，联军唯有撤出欧洲大陆才是生路。

当联军撤退时，英吉利海峡出现大雾了。连续两昼夜大雾，浩浩漫漫，阴霾低沉，视野迷蒙，使英国得以动员大小船只数以千计，在空军的掩护下，从敦刻尔克撤出 30 万军队，从而突出了德军的包围。

但遗憾的是，到 6 月 1 日，敦刻尔克上空又是蓝天碧云，这对尚未撤尽的联军是一个灾难。憋了好些天的德国空军从四面八方飞来，对 4 艘满载英法联军官兵的驱逐舰和其他 10 艘小型舰船狂轰滥炸，致使这些舰船全部覆灭，全体官兵血洒敦刻尔克！

大雾，也能左右空战。

1941 年 12 月 7 日，星期天的清晨，太阳从云雾中露出脸来，位于夏威夷群岛的珍珠港内，美国太平洋舰队的各种大小军舰静静地停泊在轻波荡漾的水面上。准备上岸度假的美国官兵大多数正在用早餐，一些军舰上的水兵，正在举行升旗仪式，收音机里播放着爵士音乐，到处是一派悠闲自得的情景。

此时，谁也没有料到，由 183 架日本飞机组成的庞大机群，正在向珍珠港疾飞而来。

指挥官渊田美津雄海军中佐，这会儿一边向机群下达修正定向仪罗盘的指令，一边听着檀香山电台播送的当天的天气预报：半晴，山上多雾，能见度良好，北风……渊田全神贯注地听着，脸上露出了微笑。

乘着北风，机群隐蔽在云层中悄然逼近珍珠港。飞机下的云层突然变薄了。

"海岸线！"渊田兴奋地喊道。他目不转睛地注视着珍珠港上空，那里都没有美军飞机的影子，连一点儿防备的迹象也看不到。他看到的全是日本飞机，没有发生空战，也没有发现高射炮火。渊田松了一口气，随即命令："准备进攻！"

7 时 49 分，攻击令下，日本飞机分别奔向珍珠港的机场上空，向锚泊在港内的战列舰连续展开猛烈的攻击。

从 7 时 55 分到 8 时 25 分，前后攻击 30 分钟，日本人完全统治着珍珠港的上空，354 架次飞机随心所欲轰炸扫射，击沉击伤了美国太平洋舰队全部 8 艘战舰和其他舰船十余艘，击毁美机 188 架，击伤 63 架，美军伤亡 3435 人。而日本仅付出 29 架飞机的代价。

日军为了顺利掠夺东南亚的军需资源，在偷袭珍珠港的同时，还打响了攻击菲律宾美军军事基地的战斗。

攻菲的日军驻扎在中国台湾。开战前的五六个小时，即 12 月 7 日晚上 8 点半及 10 点半，驻台湾日军两次派遣侦察飞机，由台南基地飞至马尼拉以西沿海观测天气。日海军航空队原计划 8 日凌晨 1 点半开始陆续出击，日出后约 20 分钟，即 6 点半左右一齐袭击美军基地。据侦察机报告，台菲间以及吕宋岛天气良好。孰料，7 日晚上 10 点半开始，台湾南部出现了辐射雾，子夜雾更浓，能见度不到 10 米，无法按时起飞。

不过，在台南的恒春半岛，当时有雾却不浓，不影响飞机起飞。于是，到 8 日上午 5 时 20 分，驻恒春半岛的陆军轰炸机群 43 架分别出动，于上午 8 时 30 分左右对吕宋岛北部美军机场进行了空袭。而海军航空队在 8 时前仍困于高雄的浓雾里。

然而上午 8 时许晨雾便很快地消散了，从上午 8 时 15 分起，在 1 小时内共有轰炸机 108 架、战斗机 90 架从高雄起飞，在中午 12 时 40 分左右，分别飞临吕宋岛中部的美空军克拉克和伊巴两机场上空时，发觉上空几乎毫无防卫，不堪一击。

这次空袭使美军飞机损失 100 多架，官兵死 80 人、伤 150 人。机场设施遭受严重破坏。

美军之所以遭此惨败，究其原因是受了台湾南部行踪不定的浓雾的捉弄。

战后的资料表明，在日军偷袭珍珠港后不到 1 小时，驻菲美军就接到开战的速报，立即紧急备战。预测天亮后，日军必来空袭。果然，上午 8 时许，日机开始轰炸吕宋岛北部。照常理，日机必接连来袭击吕宋岛中部的几个空军基地才对。于是，美机升空，严阵以待。由于台湾两基地的雾散时间有差异，导致美机在空中虚等了三四个小时，到了中午，机群降落基地休息并加油，造成这个时间"死角"，使日军乘虚而入，意外得逞。

8. 罕见的雪

每当隆冬季节，在我国大部分地区，常可见到雪花漫天飞舞的景色。这些从天空里飘落下来的雪花，洁白、松软，又轻又小，大的不过鹅毛一般。李白诗中"燕山雪花大如席"的名句，只是文学上的夸张而已。

一般我们见到的六角形雪片是水的单个晶体，称之为雪晶。它的直径只有 0.5~3 毫米，也就是只有芝麻那样大。3000~10000 个雪晶加到一起才有 1 克重。只有在极特殊情况下，有的雪晶最大直径能达到 1 厘米。但是，雪晶在降落时，会相互攀附，许多雪晶攀附聚并在一起会形成雪花或雪团。常见的"鹅毛大雪"就是由几十到几百个雪晶组成的。

1993 年 1 月 13 日上午 7 时，湖北南漳县薛平镇的一个山间平地里，竟出现很多像足球般大小的雪团从天而降，并持续了十几分钟。雪团降到地面摔破后，铺地面积有脸盆那么大。这个山冲海拔在 700 米以上。当地一位60 多岁的教师说，他在这里居住五十多年，从未见过这样巨大的雪团。气象专家认为，在地面冷空气和高空暖湿气流共同影响下，当云中雪晶浓度高、温度又不太低时，乱流将雪花反复带到空中，不断粘连新的雪晶甚至产生雪团之间的攀附，有可能形成这种罕见的大雪团。

1915 年 1 月 10 日在德国柏林，曾经历过一场令人惊奇的降雪，雪花竟如餐桌上的盘碟大小，直径可达 8~10 厘米，而且形状也与碟子相似，四周边缘朝上翘起，故有"雪碟"之称。它从空中下降时，速度比周围其他小雪花快得多，也较少受风的影响；在地面上的人看来，那简直像大批白色的碟子自天而落，落到地上还居然没有任何一个"雪碟"倒翻过来。1987 年的冬天，在美国西北部蒙大拿州一个山区的农场附近，降临的"雪碟"大得离奇，直径竟达 38 厘米，厚有 20 厘米，比当地用来煮奶的奶锅还要大。

这些特大的雪花，据气象学家推测，可能是当气温接近 0℃ 时，较大的雪花在下降过程中，由于速度快，途中不断将其身边大量较小的雪花联结、融合或粘附过来，类似"滚雪球"那样逐渐增大，成为雪花的聚合体而形成的。

世界上一些地方还下过更奇异的雪。1895 年 3 月 26 日 15 时，一个龙卷风向纽约奥尔巴尼城袭来。据目击者说："顿时云区和大气飞快地旋转，冷风袭人，并伴随有雪珠落下。这时尚未发现冰雹。到 15 时 02 分，雪变成了雨，并持续到 15 时 25 分。"这种"龙卷伴随雪珠"的现象是罕见的。

一面打雷，一面下雪，人们称之为"雷打雪"，是一种罕见现象。然而在下雪打雷的同时，还出现"圣爱尔摩火"，形成一种"电雪暴"现象，这就更奇了。"圣爱尔摩火"是由于大地尤其是建筑物尖端与带电云层之间放电而产生的火花。1930 年 3 月 25 日，美国密执安州的休斯港下了一场大暴雪，在晚上 19 : 30 时，竟测到了"圣爱尔摩火"——一个风向仪的端部、轴上和尾部都出现电火花，并发出嘶嘶声，18.3 米远的地方都能清晰地听到。

1964 年 3 月 3 日，在美国亚利桑那州的图森市下过一场罕见的"闪光雪"。20 时许，先是下雨，接着几次闪光，很快飘起鹅毛大雪，天空漆黑一团。整个下雪过程中，在接近地面的一些地方，不时地出现一种短短的闪光现象，它不像闪电那样迅猛而又激烈。有人认为，这可能是一片片雪花带有相互隔离的电荷，同地球表面的电荷相互作用，从而产生了放电放光现象。

1985 年 12 月到 1986 年 2 月，在加拿大西北部伊奴维克下的几场大雪中，居然有一片雪花长出了 18 只角。这是日本北海道大学菊地胜弘教授于 1986 年 1 月 8 日在这里采集的雪晶样本中发现的。这是一片 18 角完美对称的雪花，在世界上绝无仅有。

9. 六月雪

元代戏曲家关汉卿的《窦娥冤》中有"六月雪"的情节。说的是窦娥受冤枉，被押赴刑场，感动了"天公"，下了场六月雪，仿佛在为窦娥鸣不平。"六月雪"从此得名，流传至今。说来有趣，世界上真的有些地方，在不合时宜的六月下过雪！

远在周考王六年（公元前 435 年），就有"六月秦雨雪"的记载。这是我国最早有关六月雪的记录。宋代欧阳修等人编撰的《新唐书·西域传》中记载："北三日行度雪海（今新疆境内），春夏常雨雪。"意思是雪海春夏常常下雪。《明孝宗实录》也记载："弘治十七年六月癸亥（即 1504 年 7 月 15 日），雨雪。"

历史上，我国南方的长江流域以及福建等地也都下过六月雪。《上海县志》记载，清代道光二十八年戊申（公元 1848 年）农历六月二十三日，下过一场雪。咸丰九年（公元 1859 年）农历六月初四，又下过一场雪。江西《金溪县志》记载，公元 1653 年，"金溪夏六月，炎日正午，忽降大雪，仰视半空，玉鳞照耀，至檐前则溶湿不见"。到公元 1655 年，《抚州府志》和《宜黄县志》又记载了宜黄六月雨雪。1860 年，湖北宜昌一带也出现过夏日降雪，至今在宜昌境内还保存着一块石碑，上面刻有："庚申年又三月十五日，立夏下雪。"在福建，1661 年《建瓯县志》记有："建瓯六月朔大寒、霜降，初四日雨雪。"到了近代，六月降雪也不少见。1981 年 5 月 31 日 11时，山西省管涔山区降了一场百年罕见的大雪，至 6 月 1 日 15 时止，历时27 个多小时，降雪量达 50.2 毫米，雪深 25 厘米，并伴有雾和雾凇，地面积雪三天后才融化完。

1991 年 6 月 11 日上午，沈阳最高气温 14℃，但上午 10 时后一股强冷空气经过辽宁地区，气温骤然降到 0℃以下，沈阳天空顿时降下雪花。

1987 年 8 月 18 日下午 15：40，上海市飘起了小雪花。当天是农历闰六月二十四日。当时，上海市正处在减弱的太平洋副热带高压脊北侧雷阵雨的北缘，3000 米和 5000 米高空的气温分别为 −4℃ 和 −7℃。这股高空冷平流与地面充沛的上升水汽相遇，导致了这场降雪。

世界上许多其他国家夏季也出现过降雪。1816 年，西欧、北美洲 6 月下雪，积雪厚达 16 厘米，7 至 8 月依然寒冷刺骨。当时的报道说，6 月，屋里围着火炉取暖，路上行人穿起冬装；7 月，湖水结冰。8 月，各种蔬菜相继冻死。

1992 年 8 月 22 日，加拿大阿尔伯达省南部忽然浓云密布，鹅毛大雪下了一整天，积雪厚度达 17 厘米，造成了严重经济损失。

令人惊奇的是，在热带地区也下过六月雪。据报道，位于赤道附近的印度尼西亚伊里安岛的伊拉卡山区，1982 年 7 月 24 日就遭受历史上罕见的特大暴雪的袭击。大雪整整下了 20 多个小时。当地气温骤降至 0℃。长期生活在热带地区的当地人，从来没有经受过严寒的袭击，只好往身上涂抹猪油以御寒冷。

气象学家认为，这种"六月雪"的反常现象，多半是由夏季高空较强的冷平流扰动引发的。1980 年莫斯科的"六月雪"，就是由于斯堪的纳维亚北部寒流入侵所致。气候是不断变化的，冷暖更替经常会发生。所以，也有专家认为，气候异常的年份，夏季冷空气可以暂时盘踞 3000 米以上高空，使局部地区气温下降至 0℃以下，形成短暂的"六月雪"天气。

10. 五颜六色的雪

雪，人们看上去，它是洁白和纯净的。但在科学家的摄影机下，一天之中雪却有不同的色泽：早上旭日初升之际，是白中带点冷红色；中午，则略有点金黄色；晚上则微具紫色。当然，雪的这些色泽，只有科学家借助科学仪器才能观察得出来。

奇怪的是，古今中外有不少地方，却出现过五颜六色的雪。我国唐代房玄龄所修《晋书·武帝纪》中这样记载过："太康七年，河阴雨赤雪二顷。"太康是西晋武帝司马炎的年号，太康七年即公元 286 年，河阴约在今河南孟津县，赤雪即红雪。可惜书上未说雪是什么原因变红的。清代乾隆十三年（公元 1748 年）十月，湖南乾州县（今湖南吉首市）也下过一场色如胭脂的红雪。

在国外，有关红雪的最早报道，是 1760 年法国学者德·索绪尔在阿尔卑斯山做出的，这与我国《晋书》上红雪的记录相比要晚了 1474 年。据英文版《自然与艺术陈列馆》第四册说："那年索绪尔在斜坡上，看到好几个地方都有残雪。令他吃惊的是，雪的表层好几处都有鲜明的红色。……当他走近去看时，发觉雪的红色是由于混合了一种极细的红色粉末所致，其深度竟达 5～6 厘米……"书上说，雪之所以红，是一种红色的粉末造成的。但据专家研究，也许是索绪尔把一种红色的雪生衣藻看成了红色粉末。红色衣藻是低等植物雪生藻类中的一种，它在 -34℃也不会被冻死，一经温暖的阳光抚慰，就非常迅速地繁殖，几个小时之内便能给大地蒙上一层红色或玫瑰色。在极盛之时，层层相积，厚达数厘米。

19 世纪中叶，探险家们曾在南北极地区多次发现过红雪以及黄雪、绿雪、褐雪和黑雪等彩色雪。据科学家研究，这些彩色雪也是由一种有颜色的雪生藻类大量繁生所"染"成的。藻类大都具有色素体，能进行光合作用，制造养料，由于叶绿素和其他色素在各类藻类中的比例不同而呈现出各种不同的颜色，如绿藻、蓝藻、黄藻、红藻、褐藻等。在雪中生长的雪生藻类，常常出现在南北极和高山地区。在喜马拉雅山海拔 5000 米以上的地方，可以见到一望无际的红雪。珠穆朗玛峰和西藏察隅地区都降过红雪。1959

年的一天，在南极地区上空，突然彤云密布，紧接着刮起了一阵速度为27 米 / 秒的暴风。暴风过后，飘了一天鲜红的大雪。这是由于暴风把雪生藻类从地面卷到高空，和雪片相遇，粘在雪片上的缘故。

据观察，在红雪区的邻近往往出现黄雪。它主要是由黄色藻类的勃氏厚皮藻、南极绿球藻和念珠藻的大量繁生所造成的。黄色藻类的细胞中含有大量的固体脂肪，而固体脂肪里溶有黄色素，使白雪变成了黄色。

在阿尔卑斯山和北极地区，常会遇到绿雪，它主要是绿藻类的雪生衣藻和雪生针联藻大量繁生所造成的。1902 年，一位学者在瑞士高山上发现了一种褐雪，据研究表明，主要藻类是雪生斜壁藻。1910 年，一位探险家在牙塔特里亚高山上也发现一种褐雪，但其中主要藻类则是针线藻。至于黑雪，不过是深色的褐雪罢了。

除雪生藻类外，也可能由其他原因造成有颜色的雪。1960 年 3 月下旬一天的夜间，苏联奔萨州飘下了一片片黄而略呈淡红色的雪花，不久地面上就好像铺上了一层黄色地毯。气象学家说，这一现象是 3 月 21 日在北非发生的一场气旋造成的。气旋把非洲大沙漠里的沙尘大量卷入空中，飘到奔萨州上空后同雪花混在一起降落下来，使雪花带上了这种不同寻常的颜色。

1980 年 5 月 2 日夜间，蒙古国西北部的肯特省巴特诺布和诺罗布林两个县境内，降了一场鲜艳夺目的红雪。经化验，每升雪水中含有矿物质 148 毫克，其中有未溶解的锰、钛、锶、钡、铬和银等化学元素。这些混合物是被风由地面卷入空中、粘合到雪花里而形成的。由于雪被污染，1937、1943、1949、1963、1970 和 1979 年，在蒙古国个别地方下过带有红、黄颜色的雪，1936 年秋天在肯特省下过红色冰霜。

1986 年 3 月 2 日，南斯拉夫和马其顿西部海拔 1788 米的高山上波波瓦沙普卡地区降下了一场黄雪。有关专家解释说，这是由于从遥远的非洲撒哈拉沙漠吹来的强大高压气流和风形成的。

1892 年意大利曾下过一场黑雪。专家研究发现，这是由于亿万个像针尖大小的黑色小昆虫在天空中飞翔，结果粘在雪里降下的缘故。据说挪威下过一次黄雪，那是由于一种松树的碎末被风卷到空中，然后因水汽凝结而成的。

四、寒潮和高温

11. 冷酷的暴风雪

暴风雪来临了，是那样的紊乱不堪，团团打转，简直不能分辨暴风是从哪里吹来的。地面和天空都被旋转着的雪粒遮蔽得黯淡无光。

这是一位北极探险家对暴风雪所作的描述。

1897 年，瑞典探险家安德莱、斯特林伯克和富林格三人组成的北极探险队，在北极圈一个叫白岛的地方，遇到了暴风雪，使其全部丧生。

1911 年，英国的斯科特船长，在与挪威探险家阿蒙森比赛谁先到达南极点的归途中，再次遇到暴风雪，粮尽力竭，丧失了生命。

1933 年 8 月 22 日，苏联考察船"契留斯金"号，在驶往北冰洋东部的途中被众多的浮冰所包围，很快就被封冻在冰上了。船体随着这块巨大的冰体一起向东漂流了近两个月才来到楚科奇海。可是，"契留斯金"号越接近白令海峡，其处境就愈加困难。因为这里冬季已经提前来临了。那持续的严寒天气几乎使这里的海面完全被冰雪封冻。天气越来越坏，时而吹来暴风雪，时而出现低沉的浓雾。船在冰天雪地中艰难地行进着，眼看快要穿过白令海峡，不料又遇到风向改变，船又向西北方漂去，一直被风吹漂到终年冰冻的楚科奇海的西北角。这时船体已多处受损，出现断裂征兆。翌年 2 月 12 日午夜，海面上大风呼啸，掀起 8 米多高的冰浪，突然推动了被冻结在冰上的"契留斯金"号。这一情况，预示着更大的险情将要发生。次日 15 时，"契留斯金"号在暴风雪中沉没了。船上 103 人在沉船前撤到了冰上，最后全部获救。只有 1 人没有及时从这条船上逃出来，不幸遇难。

1979 年 1 月，由于受北极来的强大冷空气的影响，欧洲的西部、北部和苏联西北部等地气温突然下降，风雪弥漫，海水猛涨，受到了一次历史上最大暴风雪的袭击。在英国，大雪连下了 36 个小时，整个英国被白雪覆盖。朴次茅斯港的积雪有 7 米深，被迫同外界隔绝。伦敦的两个飞机场因积雪太深，飞机无法起飞而关闭。欧洲北部的斯德哥尔摩，狂风呼啸，大雪纷飞，气候严寒，成群的狼从山上跑到附近的居民区"避难"。德国北部大雪连续下了 80 个小时，有的地方积雪 3 米深，停车场的汽车被雪埋住，公路上的汽车也无法开动。一些沿海地区洪水泛滥，波浪滔天，把许多航行的船只吞没。

在积雪很厚的北国原野上，当起风的时候，我们会看到一股股带雪的气流，像白色绸带贴近地面随风飘动，这是低吹雪。在有强烈的大风吹袭时，积雪的原野里便雪雾迷漫，雪云遮天，这是高吹雪。下大雪时伴随着刮大风，急骤的风雪在四面八方窜飞，使人睁不开眼睛，辨不清方向，甚至把人畜刮倒卷走，这就是暴风雪。

以上三种"风挟带着雪运行"的自然现象（低吹雪、高吹雪和暴风雪），科学上通称"风吹雪"。暴风雪只不过是强度最大、危害最重的风吹雪现象罢了。

我国每年10月到次年4月为雪灾的多发季节。一场风吹雪有可能将覆盖在农作物上的积雪一扫而光，使越冬作物遭受冻害，而雪粒被搬到低洼的农田里堆积起来，又会压折农作物。在牧区，风吹雪每每压塌房屋，埋没草场，赶散畜群，引起人畜伤亡。1980年4月中旬，蒙古国出现了一场持续两天的暴风雪，所到之处羊群被吞没，牛群马群四处奔逃，七零八落，共50万只牲畜死去。

风吹雪蔽天盖地，使道路、田野无法辨认，车辆很难通行。它带来的大大小小的雪丘，到处堆积，把交通线路截得七零八碎，车辆更无法通行。1981年1月中旬，发生在联邦德国的一场暴风雪，公路交通被封锁，汽车陷进雪堆里不能自拔，村庄被毁坏，学校被迫停课。西欧、北欧、西伯利亚、加拿大和美国，每年冬天都要遭到无数次暴风雪的袭击，交通阻塞事故层出不穷。我国天山有条公路通过风吹雪频繁发生的山口，每年从11月到来年5月，几乎都要发生交通阻塞事件。

一场比较潮湿的风吹雪，在电线上粘结成冰凌，冰凌厚度增加，过分的重量会把电线扯断，造成输电或通讯事故。1981年1月11日夜间降临在法国的暴风雪，使20条高压线遭到破坏，导致20万户居民断电。

人们在与风吹雪作斗争的过程中，积累了丰富的经验。

当风吹雪在输电线上形成的冰凌过厚时，人们便设法增大输电线上的电流，使线路发热，冰凌便融化了。

我国东北、西北地区的农村，多用树枝、高粱秆和玉米秆编成篱笆，设置在田野上，阻挡积雪不被吹走。有些地方营造防护林，也收到良好的效果。

牧民们在入冬前，要为草料库提供充足的草料。若在放牧中，在风吹雪来临之前尽可能使牲畜撤离危害区，免遭风雪的袭击。

在交通运输上，经常采用一个"导"字。"导"分为"下导"和"侧导"。"下导"是在公路边设置木桩，木桩之间的上部钉着木板，风吹雪通过下端风道时风速增大，横扫公路上的雪。"侧导"是在公路边设置侧导板，使风吹雪侧向运行，不上路面。另外，在必要的地区设置篱笆、栅栏、土墙等，可以阻挡风雪流，减弱其速度；提高路基、修缮边坡、开挖储雪场等，也可以大大减轻风吹雪的危害。

12. 可怕的雪崩

在我国天山山区，人们至今还记得发生在 1996 年 12 月 21 日的可怕情景。处在巩乃斯河谷的一次大雪崩，一下子掩埋了公路，堵住了河流，毁坏了一大片森林。

当时的目击者之一——巩乃斯养路段段长说："凌晨 2 点钟，我被突如其来的嘭嘭的敲门声惊醒（过后才知道不是有人敲门，而是雪崩气浪击门作响）。还没有来得及考虑是怎么回事，雪已从窗户冲入屋内。转眼间，屋里堆了 1 米多深的雪。我急忙拉起旁边床上的同事，跑出屋去。噢！对面山沟发生了雪崩。雪崩的边缘刚好擦过我们的住房，把房檐掀掉了。堆在房前的雪有七八米高。以后，雪崩还在山谷其他地方继续发生，巨大的轰隆声和回响，像打雷一样，震动了整个山谷。这次雪崩过后，房前的公路不见了。河流被雪堵塞了，形成大大小小的湖泊。河对岸的一片森林也被毁坏了。公路上的电线杆被砸倒，电线被扯断，通信中断了，交通被阻塞。"

据后来调查，这次雪崩崩落的雪量达到 44 万立方米，相当于 70 幢四层高楼的体积。它带给公路交通、牛羊牲畜的经济损失近亿元。

位于天山西部关隘之中的果子沟，是进出伊犁谷地的陆路咽喉要道。这里 1954—1994 年发生过 8 起灾难性雪崩，夺去二十多人的生命。

2008 年 3 月 13 日 10 时，在新疆伊犁哈萨克自治州霍城县果子沟公路段的塔里萨依沟内，在国家"西气东输"工程 2 期隧道口，突如其来的大雪崩将正在当地组织施工的西气东输二线的一支队伍吞噬。

天山雪崩并不稀罕。早在公元 629 年，唐代僧人玄奘去天竺国（今印度）取经，经天山南路再北上，就看到了木札特河谷地区的雪崩。他在《大唐西域记》里描述道："山谷积雪，春夏含冻，虽时消泮，寻复结冰。经途险阻，寒风惨烈。多暴龙，难凌犯……"这段话的意思是说，木札特河谷上到处积雪，春天夏季也都封冻着。虽然白天偶尔出现冰雪消融现象，但很快又重新冻结了。沿途经过之处，冰面险阻，经常刮着惨烈的寒风。这里常常发生雪崩，好像凶暴的龙发怒了，谁也不敢惹它。

过去，欧洲阿尔卑斯山的村民们，也以为雪崩是"白色的死神"，在专门干着伤天害理的勾当。

"暴龙"也好，"白色的死神"也罢，在科学不发达的时代都是可以理解的。直到近代，科学家才告诉我们，雪崩不过是大自然中的一种很普通的自然现象，就像刮风下雨一样。不过这种自然现象比较厉害、猛烈罢了。

在积雪覆盖的山区，山坡坡度超过 35° 的地方，大堆的积雪只能勉强保持着平衡。一旦掉下一根树枝或一团雪，或天气忽冷忽热，或有滑雪者踏足，或响起枪声，甚至人们说话的声音都会引起数百万吨积雪的崩落。

一次雪崩落下来的雪，可能是由干燥的、粉末状的、从天而降的雪组成，也可能是由潮湿的、在地面上流动的雪组成，或者是两者的混合物。它可能从山坡的一个点崩落，也可能成片地崩落。它顺着山谷滑下，或者无拘无束地冲向平原。

雪崩开始时，雪的移动速度不快，但它很快就可以加速到每秒数十米。1870 年，在阿尔卑斯山区，曾经记录到 97 米 / 秒的惊人速度。雪在飞速移动时，形成一团粉末状雪雾，并发出尖厉的啸叫声。雪雾过后紧跟着是大量坚实的积雪和冰。

高速下冲的雪崩使它的前面产生巨大的空气压力，因此形成了如飓风般的狂风，俗称雪崩风。一次在澳大利亚，这样的狂风把一辆客车吹下了桥，导致 23 名滑雪者死亡。而实际上崩塌的雪并没有碰到那辆客车。

我国西南和西北地区的高山永久积雪区和中山季节性积雪地区经常发生雪崩。在喜马拉雅山、帕米尔高原上，几乎天天发生雪崩。郁郁葱葱的森林遇上了它，会像理发推子从头上经过一样。雪崩摧毁房舍、卷走桥梁、窒息生命，洗劫一切。自然，雪崩的淫威并不能持久，不一会就消失了，而且大多数雪崩都发生在无人区，所以很少发生伤亡事件。

阿尔卑斯山是人口稠密的雪山区，所以这里每百年有 200 人死于雪崩，财产损失也最高。

公元 218 年，迦太基帝国统帅汉尼拔奉命远征罗马帝国，开始第二次布匿战争。他从西班牙出发，统率 5 万步兵，8000 骑兵和 37 头大象，绕道法国，于 10 月底翻越阿尔卑斯山。因为汉尼拔缺乏关于雪崩的最起码常识，他的部队尚未到意大利，就在阿尔卑斯山遇到多次雪崩，损失惨重，共牺牲兵士 18000 名，战马 2000 匹。

1796 年，拿破仑率领军队 4 万，排成 20 千米长的蛇形队伍，浩浩荡荡，从西北向东南横越阿尔卑斯山，入侵意大利。尽管他事先派人侦察好

瑞士阿尔卑斯山的干雪崩

地形，思想上也做了充分准备，但阿尔卑斯山的雪崩，仍然是毫不留情地吃掉了他的 1000 名兵士。

第一次世界大战期间，奥地利和意大利在阿尔卑斯山特罗尔地区交战，仅 1915—1918 年双方因雪崩而伤亡的人数就达 4 万人，也有人估计，伤亡人数应高达 8 万人。敌对双方有意炮轰积雪的山坡，人为地制造雪崩去杀伤敌人。一次，在 48 小时内 3000 名奥地利人和同样数目的意大利人被人为的雪崩掩埋了。后来有位奥地利军官在回忆录里感叹："冬天的阿尔卑斯山，是比意大利军队更危险的敌人。"

1962 年 1 月 10 日，在南美洲秘鲁冰雪覆盖的最高峰瓦斯卡兰山，发生了一次造成极大伤亡的雪崩。55 万立方米的冰雪从 6400 米高的山顶崩落，夹杂着岩石、泥土，以每分钟 1.6 千米的下降速度，冲向 15 千米外的山脚。这次雪崩最终毁掉 9 座村庄、1 座城市，4000 人伤亡。1970 年 5 月 31 日，瓦斯卡兰山发生了又一次大雪崩，其大小、强度和伤亡人数都超过了前次的纪录。雪崩的锋面有 910 米宽。大量的冰雪岩石以 400 千米 / 时的速度呼啸而下。据统计，伤亡人数达 25 万。

在华盛顿州卡斯茅山脉中威灵顿火车站发生过美国最严重的雪崩。1910 年 3 月 1 日一次巨大的雪崩冲进火车站，把 3 个火车头、数节车厢、1 个巨大的水塔和火车站大楼卷入了山谷，有 100 多人丧生。

为了驱走"白色死神"的威胁，人们利用大炮向有崩落危险的雪进行轰击，人工引起雪崩，不让它在别的时间和别的情况下发生。或者是轰开开始聚集的雪，在雪崩萌发之初就扑灭它。

但是，炮击之前，必须准确地估计危险和炮击后可能产生的后果，并采取良好的预防措施，以免重演1951年在瑞士发生的悲剧。当时，一个瑞士的指挥官指挥炮轰雪崩峰，由于他选择的开炮时间和地点不恰当，造成了不幸的后果。在16时，当炮击开始，突然传来吓人的轰鸣声和尖叫声，雪崩提前开始，并飞快地追上了向村子中间平坝奔跑的军官，他和他的两名射击助手一起被埋在雪里。一个射手仰天躺在牛舍里，另一个仅来得及把头伸出雪堆，而军官本人，很幸运地被雪崩探测器找到后，救了出来。

一片树林是雪崩最好的屏障，金属和尼龙网也可以用来阻挡积雪崩落。在积雪区建立一道道防雪栅栏、土堤和石墙，在山坡上建筑导雪板或土石导雪堤，都可以引导崩塌下来的雪远离建筑物、铁路和公路。不过，最经济的办法，当然是不要在雪崩危险区建设公路、铁路和建筑物了。

据报道，芬兰制造了一种仪器，能在雪崩形成之前做出预报。有些国家规定在雪崩区活动的人，身上需带铁器，万一被雪埋住时，救护人员用磁力探测仪就能很快找到他们，及时营救。加拿大发明了一种电子寻人器，可以在几分钟内找到埋在30米深范围内的雪崩遇难者。

（三）高温热浪

1. 热浪横行

1901 年 7 月，热浪袭击美国中部地区，因热致死达 9508 人。而从 1903 年至 1936 年，有 7 个夏天酷热异常，该地区又热死约 15000 人，其中 1936 年热死 4768 人，最少的 1932 年也热死 678 人。

人体皮肤的温度在正常情况下为 33℃。当气温超过 33℃时，就会造成人体皮肤散热困难，会产生闷热的感觉。当气温猛升到高于 33℃达 5 天以上时，就会使人感到不舒服而进入危险状态了。1994 年第十五届世界杯足球赛期间，正遇上高温热浪袭击美国，每场比赛的气温几乎都超过 35℃，加上天气又潮湿，使每场比赛都有 100 多人中暑急救。6 月 25 日，墨西哥对爱尔兰的比赛期间，受到急救的人数高达 217 名。德国球星埃芬贝格声称，达拉斯的炎热天气使他们行为失常。这届世界杯比赛期间，他因向观众做了一个非礼动作而被教练停赛。

1966 年 7 月，在纽约，随着气温的上升，死亡率显著上升，据某日最高气温为 39.4℃后的统计，死亡率较正常时增加 2.39 倍。其中尤以心脏病、高血压病、慢性充血性心力衰竭、动脉硬化、流行性感冒、肺炎等最为严重。这些疾病的死亡率竟会像传染病那样迅速增长。例如，动脉硬化症因热致死的人，从平时的 88 人猛增到 230 人。1983 年夏，英国中老年人脑血管意外等疾病的死亡率增加了 15%。人们发现，导致老年人死亡率增加时的天气，几乎都是最高气温超过 37℃。1972 年 5 至 6 月间，一连数十天的热浪席卷印度，有的地方最高气温超过 50℃。据统计，这次热浪导致 800 多人死亡。

热浪是怎么回事呢？

热浪是指大范围异常高温空气侵入的现象。我国气象上将连续 3 天以上最高气温达到 35℃及以上，或连续 2 天最高气温达到 35℃及以上并有 1 天最高气温达到 38℃及以上的天气过程，称之为高温热浪。它的产生主要是受副热带高气压（简称副高）长期控制的结果。地球上副热带地区主宰天气的重要角色就是副热带高压。副热带高压里的空气是从里向外流动的，近地面空气向四周流散时，高空较冷空气就跟着不断下沉。随着空气下沉，温度随之升高（高空气流每下沉 100 米，气温增高 0.6～1℃），不利于空气中的水汽凝结成云，太阳辐射容易到达地面，使近地面空气层的温度急剧上升。加上夏季的日照时间既长又强烈，烈日当空，一望无云，午后最高温度常可上升到 35℃ 以上。如果这样的形势稳定少变，就会出现持续高温热浪的天气了。例如北半球亚热带地区，副热带高压往往分裂成几个有闭合中心的高压单体，它控制某些地区达十天半月以后，就会出现持续晴热少雨的局面。在大西洋副热带地区有一副高单体，称大西洋副热带高压。它冬天隐居大洋深处，夏季西进到美国、墨西哥、西印度群岛一带。所以，在这一带很容易出现高温热浪。1980 年 6—9 月，热浪袭击美国二十多个州，持续高温达 39℃，造成 1265 人死亡。长期晴热少雨又使玉米、大豆和次年的春小麦生产遭到了严重的破坏。许多地区实行计划供水，部分农民被迫放弃对农田的灌溉。土地干裂，牧草不足，又严重地抑制了牲畜的生长。电的消耗比往年同期增加，数百千米高速公路的路面受到破坏，食品、农产品普遍涨价。热浪造成的经济损失高达 200 亿美元。

在太平洋亚热带地区也有一个副高单体，称西太平洋副热带高压。它和大西洋副热带高压一样，冬天撤退到大洋中部，春天开始向西挺进，夏季则停留在我国长江流域。据历史资料统计，长江流域夏季持续 3～5 天以上超过 35℃ 的高温天气，都是由于副热带高压直接控制所造成的。"副高"越强、持续时间越久，造成的炎热天气越强烈。

1978 年长江中下游地区春旱接空梅（梅雨期无梅雨）、伏秋又连旱，6—8 月雨量比常年偏少三五成甚至六七成，为百年未遇的奇旱。同时 4—9 月每月平均气温偏高，年最高气温达 39～41℃，南京 35℃ 以上高温天气竟达 35 天之久。而且高温从 6 月下旬开始，一直持续到 9 月上旬才结束，为有气象记录以来所罕见。这种长期酷热奇旱的天气，就是副高特异发展所造成的。当年 6 月 20 日，西太平洋副热带高压逐渐增强，并西进伸入我国大陆。与此同时，西藏高原上有大陆副热带高压东进，与太平洋副高合并增强，使长江流域出现空梅，于是 6 月底就提早进入盛夏，徐州、蚌埠、杭州、南京、上海一带在 7 月上旬出现 2～3 天最高气温达 39～41℃。

1988 年，整个地球都仿佛热得发了疯。北美遭到了百年不遇的特大旱灾。整个夏天骄阳似火，又干又热的风把湿润的土地吹得纵横龟裂、禾苗枯萎，美国、加拿大粮食减产三成。高温热浪犹如一条火龙，四处乱窜。7月份，意大利南部的科森察出现了44℃的高温，希腊首都雅典也出现了42℃的异常高温，埃及首都开罗气温也超过了40℃。英国气象局当时宣布，从开始有可靠温度记录大约100年以来。

高温热浪天气也会在冬季或春季出现。在印度一带，冬季出现春季风，春季出现夏季风，都会造成气温猛升，持续时间一长就会出现奇热天气。这也与副热带高压的控制有关。

2. 城市热岛效应

盛夏时节，在城市中的居民，尤其大城市的人们总觉得炎热难耐，可是一到郊区却感到比较清凉。这种现象，早在900多年前，古人就觉察到了。"城市尚余三伏热，秋光先到野人家。"这是南宋大诗人陆游的名句。其意思就是城市还留存着夏季三伏天的余热，而农村已是天高气爽的秋天了。近代科学也证实城市气温明显高于周边地区的现象，而且不仅夏季，其他季节也是如此。因为一个个城市高温区在近地面温度图上就像突出海面的一座座岛屿，所以气象学上称之为城市"热岛效应"。

一般来说，热岛效应使城市年平均气温比郊区高出1℃左右，局部地区在夏季可能比郊区高约6℃。据测定，北京市的城区年平均气温比郊区高2℃，年平均最低气温比郊区高2.5℃；夏季，城区气温有时甚至比郊区高出6℃；23时气温相差最大，白天10时至19时则较小。在上海市，1979年12月13日20时，市中心气温为8.5℃，近郊为4℃，远郊只有3℃。相比年平均温度来说，北京和南京市区比郊区高0.7℃，杭州和贵阳市区比郊区高出0.5℃，天津市区年平均气温比郊区高1℃。美国纽约市区气温比郊区高1.1℃，法国巴黎市中心区1951—1960年平均气温比郊区高出1.7℃。在不同季节里，城乡温差高得更为惊人。盛夏的北京，天安门广场上中午气温比郊区高出3℃左右。

我国在大城市观测到的最大热岛效应，北京为9℃，上海为6.8℃。世界上最大的城市热岛效应要数德国的柏林，高达13.3℃；其次是加拿大温哥华，1972年7月的一个傍晚，温哥华曾测到城区比郊区高11℃，这意味着，当温哥华的郊区还是初春乍寒时节，而市中心已经是初夏渐暖了。

由于城市气温高，气流上升，于是，市郊空气向市中心进行补给，形成局部天气系统；结果降雨往往增多，风速减小，并使污染物向城市郊区扩散。

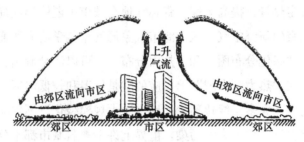

城市"热岛"示意图

城市的温度为什么比近郊高呢？这是城市本身多种因素综合作用的结果。城市工业、交通、人民生活使用较多的能源，因此释放热量远高于郊区，特别是混凝土、砖瓦石料堆砌而成的建筑群及水泥、柏油铺设的路面，白天大量吸收、储存太阳辐射热，夜里再逐渐释放出来，使市区夜间的温度比郊区高得多。而高楼林立、建筑物密集又造成风速减弱，使热量不易向外散发。加上市区道路、广场、建筑物不透水，地表积水、污水及大量雨水很快通过地下管道流失，所以地面用于蒸发水量而耗损的热量也很少。伴随人类社会加速走向城市化，城市规模越大，其热岛效应越强，市区气温将比郊区更高。

当代大约有半数地球人已挤进城市了。人为造热也是热岛效应的重要原因之一。空调、换气机、排气扇等电器将室内热气排到室外，汽车尾气注入城市大气之中。这两方面热污染正引起人们的广泛关注。北京市1994年有机动车辆70多万辆，到1999年达到140多万辆，五年翻了一番。如按每辆汽车每天排放25立方米废气计算，每天要向大气排放3500万立方米的高温废气。20世纪90年代初，北京居民拥有空调的不过1%～2%，而过了不到10年，1999年空调拥有户已上升到34%了！气温越高使用空调的人家越多，开机时间越长，排出的热量越多。

由于城市上空存在大量的烟尘微粒和各种气体污染物（如二氧化碳等），它们大量吸收城市地面向太空放出的辐射能量，再反过来以逆辐射的方式还给地面，就像给城市上空扣了一个热锅，城市地面降温就愈发慢下来。在炎热的夏天，市民只好忍受持续闷热的煎熬。

专家们认为，减弱城市热岛效应的措施是绿化。研究表明，森林和绿地对太阳的辐射有较强反射和吸收能力，一般植物吸收率为30%～60%，反射率也达30%～60%，而沥青路面的反射率只有4%。植物还可通过叶面大量蒸腾水分，带走热量，提高湿度。森林绿地在城市里还能形成局部微风，向建筑群吹送凉爽的新鲜空气。从上海市气象局气象科学研究所通过卫星遥感拍摄的上海市"绿化分布图"和"热力分布图"可以清楚看出，市中心城区绿化密集地区在"热力分布图"上对应的就是低温和较低温区，而气温和热力强度较高的地区大多是绿化稀少的地带。大规模绿化，不仅能改善城市气候，还能净化空气，防治大气污染。世界上许多著名城市都十分重视绿化建设。绿化使这些城市有效抵制了热岛效应，也使环境质量大大提高了。

3. 火炉·火洲·热极——地球上的热点

一到盛夏，当寒暑表上的温度在35℃以上探头探脑时，住在长江中下游一带的人们就感到热不可耐了。

这是一大片炎热的地带，这里有三个以"火炉"著称于世的地方，就是长江沿岸的重庆、武汉和南京。

1951—1980年的气象资料表明，7、8两个月的炎热日数（最高气温大于或等于35℃），号称三大火炉的重庆为20.4天，武汉18.6天，南京14天。在此期间，长沙的炎热日数更达25.7天、南昌达24.4天、杭州19.2天。于是近年又有江南六大火炉之说。

从极端最高气温看，1951—1980年重庆为40.2℃、武汉39.4℃，南京40.7℃，而长沙也达40.6℃，南昌为40.6℃，杭州39.9℃。六大火炉的温度相差不大。

以体感温度（人体感受到的温度）来表示人体对大气环境的感觉。1979—1984年的6～8月，长沙共出现体感温度大于或等于40℃的次数为12次，韶关为10次、南昌9次、杭州5次、武汉4次、南京3次。

以上三方面说明：江南火炉之首应是长沙。江南7月初梅雨一过便处于西太平洋副热带高气压控制之下了。长沙经常处于副高脊线附近，高空气流下沉增温，空气中的水汽、云层的水滴都不断被蒸发，云层变薄以致消散。所以，副高控制下的天气常常是云淡风轻，晴空万里。加上长沙纬度位置偏低，夏至前后白昼时间长，太阳高度角大，直接辐射强，烈日当空。骄阳似火，气温大幅度升高，地表温度也迅速上升。而灼热的大地又会把空气"烤"得更热，气温急剧增高，并持续高温少雨，这样一来，长沙就更加酷热了。

其实，长沙的热算得了什么！我国最热的地方是在新疆维吾尔自治区的吐鲁番盆地。

吐鲁番盆地北缘有座名声很大的火焰山，东西长约 100 千米，南北宽 10 千米，海拔 500 米左右，最高峰 851 米。全山寸草不生。每当盛夏，在烈日照耀下，炽热气流滚滚上升，气焰缭绕，形如飞腾火龙，"飞鸟千里不敢来"，十分壮观。吴承恩在《西游记》中是这样描写的："西方路上有个斯哈哩国，乃日落之处，俗呼'天尽头'，这里有座火焰山，无春无秋，四季皆热。"火焰山："有八百里火焰，四周围寸草不生。若过得山，就是铜壳、铁身躯，也要化成汁哩！"书中借着火焰山炎热，讲述了唐僧师徒往西天取经，经此受阻，孙悟空大战牛魔王和铁扇公主的故事。

据民间传说，当年美猴王齐天大圣大闹天宫时，仓促之间，一脚蹬倒了太上老君炼丹的八卦炉，有几块火炭落到凡尘，恰好落在吐鲁番，就形成了火焰山。本来烈火熊熊，后来在孙悟空骗得铁扇公主的芭蕉扇，三下扇灭了大火，冷却后才成了今天这个样子。

维吾尔族则传说：天山深处有一条恶龙，专吃童男童女。当地统治者为除害安民，特派哈拉和卓去降伏恶龙。经过一番惊心动魄的激战，恶龙在吐鲁番东北被哈拉和卓所杀。恶龙带伤西走，鲜血染红了整座山。因此，维吾尔族人民把这座山叫作红山，也就是我们现在所说的火焰山。

科学家告诉我们，火焰山是由红色砂岩构成的，它的形成距今已有 7000 多万年了。

火焰山所处的吐鲁番盆地是我国气温最高的地方。2017 年 7 月 10 日吐鲁番东（观测站名）的极端最高气温达 49℃，为全国之冠。而且还有几项在我国也创了纪录，如吐鲁番东在夏季各月的平均气温都为全国最高，分别为 31.7℃（6 月）、33.1℃（7 月）和 36.2℃（8 月）；炎热日数（日最高气温 35℃）最多，平均每年出现 100 天；酷热日数（日最高气温大于或等于 40℃）最多，平均每年有 38.2 天。地表温度更高，夏天中午一般在 70℃以上，最高曾达到 82.3℃，不仅使人难以步行，甚至在沙窝里能烤熟鸡蛋。当地居民中午往往躲到地窖中避暑，红日西沉后，才能出来工作。因此，吐鲁番自古有"火洲"之称。

这火洲之火是这样"燃"起来的：

一是纬度偏高。夏季白天长达 15 小时，上空云少，太阳辐射强烈，日照长，致使盆地内气温猛升。

二是距海遥远。吐鲁番盆地地处我国干旱的内陆区，海洋水汽难以到达，降水稀少，年降水量只有 16.6 毫米，最少年份仅有 2.9 毫米。在我国辽阔的土地上，降水如此之少的气象记录恐怕是寥寥无几。因此这里没有足够的水分蒸发吸收热气来调节温度，使之降低。

三是地势低洼。吐鲁番盆地四周高山环绕，而盆地内地势低洼，艾丁湖面比海平面还低 155 米，是我国地势最低的地方。这样的地形，使盆地内空气受热增温后，不易散发，热量大量积蓄。外来气流进入盆地时的下沉增温作用，更增加了炎热程度。

然而，要是我们放眼世界，吐鲁番盆地的热也算不了什么！早在 1879 年 7 月，在非洲阿尔及利亚的瓦格拉就测了 53.6℃ 的最高气温，遥遥领先于吐鲁番盆地的记录。此后的三十多年里没有新的突破。可是到了 1913 年 7 月，美国加利福尼亚州的岱斯谷，测得了 56.7℃ 的纪录，夺得了"世界热极"的称号。

过了 10 年，到 1922 年 9 月 13 日，在非洲利比亚的黎波里以南的加里延，盛吹吉卜利风时，温度陡然上升到 57.8℃ 的最高纪录，热极之冠又由北美大陆让位于非洲了。又隔 11 年以后，墨西哥的圣路易斯于 1933 年 8 月也测得了 57.8℃ 的最高气温，同利比亚的加里延共为世界热极之冕！

如果以年平均温度来说，埃塞俄比亚的达洛尔，1960—1966 年间年平均气温是 34.4℃，也是世界的热极。埃塞俄比亚的马萨瓦和索马里的柏培拉也算得上是世界的"火炉"。这两个城市年平均气温在 30℃ 以上。马萨瓦 7 月平均气温达 44℃，柏培拉 7 月平均气温达 47.2℃。

瓦格拉、岱斯谷、加里延、圣路易斯，以及达洛尔、马萨瓦、柏培拉，都位于地球上的亚热带地区。在副热带高气压带控制之下，空气下沉，少云易干旱。这一带还受到从干旱地区吹来的东北信风影响，使空气更加干燥。阳光强烈，温度猛升，因而是孕育世界热极之地。

五

气候变化

（一）空间天气 ①

1. 从地球到太阳的距离

1600多年前，在我国东晋的时候，有个皇帝名叫司马睿（晋元帝，司马懿的曾孙）。有一天，晋元帝正在皇宫里逗着小儿子司马绍（后来的晋明帝）玩耍，忽然，从长安（今陕西省西安市）来了一个信使。于是，晋元帝随口向小儿子提了个问题：

"你看，是长安距离我们远呢，还是太阳距离我们远？"

"太阳远"小儿子脱口而出，并回答说，"平时，我只听说有人从长安来，可是从来没听到有人从太阳来，因为太阳太远了。"

第二天，晋元帝想在众臣面前夸赞一下他小儿子的聪明，又拿昨天的问题来问他。不料，小儿子这次却改口说："长安远。"

晋元帝听了大吃一惊，连忙问他为什么，小儿子从容地回答说："我抬头能见到太阳，却见不到长安，看不见的东西当然比看得见的来得远了！"

晋元帝小儿子的想法是从日常生活经验得出来的，是动了脑子的，难能可贵。

古代科学还没有发展到那么高的水平，人们自然无法正确解释所看到的现象。只是近代科学技术发展起来之后，太阳远还是长安远的问题才得到彻底解决。

现在，对长安的远近，查一下交通地图就可以知道了。可太阳究竟离我们有多远呢？现代天文学家用仪器测量：太阳到地球的平均距离有149597870千米，也可以近似地说是1.5亿千米。假定在地球和太阳之间筑一座大桥，如果有人在这桥上每小时步行6千米到太阳上去旅行，就要连续走2844年。

2844年，这是多么漫长的旅途啊！但在我国春秋战国以前，相传有个叫夸父的人，他家住北方的大荒地方。他天天看到太阳从东方升起西方落下，便想到要去追赶太阳，将它捉住，让太阳固定在天空，使大地永远光辉

---

① 本节以及本章（二）至（四）节写于2006年。

灿烂。

　　有一天，夸父手持木棍，疾步踏上追逐太阳的旅程。起初夸父见到的太阳是一个不大的光盘，随着步子加快，日轮不断扩大。夸父感到身上越来越热，气喘吁吁，尽管如此，仍不停步。夸父逼近太阳了，太阳的万丈光焰烤得他七窍生烟，干渴难忍，便俯身一口气喝干了河水，然后继续往前追赶太阳。追呀追，又渴了，夸父想转身去喝一个大泽里的水，然而他太累了，太渴了，终于力不从心倒下去了。

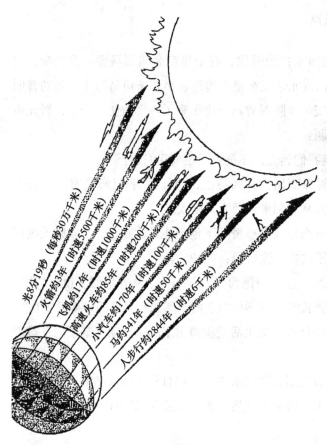

从地球到太阳的距离

光8分19秒（每秒30万千米）
火箭约3年（时速5500千米）
飞机约17年（时速1000千米）
高速火车约85年（时速200千米）
小汽车约170年（时速100千米）
马约341年（时速50千米）
人步行约28444年（时速6千米）

　　其实，在地球1.5亿千米以外的太阳，夸父是一辈子也无法追到的。但夸父追求光明的精神不断激励着后来追求太阳光辉的人们。随着科学技术的进步，现在人类已能发射同步人造卫星，使它始终在太阳照耀下；人类还能把航天器送到太阳近旁去看个究竟。将来科学家研制成功每秒可飞行29.9万千米的光子火箭（光的前进速度是30万千米/秒），那时到太阳去旅行，旅程只要8分19秒了。

　　至于晋元帝小儿子所说的"抬头能见到太阳"，这是因为太阳体积很大的缘故。天文学家计算出：太阳直径约139万千米，在其上面可以一字排开109个地球。如果把太阳看做一个空心巨球的话，用地球把它装满，除需90万个整地球外，还要把40万个地球切成碎块来填缝呢！

人们有这样的经验，物体距离我们越远，看起来越小。所以，在地球上用肉眼看 1.5 亿千米以外的太阳，就好像一个不大的光盘。

2. 大大小小的太阳黑子

从很早的古代起，我们祖先就知道太阳表面上有黑子了。世界公认的最早的黑子记录，是西汉成帝河平元年（公元前 28 年），"三月乙未，日出黄，有黑气大如钱，居日中央"（《汉书·五行志》）。这里所说的"黑气"，就是太阳黑子。

在这以前，我国还有更早的关于黑子的记载。约成书于公元前 140 年的《淮南子》中有"日中有踆乌"的叙述，"踆乌"也就是黑子的形象。比这稍后的，还有"汉元帝永光元年四月……日黑居仄，大如弹丸"（《汉书·五行志》）。这表明太阳边侧有黑子倾斜形状，其大小如弹丸。永光元年是公元前 43 年，这个记载也比河平元年的记录更早。

欧洲发现太阳黑子的时间比较晚。直到公元 1610 年，意大利天文学家伽利略才用望远镜观察到了太阳黑子。

随着科学技术的进步，天文学家发现太阳黑子是一些暗黑的斑点，它是太阳表面翻腾的炽热气体卷成的一种漩涡现象。黑子实际上并不黑，只是它的温度约 4500℃，比周围的太阳光球低 1000～2000℃（太阳光球层表面温度约 6000℃），因此，在明亮的日面衬托下，才显得黯黑了。黑子区域里也有许多亮点，并且还有闪光。黑子的直径平均 5 万千米，最大的达 20 万千米，里面可以并排放下十几个地球。

黑子在太阳表面经常处于变化之中。大黑子是由小黑子长成的。小黑子的前身生活在太阳光球里的小孔中。这些小孔比米粒要大两三倍。小孔在出现不久之后就消失，只有小部分留下，并且从里面诞生出小黑子。它里面物质的运动速度达到 1000～2000 米 / 秒。黑子大都只"活"几天到几个星期，少数能"活"几个月，极个别的长达一年。

黑子在日面上不断地消失，又在不断地产生着。它常常成群结伙地出现。一群黑子里面大多数是小的，也有少数几个大黑子，好像是它们的"首领"。前面的大黑子（在太阳西边）以每昼夜 7000 千米的速度向前飞奔，随着参加的小黑子越来越多，大黑子也越来越大，几天以后，队伍拉长到几万千米。以后，它们开始慢慢地停下来。小黑子首先隐退了，接着是大黑子分裂不见，最后，"领路"的大黑子成了孤零零一个，但不久它也衰微消失了。黑子在日面上自东向西移动，这个现象是太阳自转的反映。

太阳上黑子出现的数目有时多，有时少，变化的周期平均是 11 年。这数字是 1843 年德国人史瓦布首先得到的。但是，如果引用我国古代太阳黑子的记录加以分析，也完全能够得到相同的结果。1975 年，云南天文台收集我国从公元前 43 年到 1638 年的黑子记录共 106 条，计算得出周期是 10.6 ± 0.43 年，同时还存在 62 年和 250 年的长周期。

古代记录表明，黑子出现少的年份气候暖和，1978 年只发现 3 个黑子，气候就比往年热得多。而黑子多的年份，气候就比较冷。因为黑子频繁活动会对地球的磁场产生影响，这影响主要是使地球南北极和赤道的大气环流作经向流动，从而造成恶劣天气，使气候转冷。在我国古代历史上，6、9、12、14 世纪黑子记录多，也是严冬多的世纪。特别是黑子数多的 12 世纪初期，我国气候严寒。据记载，1111 年面积 2250 平方米的太湖，结冰坚实，湖面足可行走马车。严寒天气把太湖洞庭山上的柑橘全部冻死。

另外，在太阳黑子出现多的时期，由于黑子频繁活动所引发的大量带电粒子流与 X 射线冲击地球时，会引起地球磁场的极大变化，从而干扰地球上电信和电话的传送，破坏高空的电离层，妨碍着无线电通信，给航空、航海、传真等也带来巨大的影响。

3. 太阳打喷嚏——太阳风

万物生长靠太阳。太阳所提供的光和热，给了地球无限生机。在各个古老文明中，太阳都被当作神灵来敬仰和膜拜。

太阳是一个在自引力作用下收缩并聚合在一起的巨大等离子体球，主要由氢（90%）和氦（10%）组成，碳、氮、氧等其余元素仅占约 0.1%。太阳中心密度最大，向外慢慢减小，平均密度是每立方厘米 1.4 克，等于地球平均密度的 1/4。

从太阳中心到边缘依次分为四个区域，它们分别是核心、辐射层、对流层和太阳大气。核心质量仅为太阳质量的一半，体积占太阳的 1/50，但其内部热核反应却产生了 99% 的能量。核心产生的能量通过辐射、对流的方式传到太阳的表面，也就是太阳大气中。太阳大气是由三个层次构成的，由里到外分别是光球、色球和日冕。

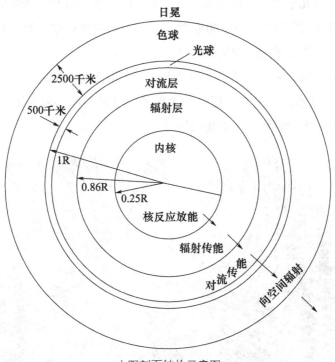

太阳剖面结构示意图

我们平常看到那光辉夺目的太阳表面叫作光球，它只是太阳大气中最下面的薄薄的一层，不过 500 千米厚。光球上经常出现一些温度较低的区域，看上去比周围暗一点（其实比满月还亮），那是太阳黑子。

太阳光球上面是玫瑰色的色球层，也只有 2000 千米厚，是一片火焰的海洋，火浪滚滚，瞬息万变。有时，巨大的火舌从色球层中突然升起，高度达几十万乃至上百万千米，这叫作日珥。它像是太阳边缘的"耳环"一样。

在太阳活动剧烈时，色球层上（常在黑子群上空）会出现一个突然

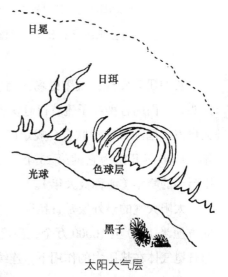

太阳大气层

增亮的亮点，有几十个地球大，这叫作耀斑，也叫色球爆发。爆发时会喷出强大的无线电波、紫外线、X射线和大量的高速带电粒子流，它的强度会在短时间内猛增几十倍、几百倍甚至成千上万倍。这一爆发可持续几分钟甚至几小时，释放的能量相当于100亿颗百万吨级的氢弹爆炸。如果发生在地球上，差不多每人要承受两颗氢弹的打击！

据观测，当太阳上的黑子又多又大时，太阳活动一定也处于高峰期。从2000年3月开始，太阳上出现一对大黑子，然后一群一群的黑子都相继出现了。这是太阳的磁场发生变化所致。

杂乱的磁力线

（在11年太阳活动周期过程中，太阳的磁场被扭曲变形，变得杂乱无章。

这是太阳黑子、日珥、耀斑以及日冕物质抛射的根本原因）

长期研究发现，太阳磁场的南北极每隔11年左右对换一次。磁场翻个跟头，上面的各种粒子流就得赶快重新排列，这时耀斑就一阵接一阵地出现大爆发。国际天文学联合会规定以1755年作为第一个太阳活动周期开始之年，1996年开始为它的第23个"活动周期"。2007年开始进入第24周太阳活动的峰年（或称极大年）。

太阳大气的最外层是日冕层。它由稀薄的等离子体组成，粒子密度为每立方厘米1000至10000万个，温度约为15000℃。由于太阳温度极高，引起日冕气体在热压力的作用下，连续不断地向外膨胀。日冕底部的膨胀速度是每秒几百米的低速，而在离太阳 1000 万千米或更远处，它竟达到每秒几百千米。这样的连续膨胀，驱使这些由低能电子和质子组成的等离子体，不停地向行星际空间运动。这些带电粒子运动的速度达到 350 千米/秒以上，最高每秒达 1000 千米。尽管太阳的引力比地球的引力要大 28 倍，但这样高速的粒子流，在从日冕底部等离子体被推来的过程中，仍有一部分要冲脱太阳的引力，像阵阵狂风，不停地"吹"向行星际空间，所以被人们形象地称为"太阳风"。

太阳风是 1958 年由人造地球卫星测出来的，并被美国科学家帕克等人首先发现。1962 年，"水手 2 号"飞船获得的资料进一步证实了"太阳风"的存在，人们积极地开展了研究工作。据研究，由于太阳大气不处于静态平衡，太阳日冕向行星空间扩展，形成所谓的"太阳风"，指的就是从太阳日冕层中发出的强大高速运动的等离子体带电粒子流。科学家把这一现象比喻为太阳"打喷嚏"。

太阳风来自"冕洞"。"冕洞"是日冕表面温度和密度都较低的部分，在 X 光射线和紫外线下看起来比周围地带要暗，就像一个个的黑洞[1]。它不断地出现在太阳的"南极"或"北极"的一片延伸至"赤道"附近的不规则暗黑区域。它随着太阳自转，27 天旋转一周。随着太阳旋转的冕洞，如同草地上浇水的水龙头喷水口，把太阳内部爆发产生的高速等离子流抛向太空。

太阳风的主要成分除了自由电子外，还包括质子（氢原子核）和 α 粒子（氦原子核）。太阳风密度为每立方厘米 2～20 克，速度为 200～800 千米/秒。太阳风到达 1 个天文单位（即日地距离 1.49 亿千米）时典型速度大约为 400 千米/秒。这个等离子流的太阳风扩大到太阳周围以至行星际空间，领域可波及 100 个天文单位！

太阳风不仅将太阳的物质和能量"吹"向行星际空间，还携带着太阳磁场。因为在导电率大的等离子气体中，磁力线附着于这个等离子气体移动，这就是说，太阳风在运送磁场。因此，从日冕喷出的太阳风引出太阳磁场，形成行星际空间磁场。由于太阳自转周期大约是 27 天，因此每隔 27 天，太阳风扩散到行星际空间的磁场形成螺旋状。太阳风到达地球一般只需 5～6 天。

———————————————

[1] 日冕的温度为 150 万～200 万℃，冕洞的温度是 100 万℃。

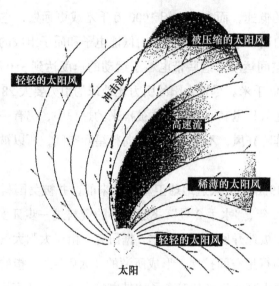

被压缩的太阳风

轻轻的太阳风

冲击波

高速流

稀薄的太阳风

轻轻的太阳风

太阳

太阳风螺旋形磁力线

（图中箭头表示太阳风的速度矢量）

　　太阳风携带太阳磁场会给行星际空间和地球周边的电磁现象造成很大影响。极光是最明显的现象。太阳风这股带电粒子流撞击到地球上空的大气层，激发地球上南北极及其附近上空的空气分子和原子，能发出色彩绚丽、千变万化的极光。太阳风的增强可以引起地球磁场的变化。强大的太阳风能够将地球原来条形磁铁形式所组成的磁场压扁并使其不对称，形成一个固定的磁层区域，其外形像一只头朝太阳的"蝉"，"尾巴"拖得很长很长。

　　太阳风的巨大冲击使地球磁场强烈地扭曲，产生被称为"杀手"的电子湍流。这种"电子湍流"能钻进卫星内部造成永久性破坏，又能切断变压器及电力传送设施，使地面电力控制网络全面混乱。1989年3月的一次太阳风横扫加拿大魁北克省和美国新泽西州的供电系统，使大约600万人遭遇几个小时的电力中断。1998年5月发生的一次太阳风，使美国发射的一颗通讯卫星失灵，造成北美地区80%的寻呼机无法使用，金融服务陷入脱机状态，信用卡交易、股票交易中断多时。地球磁场的急剧变化甚至可能对空间站中宇航员的生命构成威胁。2003年10月底，爆发了30年来最强的一次太阳风暴，在这次"万圣节风暴"期间，国际空间站的宇航员被迫启动了辐射防护舱。太阳风引发磁层扰动期间，距离地球36000千米高空处可能会产生强烈的真空放电和高空电弧，这会给同步轨道上的卫星带来灾难，甚至导致卫星毁灭。

太阳风的危害性促使人类对其跟踪监测。人们监视太阳活动的手段，目前正从传统的地面望远镜或其他传感器而转向卫星技术。监视太阳风的动向，掌握其规律，并做好防御工作，减少其成灾的程度是完全可能的。

4. 磁层·电离层·磁暴

由于太阳活动引发的日地空间的状态变化，称为空间天气。

专家说，日地空间主要是指地球的中高层大气、电离层、磁层以及太阳和地球之间的空间。空间天气如果与人类生活能直接感受到的风霜雨雪相比拟，"风"是指太阳风，"雨"是指来自太阳的带电粒子雨……只不过空间天气的主体不是大气和水，而是等离子体和磁场等物质。

当等离子流体和地球磁场发生作用时，会导致地球磁层以及磁场的扰动，也就形成了空间天气的状态变化。空间天气的变化可能危及人类的生命和健康，甚至可引起卫星运行、通信、导航以及电站输送网络的崩溃，造成社会经济损失。

人们知道，地球是有磁性的，它如同一个巨大的磁铁，其两极分别在地球的南极和北极附近，地球磁标示意图中有箭头指向的线是磁感线，表示地球磁场的分布，它包围着整个地球。

地球的磁场，即磁感线要向地球周围空间延伸很远，比大气层远许多倍，形成地球的外磁场。磁场能俘获带电粒子。当来自太阳风中的一个带电粒子到达地球的磁场时，它可能在磁感线之间被俘获。无数这样的粒子在磁场中不断地被俘获，它们就形成了不同于地球大气层的磁性大气层，简称磁层。大气科学将 1000 千米到大气顶界之间的稀薄电离气体层称为磁层。

当磁层没有受到太阳风的压力时，地球的磁场会是环形对称的。由于受到太阳风的压力作用，磁层会变为"蝉"的形状。向着太阳的一面被压缩了，而背对太阳的一面形成了一个长尾巴，称为磁尾。向着太阳的一端距地心约十几个地球半径，即 70000～80000 千米。磁尾（背对太阳一端）长约 100 个地球半径，即 600 多万千米。太阳风与磁层之间的边界即为磁层层顶，顶以外即为行星际空间。因此，也有人认为磁层顶才是大气圈的顶。

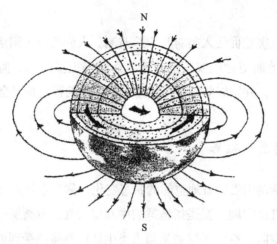

地球磁极示意图

　　我们的地球拖着一条长长的磁尾巴在太阳风中运行。在那里，太阳风首次遇到地球磁场，就像汽车的挡板会挡住汽车周围的风一样，磁层阻挡了太阳风。然后，太阳风的流线被强制围绕磁层流动。但仍有数不清的上万亿带电的微粒渗透进来，有些微粒被阻挡（即被磁层俘获）后，就形成了地球辐射带。另一些则螺旋似的落到地球南北极的磁感线上。因磁层干扰释放了能量，激发了氮和氧原子，最终形成了耀眼的极光。

　　又因为磁层中所俘获的粒子是高能带电粒子，所以，它们所产生的电离辐射性非常强，能在几千千米外穿过强辐射带。围绕地球的这个环状带里的辐射是强烈的。1958 年，范·艾伦分析人造地球卫星探测器的资料，于1959 年证实了地球辐射带的存在，因此它也被称为"范·艾伦带"。它像一大一小两个汽车轮胎套在地球周围。

地球磁场受到太阳风的挤压，形成不对称的磁层

太阳永远处于变动之中，而它的每一变动，又深刻地影响人类居住的地球。我们经常收听无线电广播，同光线一样，无线电波是直线前进的，而地球是球形的，可是我们照样能收听到远方电台的广播，这是怎么回事呢？我们得感谢太阳。色球层和日冕发出的紫外线和 X 射线，使离地面一百多千米高的大气层中氮和氧的分子和原子大部分电离了，形成了电离层。电离层能反射短波。广播电台发射的短波，经过电离层和地面的多次反射传到了遥远的地区。在太阳宁静的日子，色球层和日冕发出的紫外线和 X 射线是稳定的，电离层就像平静如镜的水面，对无线电波起着反射作用。一旦太阳表面出现耀斑，发出的紫外线和 X 射线突然增强，引起电离层扰动，就像水面上起了波涛，短波广播和通信普遍衰退，甚至全部中断。短波通信受到干扰，对军事、通信等部门有严重威胁，需要及早预报，以便改用其他的通信手段。

太阳耀斑抛出的带电粒子流快速撞击地球的磁场会产生所谓的磁暴、磁层亚暴等。整个地球磁层发生的持续十几小时到几十小时的一种剧烈扰动，称为磁暴。1996 年春天，磁暴导致加拿大正常运行 5 年的通信卫星发生停轨事故，几小时内，各种主要的传递数据都消失了。磁暴期间出现的一种短暂的强烈的磁层扰动称为亚暴，主要扰动整个磁尾和极光带附近的电离层。专家认为，磁暴引发的电火花会使卫星的太阳电池和几十个无线电继电器之间的联系中断。

太阳活动高峰期发生的磁暴危害更大。在那时，来自太阳表面的高速等离子体就像导弹一样奔向地球。进入磁层的等离子体会扰乱广播信号，甚至渗透海底和岩石。它还会侵蚀埋入地下的管道、干扰电信、烧毁变压器。地磁扰动受太阳活动制约，具有 11 年周期。1989 年是太阳活动的高峰期，磁暴所产生的电流就破坏了加拿大魁北克的一个高压网。地球磁场被扰乱后，绕地球飞行的人造卫星可能失去方向控制，甚至闯入星际太空，变成六神无主的"孤儿"。2000 年 7 月 14 日 18 时 14 分左右，太阳表面发生一次强烈的耀斑爆发，X 射线爆发强度分别是 6 月 2 日、6 月 6 日至 7 日两次爆发的 8 倍和 6 倍，也是进入太阳活动峰年以来最强的一次爆发，对我国造成了很大影响。

地磁扰动对人类健康也有一定的影响。研究发现，在 1173—1976 年的 803 年间，全球流感大流行发生过 56 次，每次都在太阳活动的极盛期。人们还发现在太阳耀斑出现而引起强地磁暴后的第一天，心血管病突然发作或猝死者显著增加。这期间，高血压患者还会血压升高，心动过速，病情加剧，危及生命。磁暴还直接影响人体内生理、生化和病理过程，使血液、淋巴球和细胞原生物质的不稳定胶体系统电性改变，引起肢体凝聚，从而促使血栓形成，引起细胞间钙离子浓度骤降，细胞膜渗透性突然升高；削弱人体的某些防御系统，降低免疫力，增强对疾病的易感性。

生物气象学家认为，太阳耀斑大爆发引起地磁扰动，会造成地球气候异常，出现大范围的反常天气，从而使地球上的致病微生物大量繁殖，为疾病流行创造了条件。同时太阳黑子频繁活动会引起生物体内物质发生强烈的电离。电离如果发生在病毒内，就会使子代病毒出现某些新的变异，这种变异再经历几代遗传和自然选择，便不断得到强化和巩固，人体对原来的病毒的免疫力就不起作用了。若如此，只要某地一旦发生疾病流行，就会迅速蔓延开来。此外，当太阳黑子和耀斑大量出现时，会辐射出极强的紫外线。紫外线剧增会引起流感病毒细胞中遗传因子的变异，发生突变性遗传，并产生一种感染力很强而人体对其却没有免疫力的亚型流感病毒。这种新流感病毒一旦通过空气或水等媒介物质传播开来，就能酿成来势凶猛的流行性感冒。

太阳不仅无私地为地球提供光和热，为地球生命的生成及进化提供必要的条件，同时它的剧烈活动引发的空间中的状态变化，也会给地球环境系统造成一定的负面影响。现在，我国有多颗风云气象卫星装载着监测空间天气的仪器，在地面建立了空间天气探测网，加大了对空间天气的监测预报。而空间天气的具体影响以及如何防御，还需科学家进行不懈的研究。

5. 天空，像在熊熊燃烧

天空像在燃烧。整个天空好似蒙上了一层无涯的透明的轻纱，好像被一种无形的力量抖动着，闪耀着美丽而又柔和的、淡紫色的亮光。霎时，天空中几个地方闪起刺眼的白光，光芒四射，像用灿烂生辉的银丝密密编织的云朵一样……而在另几个地方，这时还出现了几朵淡紫色的彩云。几秒钟后，光亮消失了。又有几个地方出现了几道长长的亮光，汇成一道光束，放射出淡绿色的抖动着的光芒。突然，那长长的光束像闪电一样离开原来出现的地方，射到高空顶处，停下来，形成一个光华四射的光轮。光轮不停地抖动着，慢慢地熄灭了。

以上是俄罗斯考察队员乌沙科夫在北冰洋北地岛上空目睹了一次奇异的火光后所作的描述。这种光怪陆离的迷人景象叫极光。

奥地利极地研究人员卡尔·魏普雷希特 19 世纪末在首次看到极光后兴奋地说："大自然为我们施放了一次烟火，其绚丽壮观的景象超过了任何大胆的想象。"极光不只会出现在北极附近的上空，在南极地区也会产生。出现在北半球的称为北极光，出现在南半球的称为南极光。

极光出现的高度范围较大。下端离地面约 73 千米，上端离地面可达 998 千米。它在刚闪现时，由一条中等亮度的光弧，以直线或稍弯曲的形状横过长空伸展开去，宽度为十几千米或几十千米，长度达几百千米，甚至几千千米。它能以每秒几十千米的速度往返扫动，在几分钟内亮度可增大 1000 倍。

极光千变万化，千姿百态。有时它是光幕、光弧、光带、光柱、光斑、光束，有时它为均匀片状、线条或斑点。它一般呈白色、绿色或翠绿色，有时则呈红色或紫色和蓝色。有时出现在天顶，有时在地平线微露，有单层的，也有双层甚至多层的。有时稳静不动，有时却变化很快，犹如金蛇狂舞。

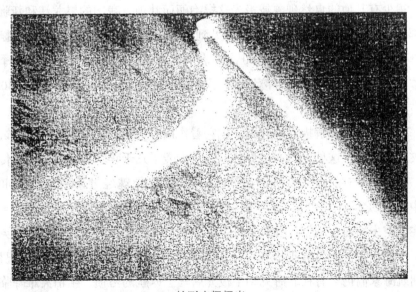

蛇形南极极光

极光闪烁，通常一连持续几个小时，极个别的时候，甚至两三天都不会消失。这时，空气中仿佛有上千只小鸟在扇动翅膀，实际上，这是数不胜数的小电火花在噼啪作响。此时发生的是一种"静静的雷电"。

2000年4月6日晚，在欧洲和美洲大陆的北部，出现了极光景象。在地球北半球一般看不到极光的地区，甚至在美国南部的佛罗里达州和德国的中部及南部广大地区也出现了极光。当夜，红、蓝、绿相间的光线布满夜空，场面极为壮观。

2003年10月30日，美国匹兹堡市出现极光，即使是在光污染严重的市内，仍能看到红色的光芒。2004年11月7日晚，又有较强极光出现在美国匹兹堡市，肉眼能看出绿色、红色。

2007年3月，美国国家航空航天局"瑟宓斯卫星任务"的5个人造卫星群在阿拉斯加和加拿大上空侦测到北极光出现两小时。同年12月，"瑟宓斯卫星任务"传回新数据，科学家发现太阳释放的带电粒子像一道气流飞向地球，碰到北极上空磁场时又形成若干扭曲的磁场，带电粒子的能量在瞬间释放，以灿烂炫目的北极光形式呈现，发出红色和绿色光。

2012年2月14日，挪威特罗姆斯郡威比亚奎地区出现了壮观的北极光，形似绿色卷曲状的"烟雾"。10天后，挪威山脉上空出现了像窗帘般绵延的辉光，奇特的景象令天空观测爱好者非常惊讶。

很少有其他的自然现象像极光这样绚丽而壮观。我国的黑龙江和新疆的北部主要是春分和秋分前后偶尔能见到极光。而住在俄罗斯、瑞典和挪威北部的居民，一年可以看到100次左右的北极光，出现时间大多在春季和秋季。加拿大北部的哈得孙湾地区，人们每年见到的北极光更多，达240次左右。

人们长期不了解极光的起因，把它看作祸事丛生、天下大乱、灾害饥荒等灾难之先兆。这种见解在世界各地一直沿袭了几千年。在北欧的民间传说中，极光是战神沃丁的女婢们在护送死去英雄的灵魂经过天际去英烈祠时，手中所持的金盾的反光。芬兰的拉普人认为极光是"捐躯沙场的亡灵，至今仍在太空中浴血奋战"。加拿大的爱斯基摩人以为极光是鬼神引导死者灵魂上天堂的火炬。西欧人把极光说成是"上帝表示的愤怒"。直到18世纪初，欧洲航海家们仍然有在北海见到了极光后马上返航的习惯，生怕灾难降临到自己头上。

不过，人们也曾编织一些吉祥故事，解释这奇异的火光。例如，传说中华民族先祖黄帝诞生前一年，"大霓绕北斗枢星"，这次极光在当时就被看作吉祥的征兆。又如，古希腊神话把极光当作两极地区的神明，说太阳神阿波罗有一个漂亮非凡的妹妹，名叫奥罗拉，她经常在夜空中翩翩起舞，她那飘忽的彩裙，多变的舞姿，驱散了黑夜，迎来了曙光。于是她成了曙光女神。"北极光"一词在拉丁文里就是"北极的曙光"，意思是仿佛日出前天空的光辉。

科学家们经过不断探索，证明极光与太阳活动密切相关。太阳除了发射出大量的光和热以外，还发射出大量的高能带电粒子流。这些高能粒子流射入地球大气的上层，受到地球磁场的作用，偏向南、北两极高空集聚。在两极，地球磁场形如尖端垂向地球的漏斗，太阳高能粒子在"漏斗"中螺旋下降时，地球高层稀薄气体受激发而发生亮光，氧发出红光和绿光，氮发出紫光、蓝光和少许深红色的光，氩发出蓝光，氖发出红光。高空中无数气体分子和原子发出各种颜色的光，形成了绚丽多姿的极光。

当太阳活动强烈时，高能带电粒子流量大大高于平时，极光出现机会就较多，也更加明亮而多姿，且到达的纬度也较低。1872年2月4日出现的北极光，连远离北极的印度孟买也看到了；1921年5月14日至15日，南极光达到了太平洋的萨摩亚群岛。

1988年8月25日夜间，我国黑龙江省漠河县、呼中区、新林区上空，出现了一次奇特而瑰丽的极光。当夜21时，西方地平线上突然闪现一个亮点，它开始时轨迹近似螺旋，然后沿着"W"的曲线上升。亮点尾部一条橙黄色光带像火烧云一般美丽。不久，亮点周围又出现一个淡蓝色圆底盘，不断升高、扩展，并变成了玉白色。亮点一闪一闪，并射下一束扇状的光面，很快消失。这时，西方低空中的光带向上扩展成一个淡蓝色的云团，似一个倒立的烟斗。半小时后，这条橙黄色光带和淡蓝色云团才逐渐隐没。

在强烈的极光爆发期间，人造卫星、航天飞机和地面无线电通信的信号会受到干扰甚至中断；那些靠磁罗盘导航的飞机和轮船会失去方向导致失事；也可能在输电线路上产生电冲击，摧毁输变压器。另外，极光还能干扰军事预警卫星和侦察卫星，干扰大型跟踪预警雷达，并间接对导弹和人造卫星的飞行起一定阻滞作用。

据测算，一次通常宽10千米、长100千米的极光发电能力约有10亿千瓦，相当于德国最大核电站发电量的 700 多倍。可见极光的能量巨大。科学家们设想，在极光区建造一座 100 千米以上的巨型铁塔，把导体送到巨大的磁暴中，把极光发出的巨大电能接出来，这样，人类就不用为未来的能源担心了。然而，极光电流从何而来，如何稳妥地将极光电流引向地球这些问题，至今还没有解决。

（二）全球变暖

1. 全球大变暖

20 世纪 80 年代以来，人类最关注的全球性最重大问题，莫过于全球气候变暖了。

据科学界对全球变暖观测，20 世纪 80 年代的最近三个年代中任一年代的全球气候，都比 1850 年以来的任一年代要暖。其中，1983—2012 年可能是北半球近 1400 年来最暖的 30 年。1880—2012 年全球地表平均温度均上升了 0.85℃；2003—2012 年全球地表平均温度比 1850—1900 高出 0.78℃；全球绝大部分区域都表现出了变暖现象。

全球变暖引发大气温度上升，导致许多地区热浪滚滚。1980 年 4 月美国北达科他州和衣阿华州等地气温已高达 37℃，5 月份为 41℃，7 月热浪席卷全美 1/3 国土。其中达拉斯连续 42 天高温 37.8℃，得克萨斯的最高气温为 47.2℃。这场热浪波及加拿大，以致发生森林火灾近 4000 起。更为恐怖的是 1987 年 7 月 20 日至 26 日，希腊首都雅典出现了 40℃ 高温，有时气温升到 45℃ 甚至高达 50℃，造成中暑死亡 600 多人。1988 年，北美的整个夏天骄阳似火，土地纵横龟裂，禾苗枯萎，美国、加拿大粮食减产三成。高温热浪犹如一条火龙，四处乱窜。7 月份意大利南部的科森察出现了异常高温。这一年 7 月，热浪也在中国大地上涌动持续不断的高温在十几个省（自治区、直辖市）出现，有的地方气温超过 40℃。20 世纪 90 年代全球在继续变暖。1994 年来自巴基斯坦的热风横扫印度北部，使首都新德里 5 月 30 日下午的气温高达 46℃。创下这座城市 50 年来的最高纪录（仅低于 1994 年 5 月 29 日 47.2℃），全印度因高温死亡近 500 人。当年在巴基斯坦遭受热浪袭击最重的信德省和旁遮普省及首都伊斯兰堡等地区，平均气温达 45～47.7℃，造成 200 人死亡。

受地球变暖的影响，不仅是全球地表气温升高，气候系统的其他一些变量也在发生变化。冰盖在融化，北极海冰在崩塌；水资源供应紧张，暴雨在增强，珊瑚礁在死亡，鱼类和其他很多生物向南北极迁移，有的甚至走向灭绝。1979年以来北极海冰面积以每10年3.5%～4.3%的速率在缩小。北极最大的冰原格陵兰岛的冰盖，1996—2005年间减少一半以上，仅在2005年里就有50立方米的冰消失，有些地方冰层在一年内竟融化掉0.5米以上。"极区航道"（又称西北通道）大部分地段为冰冻地带，自1958年以来这里冰盖厚度薄了40%，在1978—1999年向其表面积减少了14%。北极地区动物向北方冻土带北移的速度每年达200～700米。以前在冻土带没有的大量新的鸟类和哺乳动物，如鸥、短耳鸮、田鹬、沙燕、水獭都推进到了冻土带。在南极半岛有许多巨大的冰体脱离或半脱离半岛而成为海洋中的孤冰山，或漂浮在海面上的浮冰。非洲赤道地区的乞力马扎罗山山顶堆积了11000年的冰雪，在过去不到100年的时间里消融了82%。意大利境内的阿尔卑斯山的贝尔维代雷冰川融水，在山脚下的马库尼亚小镇附近形成一个湖泊，至今水呈上涨趋势，小镇面临被淹没的危险。美国冰川公园在过去100年前冰河数目由100多条减少到37条。

全球变暖引发了海洋上层温度的上升。1971—2010年海洋上层（0～75米）温度以每10年的速率上升0.11℃，1957—2009年700～2000米深度的海洋已变暖。1971年至2010年，气候系统净增能量增长的60%以上储存在海洋上层（0～700米），约30%储存在700米深度以下。温暖的海水会杀死生活在珊瑚礁上的小海藻，其他微生物也无法生存。失去海藻包裹的珊瑚礁就像脱去了一层彩色的外衣，露出表层下的那层石灰质的骨架，呈现出白色或灰色。20世纪80年代末，太平洋和印度洋发生大范围的珊瑚白化现象；这种状况愈演愈烈，最热的1998年全世界珊瑚礁有16%死亡；而2005年世界主要大洋中珊瑚再一次大死亡。澳大利亚东北海域延绵2000多千米的大堡礁，在1998年和2010年先后经历两次脱色白化，造成大片五颜六色的珊瑚丛死亡。

近几年来，全球气温仍在攀升。2017年11月6日世界气象组织发布临时《气候状况声明》：2017年1月至9月的全球平均温度比工业化前时代约高1.1℃。由于强厄尔尼诺事件，2016年可能仍是有纪录以来的最暖年份，而2017年和2015年分列第二或第三位。2013年至2017年是有纪录以来最暖的五年期。这是基于长期变暖趋势的一部分。"我们经历了异常天气，包括亚洲高达50℃的温度、加勒比海和大西洋延伸到爱尔兰的破纪录的飓风，东非使数百万人受灾的破坏性季风洪水以及持续干旱。"时任世界气象组织秘书长佩特里·埃塔西加如是说。

2. 大气温室效应

许多科学家提出，全球气候变暖是由于大气温室效应引起的。

我国北方，大约从 40 年前起，人们在冬天能吃到新鲜蔬菜，并能欣赏到盛开的鲜花了。这些蔬菜和鲜花怎样度过严寒的冬季呢？这就是利用了温室效应。人们用玻璃盖成房子，或用透明的塑料薄膜做成大棚，外面的阳光可以射进室内或棚内，加热室内或棚内的空气，而室内或棚内的热量不容易向外散逸，使得室内或棚内的温度逐渐升高，这就是温室效应。北方冬季的蔬菜和鲜花就是在这样一种温暖如春的人造气候里生长的。

地球的热量全部来自太阳。太阳能以电磁波形式在宇宙空间传播。从太阳传到地球的能量大部分分布在波长 0.2～4 微米范围内。这个波长范围内有半径为 0.35～0.7 微米区段的可见光（包括从紫色到红色）。地球在接受太阳能之后，又以电磁波形式向外辐射能量，其中大多为波长 4～100 微米范围的红外线。如果没有大气，根据地球获得的太阳热量和地球向宇宙空间辐射的热量相等，可以算出地球表面的平均温度只有 $-18℃$，这要比现在的地面平均温度（15℃）低 33℃。

实际上，地球表面包围一层大气，其中含有起保温作用的微量气体，它们能让太阳能中的可见光透过，又能吸收地表向外辐射的红外线。大气也在向外辐射波长更长的长波辐射（因为大气温度比地面更低）。其中向下到达地面的部分称为逆辐射。因而使得地面平均从 $-18℃$ 上升到 15℃ 左右。正因为大气层也有类似温室的保温作用，地球的温度才变得适宜人类的生存和万物的生长。大气对地面的保温作用称为大气温室效应。

在构成大气的众多成分中，起保温作用的气体主要有二氧化碳、甲烷、氧化亚氮、氯氟烃、臭氧以及水汽等。它们可以让太阳辐射电磁波中波长 0.35～0.7 微米的可见光自由通过，又能吸收地表发出的大部分红外线（只有波长 8～13 微米的红外线中一部分不被吸收而透过大气层，这一波段称为"大气窗区"）。当它们在大气中的浓度增加时，就会加剧温室效应，使地球表面和近地大气层温度升高，因此人们称这些气体为温室气体。

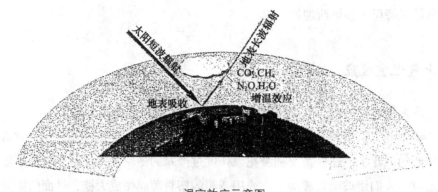

温室效应示意图

二氧化碳是温室效应的主角，它的作用占所有温室气体作用的 60% 以上。在以往 1 万年的时间里，由于大气层中二氧化碳浓度是基本恒定的，所以地球上年平均温度也是相对比较稳定的。然而仅仅一个半世纪以来，人类社会和经济的发展使 1 万年来都变化不大的二氧化碳浓度急剧上升。二氧化碳的迅猛增长，是因为从 1840 年以来的工业革命。经济的高速发展，需要消耗大量的煤和石油这类化石能源。数不清的烟囱和数以亿万计的机动车辆都在不停地向大气中喷吐着二氧化碳。而在发展经济、大量释放二氧化碳的同时，大片森林、草场和农田作物等绿色植被，成为新建工业城市和设施的牺牲品。工业的突飞猛进，使能够吸收二氧化碳的植物面积大幅度减少，使大气中二氧化碳的浓度不断上升。越来越多的二氧化碳气体，就像是温室大棚又加厚了一层，使温室里保持了更多的热量。

在过去的 100 多年里，尤其是最近 50 多年中，人类活动过度排放温室气体，特别是二氧化碳，使其在大气中的浓度超出了过去的任何时候，使得在 20 世纪全球平均气温升高了 0.3～0.6℃。20 世纪是过去 2000 年中最温暖的 100 年。早在 20 世纪 80 年代初，世界气候组织预言，21 世纪将是地球 5 万年来最热最难受的 100 年。1996 年联合国政府间气候变化专门委员会公布的报告中，把 2100 年二氧化碳倍增后全球平均气温的升值定为 1.0～3.5℃。

2015 年 12 月 12 日达成的《巴黎协定》指出，各方将加强对气候变化威胁的全球应对，把全球平均气温升幅较工业革命前水平控制在 2℃之内，并为把升温控制在 1.5℃之内而努力。21 世纪下半叶全球实现温室气体净零排放。《巴黎协定》为全球节能减排工作提供了有力的国际法律保障。

3.气候变暖的挑战

如今，世界上人口在迅速增加，全球人类活动仍在使大气环境恶化，大气污染与温室气体会继续增长。这些温室气体在大气中的生命史是 100 年左右，它们今天被释放到大气以后，将对今后 100 年内气候变化产生影响。所以气候学家预言，21 世纪将是一个炎热的世纪。

气候变暖向人类提出了严峻的挑战。早在 1995 年，联合国政府间气候变化专门委员会第十一次会议就指出："气温上升将会对世界各国未来的社会经济发展产生明显影响，对有些部门和地区的影响可能会达到危险程度。"

气候变暖使得海洋表层水温升高，将造成海水膨胀，海平面必然会上升。当温度为 5℃（典型的高纬度海水温度）时，每升温 1℃可使海水体积增加 0.01%。当温度 25℃（典型的热带海水温度）时，相同的升温则能使海水体积增加 0.03%。冰川融化也会使全球海平面上升，如果南极和格陵兰以外的冰川全部融化，海平面将会升高 50 厘米。在过去的 100 年间，全球平均海平面上升了 10～20 厘米，其中冰川融化使平均海面上升 5 厘米。据估计，这一上升幅度是过去 3000 年来平均值的 10 倍。1990 年联合国政府间气候变化专门委员会的预测表明，如果温室气体按目前的速度增长，海平面将以每 10 年 6 厘米（3～10 厘米）的速度上升，到 2030 年将上升 20 厘米（10～30 厘米），到 2100 年，其上升量大约相当于过去 100 年上升值的 5 倍。若真是这样，其后果将是极其严重的。

沿海地区居住着全世界一半以上人口，而且大部分是经济发达地区。海平面上升、海岸线内移将直接威胁沿海国家以及 30 多个海岛国家的生存和发展。首先是海水倒灌将使三角洲和河流两岸地下水盐度增加而无法饮用，使地表盐碱化不断扩展而无法耕作。同时，大潮和洪水、大浪等潜在灾害也将增大。据研究，若全球海平面上升 1 米，大约有 1 亿～2 亿人口将生活在异常风暴潮影响下，其中 2/5 的人口将受到异常洪水浸淹，许多岛屿组成的国家受影响更严重。全球 85% 的稻米产地在东南亚和东亚，海平面上升将使约 1/5 地区受威胁，将影响大约 2 亿人口的粮食生产基地。

随着全球平均气温的上升，自然生态系统将越来越不能与环境相适应，生态系统将变得不稳定。气候变暖，亚热带和农业带会向两极方向推移，作物生长期也将延长，适应性差的生物群落将遭受巨大的威胁。气候变暖将加速非洲大陆热带雨林的减小，严重的沙漠化将波及热带稀树草原，对在此生息的动物和迁移性生物产生恶劣影响。淡水生物种群的数量和多样性，许多海洋生物的生存，都将面临严重威胁。悉尼大学的珊瑚礁专家预测，到2100年，世界上大多数地区的珊瑚礁可能会消失，就连澳大利亚的大堡礁也可能在30年内消亡。北太平洋、阿拉斯加鲑鱼的体重正在下降，过去一直在太平洋活动的海豚已在阿留申群岛出现。

由于全球各地增温的不均一性，冬季大于夏季，高纬度地区大于低纬度地区，导致南北温度梯度发生变化，将使大气环流作重大调整。这势必引起全球范围内的降水分布异常、旱灾频繁，台风或热带风暴的路径等发生重大的改变，高纬度冬季雪量将增长，低纬度降雨也会增多，而中纬度夏季降水将减少。而降水格局的变化，将会导致旱涝趋势更加明显，世界粮食产量将会受到更大的影响。

中国气象学家研究发现，气候变暖将是中国气候发展的总趋势，这样变暖的气候将给中国带来严重影响。在华北和东北，如果平均气温上升2～4℃，地表水蒸发将增加20%左右，许多地区会更加干旱，另一些地区暴风雨会增加，耕地将损失2亿多亩。在西北地区，水分蒸发的总趋势将加大，干旱加剧，风和盐碱侵蚀的危害加重，至少使1.4亿亩耕地受损，草场退化和土地风蚀也将日甚一日。全国大部分地区的季节性自然灾害将更加严重，土地退化，沙漠蔓延，使本来就不多的耕地更为减少。而东南沿海地区，若平均气温上升4℃，海平面将上升80厘米，这会使1500多万亩的海岸低地损失一半，又会使许多基础设施遭到破坏。

更令人发怵的是，全球变暖将导致突发公共卫生事件增多，严重威胁人类健康。酷热天气接连不断，会使心血管疾病的发病率和死亡率跃居百病之首。而暖冬天气接二连三会导致各种病毒性和细菌性流感蔓延或局部区域大流行。全球地表温度升高又导致热带常见流行病发生范围向高纬度地区扩展，鸟类迁徙路径和动物生活习性的变化导致人类应对人禽、人畜共患疾病的难度加大。高温热浪、雾霾等极端气候事件以及大气臭氧浓度降低，光化学烟雾等极端环境事件增多，都给人类身心健康罩了一层恐怖的阴影。另一方面，地球变暖带来的水质污染，延长了各种病菌病原体和寄生虫卵等的存活期限，并为其繁衍和传播提供了天然温床，加上突发洪涝带来的次生灾害、交叉互感，使水质污染更甚，导致急性肠道传播病、霍乱、腹泻、痢疾等蔓延扩散。尤其值得警惕的是，多种蚊传播病发病率已呈急剧增长趋势。2000年3月初，美国纽约已发现一种由蚊子传染的西尼罗河病毒导致的怪病。

面对全球变暖的挑战，1988年12月6日联合国大会通过《关于为人类当代和后代保护全球气候》决议，要求各国立即采取行动应对全球气候变化问题。为了21世纪的地球免受气候变暖的威胁，1997年12月，149个国家和地区的代表在日本东京召开《联合国气候变化框架公约》（1992年166个国家签署）缔约方第三次会议，通过了旨在限制发达国家温室气体排放量以抑制全球变暖的《京都议定书》。我国于1998年5月签署了该议定书，这显示了中国参与国际环境合作、促进世界可持续发展的积极姿态。

五、气候变化

（三）节能减排，从我开始

如今有越来越多的人在崇尚"低碳生活"。减少二氧化碳的排放，低能量、低消耗、低开支正成为一种生活方式，悄然走近寻常百姓家。

节能减排，从我开始，从生活点滴做起，潜力巨大。减少了能源的消耗主要是减少了二氧化碳向大气中的排放量，也就为减少污染、减缓气候变化出了一份力。

1. 衣

服装在生产、加工和运输过程中，要消耗大量的能源，同时产生废气、废水等污染物。少买一件不必要的衣服可节能约 2.5 千克标准煤，相应减排二氧化碳 6.4 千克。如果全国每年有 2500 万人做到这一点，就可节能约 6.25 万吨标准煤，减排二氧化碳 16 万吨。

每月手洗一次衣服。只有两三件衣物就用洗衣机洗，会造成水和电的浪费。如果每月用手洗代替机洗，每台洗衣机每年可节能约 1.4 千克标准煤，相应减排二氧化碳 3.6 千克。如果全国 1.9 亿台洗衣机都因此每月少用一次，那么每年可节约 26 万吨标准煤，减排二氧化碳 68.4 万吨。

每年少用 1 千克洗衣粉，可节能约 0.28 千克标准煤，相应减排二氧化碳 0.72 千克。如果全国 3.9 亿个家庭平均每户每年少用 1 千克洗衣粉，1 年可节能约 10.9 万吨标准煤，减排二氧化碳 28.1 万吨。

如果选用节能洗衣机，可比普通洗衣机节电 50%、节水 60%，每台节能洗衣机每年可节能约 3.7 千克标准煤，相应减排二氧化碳 9.4 千克。全国每年有 10% 的普通洗衣机更新为节能洗衣机，就可节能约 7 万吨标准煤，减排二氧化碳 17.8 万吨。

2. 食

粮食是宝中之宝，可是浪费粮食的现象常常出现。以水稻为例，少浪费水稻 0.5 千克，可节能约 0.18 千克标准煤，相应减排二氧化碳 0.47 千克。

如果全国平均每人每年减少粮食浪费 0.5 千克,每年可节能约 24.1 万吨标准煤,减排二氧化碳 61 万吨。

醉酒伤害身体,又容易酿成事故。而 1 个人 1 年少喝 0.5 千克白酒,可节能约 0.4 千克标准煤,相应减排二氧化碳 1 千克,如果全国 2 亿"酒民"平均每年少喝 0.5 千克,每年可节能约 8 万吨标准煤,减排二氧化碳 20 万吨。

夏季三个月平均每月少喝一瓶啤酒,1 人 1 年可节能约 0.23 千克标准煤,相应减排二氧化碳 0.6 千克。从全国范围来看,每年可节能约 29.7 万吨标准煤,减排二氧化碳 78 万吨。

3. 住

节能装修。节约 1 平方米的建筑陶瓷,可节能约 6 千克标准煤,相应减排二氧化碳 15.4 千克。如果全国每年 2000 万户左右的家庭装修能做到这一点,那么可节能约 12 万吨标准煤,减排二氧化碳 30.8 万吨。装修少用 1 千克钢材,可节能约 0.74 千克标准煤,相应减排二氧化碳 1.9 千克;少使用 0.1 立方米木材,可节能约 25 千克标准煤,相应减排二氧化碳 64.3 千克。如果全国每年 2000 万户左右的家庭装修都能做到减少 1 千克钢材、0.1 立方米木材,其相应节能减排的数字就可观了。

目前家装中常见的造型背景墙,一些可改可不改、锦上添花的设计最好不要或简化。不论是石膏板、饰面板,还是瓷砖、大理石,这些造型所用的材料在生产过程中都要释放碳。减少这些装修材料的使用,就是一种减排。

未必实木家具才能体现居家品味,竹制家具一样可以体现别样风格,还能保护森林资源。一些低碳建材的家具也可供选择,如由铝粉、树脂和天然颜料聚合经高温压制的可回收的卫浴,由 90% 泥土和 10% 水溶性添加剂共同制造产生的软陶瓷,以及环保型地板和涂料等。

夏季改穿长袖为穿短袖,改穿西服为穿便装,改扎领带为扎松领,适当提高空调的温度为国家提倡的 26℃,并不影响舒适度,还可以节能减排。如每台空调在 26℃基础上再调高 1℃,每年可节电 22 度[1],相应减排二氧化

---

① 度,电功的单位,即指"千瓦时",1 度电可以使功率为 1000 瓦的电器工作 1 小时。

碳 21 千克。如果全国 1.5 亿台空调都采取这一措施，那么每年可节电 33 亿度，减排二氧化碳 317 万吨。

电风扇使用中低挡风速就可以满足夏天纳凉的需要。一台 60 瓦的电风扇，如果使用中低档转速，全国可节电 2.4 度，相应减排二氧化碳 2.3 千克。这样做，全国约 4.7 亿台电风扇每年可节电约 11.3 亿度，减排二氧化碳 108 万吨。

家庭照明改用节能灯。可 11 瓦节能灯替 60 瓦白炽灯、每天照明 4 个小时计算，1 只节能灯 1 年可节电约 71.5 度，相应减排二氧化碳 68.6 千克。全国每年更换 1 亿只白炽灯就可节电 71.5 亿度，减排二氧化碳 686 万吨。

做到随手关灯，每户每年可节电约 4.9 度，相应减排二氧化碳 4.7 千克。如果全国 3.9 亿户家庭都做到，那么每年可节电约 19.6 亿度，减排二氧化碳 188 万吨。

4. 行

每月少开一天车，每车每年可节油约 44 升，相应减排二氧化碳 98 千克。全国 1248 万辆私人轿车这样每年可节油约 5.54 亿升，减排二氧化碳 122 万吨。

骑自行车或步行代替驾车出行 100 千米，可节油约 9 升坐公交车代替驾车出行 100 千米，可省油 7.5 升。按以上方式节能出行 200 千米，每人可以减少汽油消耗 16.7 升，相应减排二氧化碳 36.8 千克。这样做，全国 1248 万辆私人轿车每辆可节油 2.1 升，减排二氧化碳 46 万吨。

5. 用

少生产 1 个塑料袋，可节能约 0.04 克标准煤，相应减排二氧化碳 0.1 克。但塑料袋日常用量极大，如果全国减少 10% 的塑料袋使用量，用布袋取代塑料袋，那么，每年可以节能约 1.2 万吨标准煤，减排二氧化碳 3.1 万吨。

减少一次性筷子使用。全国广泛使用一次性筷子会大量消耗林业资源。全国减少 10% 的一次性筷子使用量，每年可相当于减少二氧化碳排放约

10.3 万吨。

尽量少用电梯。目前全国电梯年耗电量约 300 亿度。通过较低楼层改走楼梯、多台电梯在休息时间只部分开启等行动，大约可减少 10% 的电梯用电。这样一来，每台电梯每年可节电 500 度，相应减排二氧化碳 4.8 吨。若全国 60 万台左右的电梯采取此类措施，每年就可节电 30 亿度，相当于减排二氧化碳 288 万吨。

合理使用冰箱。1 台节能冰箱比普通冰箱每年可省电约 100 度，相应减少二氧化碳排放 100 千克。如果每年新售出的 1427 万台冰箱都达到节能冰箱标准，将节电 14.7 亿度，减排二氧化碳 141 万吨。每天减少 3 分钟的冰箱开启时间，1 年可省下 30 度电，相应减少二氧化碳排放 30 千克。及时给冰箱除霜，每年可以节电 184 度，相应减少二氧化碳排放 177 千克。全国 1.5 亿台冰箱都能及时除霜，每年可节电 73.8 亿度，减少二氧化碳排放 708 万吨。

不用电脑时以待机代替屏幕保护，每台台式机每年可省电 6.3 度，相应减排二氧化碳 6 千克；每台笔记本电脑每年可省电 1.5 度，相应减排二氧化碳 1.4 千克。如果对全国保有的 7700 万台电脑都采取这一措施，那么每年可省电 4.5 亿度，减排二氧化碳 43 万吨。

用液晶电脑屏幕与传统阴极射线管（CathodeRayTube，CRT）屏幕相比，大约节能 50%，每台电脑每年可节电约 20 度，相应减排二氧化碳 19.2 千克。如果全国保有的约 4000 万台 CRT 屏幕都被液晶屏幕代替，每年可节电约 8 亿度，减排二氧化碳 76.9 万吨。

每天少开半小时电视，每台电视机每年可节电约 20 度，相应减排二氧化碳 19.2 千克。如果全国有 1/10 的电视机每天减少半小时可有可无的开机时间，那么全国每年可节电大约 7 亿度，减排二氧化碳 67 万吨。

电视机、洗衣机、微波炉、空调等家用电器，在待机状态下仍在耗电。如果全国 3.9 亿户家庭都在用电后及时拔下家用电器插头，每年可节电约 20.3 亿度，相应减排二氧化碳 197 万吨。

合理用水。用淋浴代替盆浴并控制洗浴时间，每人每次可节水 170 升，同时减少等量的污水排放，可节能 3.1 千克标准煤，相应减排二氧化碳 8.1 千克。如果 1 千万盆浴使用都能做到这一点，那么全国每年可节能约 574 万吨标准煤，减排二氧化碳 1475 万吨。洗澡用水开关及时关闭，这样，每人每次可相应减排二氧化碳 98 克；如果全国有 3 亿人这么做，每年可节能 210 万吨标准煤，减排二氧化碳 536 万吨。

避免家庭用水跑、冒、滴、漏。一个没关紧的水龙头，在一个月内就能漏掉约 2 吨水，一年就漏掉 24 吨水，同时产生等量的污水排放。如果全国 3.9 亿户家庭用水时能杜绝这一现象，那么每年可节能 340 万吨标准煤，相应减排二氧化碳 868 万吨。

选用节能电饭锅，它要比普通电饭锅对同等重量的食品进行加热省电约 20%，每台每年省电约 9 度，相应减排二氧化碳 8.65 千克。如果全国每年有 10% 的城镇家庭更换电饭锅时选择节能电饭锅，那么可节电 0.9 亿度，减排二氧化碳 8.65 万吨。

提前淘米并浸泡 10 分钟，再用电饭锅煮，可大大缩短米熟的时间，节电约 10%。每户每年可因此省电 4.5 度，相应减排二氧化碳 4.3 千克。如果全国 1.9 亿户城镇家庭这么做，每年可节电 8 亿度，减排二氧化碳 78 万吨。

纸张双面打印、复印，如果全国有 10% 的人做到这一点，每年可减少耗纸 5.1 万吨，节能 6.4 万吨标准煤，相应减排二氧化碳 16.4 万吨。

用手帕代替纸巾，每人每年可减少耗纸约 0.17 千克，节能 0.2 吨标准煤，相应减排二氧化碳 0.57 克。如果全国每年有 10% 的纸巾改用手帕代替，那么可减少耗纸约 2.2 万吨，节能 2.8 万吨标准煤，减排二氧化碳 7.4 万吨。

在农村推广沼气。建一个 8～10 立方米的农村户用沼气池，一年可相应减排二氧化碳 1.5 吨。如果按 1700 多万户用沼气池，年产沼气约 65 亿立方米，那么全国每年可减排二氧化碳 2165 万吨。

（四）厄尔尼诺

1. "圣子"和"圣女"

1769 年，当澳大利亚人詹姆斯·库克还是一名上尉的时候，他注意到了太平洋上风的奇怪之处。他在绘制热带海图时写道："在从东面刮来的信风内遇到了西风，这是咄咄怪事。""听起来耳熟。"罗伯特·艾伦博士一边用气候学家的眼光阅读这位著名航海家的日志一边思忖。出于直觉，他怀疑库克所说的这些不知名的风是厄尔尼诺现象所为。为此，他穷追不舍，经过深入研究后发现，当时的确有厄尔尼诺的魔影。历史文件显示，在库克记录到异常风的同时，印度正遭受由旱灾引起的饥荒，中国缺少救命的雨水。

长期以来科学家一直在追踪着厄尔尼诺的踪迹。在太平洋赤道两侧，由于常年受到东南信风和东北信风的吹拂，有自东向西流的赤道洋流。风一个劲地吹，海水不断向西流，造成海水堆积，赤道西太平洋的洋面因此高出赤道东太平洋 40 厘米，水温达 29℃。而东太平洋流出的海水，靠深层冷海水涌升补充，水温仅为 24℃ 左右。太平洋东部秘鲁沿海的鱼和海鸟多年来乐居在这一较冷的海域中。而赤道西太平洋海水堆积会反过来流动，自西向东，横越太平洋，这股暖性的逆流叫赤道逆流。

赤道逆流基本上是稳定的，但也有变化。这种变化就是每年 10 月至次年 3 月间，正值南半球夏季，这时的东南信风会有所减弱，赤道逆流会加强，其东端有一部分海水穿过赤道沿厄瓜多尔海岸南下，形成一支微弱的暖流。与此同时，秘鲁沿岸的上升流几乎消失，来自深层的冷海水明显减少，暖流范围向南延伸，使南美沿海的海水出现增温。海水增温期间，渔民捕不到鱼，常利用这段时间在家休息。这种现象一般出现在 12 月圣诞节前后。18 世纪初，发现这种每年一度海水增温现象的秘鲁和厄瓜多尔渔民将其命名为厄尔尼诺。厄尔尼诺是西班牙语，其意为"圣婴"或"圣子"。

随着有关厄尔尼诺现象的规律及其对全球影响的知识的增加，现在科学家又运用浮标、卫星等先进的探测仪器设备，发现厄尔尼诺是赤道太平洋中部和东部每隔几年就发生一次大范围的海水异常增温现象。目前，厄尔尼诺一词已成为气象学和海洋学上专门指赤道太平洋中部和东部海洋表面温度异常增温（连续 6 个月高于常年 0.5℃）现象的专有名词，这已不是厄尔尼诺最初的含义了。

正常年份，厄尔尼诺只持续一两个月就结束了，水温又恢复如常，这仅仅是南美沿岸海域每年都会发生的正常的季节性变化。但有的年份会出现异常情况：赤道太平洋上的东向信风突然减弱了，又碰巧在赤道西太平洋西风加强（也叫西风爆发），出现如前面詹姆斯·库克所说的"信风内遇到了西风"。当东向风偏弱，西风持续偏强，使得赤道洋流也变弱，太平洋东部上升的冷海水减少，更多的暖水随赤道逆流涌向太平洋东部，使东部海水异常增温。这种增温现象逐步向西扩展，从南美沿岸向西伸展到赤道太平洋中部，甚至达到或超过日界线，增温强度比常年高出 3～6℃，并从海面一直可以达到 100 米深处，持续时间较长。这样，赤道太平洋海面的水温变成东部高西部低，厄尔尼诺事件就出现了。

厄尔尼诺事件的发生没有严格的周期性，一般 2～7 年发生一次，每次持续时间几个月甚至 1 年以上，然后随海温持续下降而消退。据资料推测，近 500 年来，厄尔尼诺发生了 100 次以上。其中 1982—1983 年的厄尔尼诺现象持续了 17 个月。进入 20 世纪 90 年代，厄尔尼诺频繁发生，1991—1995 年 5 年内连续发生三次，1997—1998 年异常迅猛的厄尔尼诺"搅动"全球气候异常，2014—2016 年超强的厄尔尼诺又卷土重来，助长了全球气温不断创新高。2016 年成为有气象记录以来最热年。

一次厄尔尼诺消退后，这一带海温明显地下降到当年平均 0.5℃ 以下，此时就出现拉尼娜现象了。1972—1973 年、1982—1983 年以及 1997—1998 年厄尔尼诺结束后都发生了拉尼娜事件。科学家们估计，在 70% 的情况下，厄尔尼诺发生一年后，拉尼娜就会接踵而至。也有的年份在一次拉尼娜现象后紧接着出现厄尔尼诺现象，如 1967—1968 年、1973—1975 年。拉尼娜是西班牙语"圣女"的意思。拉尼娜出现时，赤道太平洋东部和中部海面温度大范围持续异常变冷（连续 6 个月低于常年 0.5℃ 以上），这种现象正好与厄尔尼诺相反，所以又被称为"反厄尔尼诺"。与厄尔尼诺的发生机制正好相反，当赤道太平洋信风持续加强时，赤道东太平洋表面暖水被吹走，深层的冷水上翻作为补充，海水温度进一步变冷，从而形成拉尼娜。拉尼娜一般持续一年左右，最长的可维持两年以上，而厄尔尼诺事件最长的还不到一年半。但从海温异常的程度上看，厄尔尼诺的强度常比拉尼娜大得多，所以拉尼娜相对于厄尔尼诺造成的危害要小一些。

20世纪70年代前5年拉尼娜事件十分频繁而且强大，此后明显减少，如1976—2000年间，包括最弱的1995—1996年，拉尼娜事件总共只发生四次，而厄尔尼诺事件却发生了八次。

2."带来灾难的上帝之子"

厄尔尼诺是迄今为止科学界发现的最强的年际气候变化信号。20世纪90年代以来，厄尔尼诺频频出现，兴风作浪，引起全球气候异常，给人类带来了重大灾难。所以有人称它为"带来灾难的上帝之子"。

气象学家认为，厄尔尼诺出现与赤道太平洋海域偏东信风的变化有直接关系。在赤道太平洋东部，有一个位于南太平洋复活节岛附近的高压系统，高压里气流下沉；而在赤道太平洋的西部却有一个印度尼西亚低压系统和上升气流。高压里下沉的气流从低空流向低压，而低压上升的气流又在高空流回高压，这样就形成了一个东—西向的大气环流。然而，在很早以前人们就了解到，这种状态并不是永恒不变的：太平洋海域偏东风的强度，同东太平洋高压和西太平洋的低压互成比例，即气压差增大，则信风加强；气压差减小，则信风减弱，存在着同步增强或减弱的趋势，它们之间的这种上下波动，为期数年，这就是所谓的"南方涛动"。南方涛动引起东南信风减弱时，厄尔尼诺就发生了[①]。

厄尔尼诺发生时，原先由东南风吹向西太平洋的偏暖海水开始沿赤道向东太平洋大规模移动，大约2个月后到达中美洲西侧，不久就来到秘鲁沿海。这个时候，秘鲁沿海一带不再是下层涌上来的较冷的海水而是沿赤道流来的温暖海水。不久，这一暖水区就以50～100厘米/秒的速度向西扩展。随着东南信风的进一步减弱，这种高水温现象会持久不衰，直到西太平洋赤道附近的海水因大量东移致使海面水位下降时，这种高水温的特异状况才会逐渐消失。

---

① 厄尔尼诺和南方涛动的关系极为密切，所以人们又把厄尔尼诺和南方涛动合起来称为恩索。

厄尔尼诺一般只持续一年左右，即从3—4月份海温升高，圣诞节前后达到高潮，以后逐渐下降直到第二年3—4月份恢复正常。

显然，厄尔尼诺并不是孤立的海洋升温现象，而是一种大规模的海洋和大气相互作用现象，特别是赤道海域海气相互作用过程最集中的反映。不但大气的运动影响着海水的流动，而且热带海洋又是大气能量的宝库。正常年份，赤道西太平洋的暖海面将大量的热量和水汽源源不断地输送给其上空的大气，使大气加热，上升运动加强，从而成云致雨，所以这一地区雨水充沛，年降水量一般在2000毫米以上，而中、东太平洋冷水域则使其上空大气变冷，密度增大，下沉气流难以把水汽抬升到能够形成云和雨滴的高度。因此，这一带洋面通常云量很少，降水量只有500毫米左右，常常造成干旱。

厄尔尼诺的发生使整个赤道热带太平洋冷、暖水域的正常位置改变了，而海水温度微小的变化会对大气产生巨大的影响。据统计，单位面积100米厚的暖水层降低0.1℃所释放出来的热量，足以使其上方的大气温度平均升高6℃。厄尔尼诺这样一个长时间、大范围的海水异常增温现象，必然引起海洋和大气相互作用失调，并通过大气环流的作用而影响到中、高纬度地区，导致全球气候异常。厄尔尼诺发生后，首当其冲的是赤道太平洋地区。赤道西太平洋地区的多雨区随着海洋温度的改变而向东移动，直接导致西太平洋、东南亚和澳大利亚等国家地区，由于海温降低而出现干旱。赤道太平洋的中部和东部，海温则迅速升高，直接导致了中、东太平洋及南美太平洋沿岸国家降水明显增加，暴雨频繁，洪涝成灾，甚至使沙漠变成草原。

据报道，发生在1982—1983年的厄尔尼诺事件，曾在许多国家地区酿成了干旱或暴雨、洪涝等灾害。厄瓜多尔、秘鲁1982年11月至1983年6月连降暴雨，造成严重洪涝，秘鲁北部沿海发生史无前例的洪水。阿根廷、巴西南部和巴拉圭等国家地区连续两年发生20世纪罕见的洪水。就连地处中纬度的美国也遭此劫难，仅因高温热浪的袭击，就至少有187人丧生。这次厄尔尼诺使世界上四分之一地区受到危害，造成全球1500多人死亡，经济损失估计达130亿美元。

1991—1995年的连续三次厄尔尼诺事件，澳大利亚经历了近60年来最严重的干旱，持续时间长达四年之久；中南半岛、菲律宾、印尼也先后发生了不同程度的干旱。这些地区的持续干旱使粮食和经济作物损失惨重。

当厄尔尼诺发生后，南美沿岸涌升流减弱，无法把海洋下层营养丰富的冷海水带到海面，正常的食物链遭到破坏，浮游生物大量减少，随之是鳀鱼等大量鱼群以及专食鱼类的鸟类相继迁徙或死亡。这种影响北至加拿大，南至智利中部沿岸。因此，厄尔尼诺事件常给赤道中、东部太平洋沿岸国家的渔业带来巨大损失。例如，1970 年秘鲁海鱼的捕获量达 1200 万吨，而经过 1972 年的强厄尔尼诺影响，1973 年陡降到 200 万吨以下。鱼类的大量消失使鸬鹚、塘鹅、鹈鹕等千万只海鸟因缺少食物而迁徙或死亡，南美沿岸国家又因此失去了宝贵的鸟粪肥料，使当地农业生产和国民经济也受到很大影响。厄尔尼诺期间赤道太平洋和秘鲁沿海等地区海平面高度上升也是海洋中许多生物遭灾的一个原因。1982—1983 年厄尔尼诺期间，太平洋中部的圣诞岛海平面高度上升，使岛上的 1700 万只海鸟觅食绝望，死亡或迁徙他处的达 85%。其他海洋生物也难逃劫难，到 1983 年中期海洋状况恢复正常时，当年秘鲁南部有 25% 的成年海狗和海狮及 90% 以上的幼崽相继死亡。

自然界中珊瑚礁对厄尔尼诺极其敏感。1982—1983 年厄尔尼诺出现时，哥斯达黎加、巴拿马、哥伦比亚及加拉帕果斯群岛附近海域的珊瑚礁遭受了程度不同（50%~97%）的损害，专家估计至少得几十年甚至上百年才能得到恢复。珊瑚礁素有"海洋里的雨林"的美称，它遭到破坏就意味着将有更多的海洋生命处于危险的境地。

厄尔尼诺对我国气候的影响也很显著。在厄尔尼诺发生年，东亚地区冷空气活动位置较常年偏北，我国往往出现暖冬。20 世纪 90 年代厄尔尼诺事件频繁发生，中国连续出现暖冬。1951 年以来发生过 15 次厄尔尼诺事件，14 次我国都出现了暖冬。相反，当拉尼娜出现时，我国温度下降而往往出现冷冬，1951 年以来发生的 11 次拉尼娜事件中有 8 次我国出现了冷冬气候。

当厄尔尼诺出现时，这一年的春季和夏季就是厄尔尼诺酝酿、发生和开始的时刻，这一段时期在我国东地区降雨将大范围地减少。到了这年秋季厄尔尼诺进入发展、成熟和强盛期，它会造成第二年 2—3 月份全国大范围雨量减少，其余月份都呈现南多北少的分布状态。厄尔尼诺出现时又会导致初夏季节副热带高压位置偏南，夏季风推迟，无论当年还是第二年长江中下游的梅雨期都将会推迟。

1950 年以来的大多数厄尔尼诺年中国夏季主要多雨带都出现在黄河以南地区。1969、1983、1987、1991 年长江流域梅雨持续时间长，降雨强度大而造成严重洪涝灾害。强厄尔尼诺的 1997 年夏季主要多雨带出现在长江以南地区，而北方出现了持续高温少雨天气，成为近 50 年来最干旱的年份之一。1998 年出现百年罕见的长江洪峰，其主要原因之一就是厄尔尼诺引起长时间的连续暴雨，加上不断接纳支流来水，致使长江八百多千米的江段超过了警戒水位。

1998 年 5 月 31 日，一场惊雷将内蒙古兴安盟境内的大兴安岭林管局阿尔山的兴安林场的森林草原点燃，引发了一场巨大的火灾。这场火灾与 1997—1998 年度的第 15 次厄尔尼诺有非常大的关系，厄尔尼诺带来的干旱是森林的大敌。阿尔山林业局所在地区已经连续两年严重干旱，林区内河道断流，草木枯黄，含水量急剧下降，是发生此次大火的大环境。

不过，厄尔尼诺常使西太平洋和大西洋的热带风暴这一灾难性天气的数目有所减少，它引发的暴雨也为沙漠带来好处，如 1997 年的厄瓜多尔和秘鲁北部的沙漠地区，在 6 个月降雨 2500 毫米，使原本寸草不生的沙漠变为湖泊密布的大草原。只是这些好处与其触目惊心的破坏力相比就显得微乎其微了。

气候变化的因素是多方面的。厄尔尼诺对气候的影响比较复杂，它对热带地区，尤其是赤道太平洋地区气候的影响最为显著，而在热带以外地区，如对我国气候的影响虽显而易见，但却表现出复杂性和不确定性。20 世纪 80 年代以后在厄尔尼诺年我国东北仍有部分地区气温明显偏低，1992 年还出现了明显的冷夏，但像厄尔尼诺极强的 1997 年，东北夏季气温反而异常偏高。时至今日，人们已经知道厄尔尼诺往往是发生全球性自然灾害的前兆，然而人们对厄尔尼诺的形成过程、条件还没有完全弄清楚。气象学家和海洋学家正在共同努力，不久的将来一定会揭开厄尔尼诺之谜。